心理专家
给女性的88个
幸福处方

姚会民 ⊙ 编著

天津科学技术出版社

图书在版编目(CIP)数据

心理专家给女性的88个幸福处方/姚会民编著.—天津：天津科学技术出版社，2008.10
ISBN 978-7-5308-4747-3

Ⅰ.心... Ⅱ.姚... Ⅲ.女性-幸福-通俗读物 Ⅳ.B82-49
中国版本图书馆CIP数据核字（2008）第128431号

责任编辑：刘丽燕

责任印制：王　莹

天津科学技术出版社出版
出版人：胡振泰
天津市西康路35号　邮编 300051
电话（022）23332398（编辑室）　（022）23332393（发行部）
网址 www.tjkjcbs.com.cn
新华书店经销
北京合众伟业有限公司印刷

开本 710×1000　1/16　印张20.5　字数281 000
2008年10月第1版第1次印刷
定价：36.00元

前 言
PREFACE

幸福是女人一生都在追求的目标，但是真正的幸福又是什么呢？是奢侈的物质享受还是丰富的精神感受？是拥有一个幸福的家庭还是拥有一份成功的事业？其实，幸福并没有固定的标准，也没有固定的模式，它是来自女人内心深处的一种感觉，更是一种心态，一种习惯，一种满足。

有一个生前善良的女人，死后进了天堂。当幸福之神知道她在凡间的种种善良之举后，就让她做了天使，希望可以通过她让凡间的世人感受到幸福。

于是，她偶尔会到凡间帮助那些正在遭受烦恼的世人找到幸福。一次，她看见一位愁眉不展的农妇，天使问她为何如此苦恼，她向天使诉说："前天家里的牛因为生病死了，现在是农忙季节，没有它帮忙耕田，我们家今年就完了。"

天使于是就赐予了她一头非常健壮的水牛，并嘱咐她别错过了农忙季节。农妇十分高兴，而天使也在她身上体验到了幸福的感觉。

不久，天使又遇到了一个女孩儿，她本应该处于一生中最快乐的阶段，但是眼睛里却充满了忧郁，她向天使诉说："我的爸爸在我很小的时候就去世了，妈妈前一阵子被查出患了癌症，如今我现在正发愁怎么筹到给妈妈治病的钱呢？"于是，天使就赐予了她足够给妈妈治病的钱。女孩儿朝她深深地鞠了一躬，开心地离去。

没有多久，天使遇到了一位穿着华丽的贵妇人，她年纪轻轻，保养极好，出入的都是一些高档场所，且从来就不缺钱花，最重要的是有一个疼她的丈夫和一个可爱的女儿。但是她却愁眉苦脸，她说："我这辈子除了幸福，什么都不缺。"

于是天使决定给她幸福，拿走了她漂亮的容貌，拆散了她的婚姻，剥夺了她的财产。半个月后，天使发现，这个女人已经变得狼狈不堪，且快要饿死了。于是，天使把属于她的一切全部都还给了她，女人不住地向天使道谢，她终于明白了什么是她追逐的幸福。

可见，对于每一个女人来说，幸福都有着不同的概念和内涵，她们对幸福也都有着不同的感受和体验。每个女人审视幸福的角度不同，所看问题的方式不同，对于幸福的理解也就不同。幸福可能是一种被人牵挂的感动，是一种沁人心脾的温馨；它又可能是天涯那端的一声问候，又似危难时节的一只臂膀；也可能是春天绿满山川的原野，夏季清凉如水的夜晚，秋天海棠飘香的花园，冬季白雪红炉的小屋……

这就是幸福，它隐匿在生活的每一个细节当中，没有逻辑，没有规律。同时，它也存在于每一个人的心中，因为一个人只有在觉得自己幸福的时候才是幸福的，这种幸福，是一种心情，是一种满足，是一种习惯，是一种付出，也是一种享受。

做个幸福的女人，用女人细腻而敏感的心记录生活的美好，去感受人生的幸福。做个幸福的女人，并不一定非要拥有伟大的成就和业绩，也不用整天去揣测别人的心理，更不必整天让不良情绪充满心胸。真正幸福的女人是独立的、是坚强的、是自信的、是有个性的，既有女性的柔情，又有女性的坚韧。她会不断充实自己，让自己活力四射地面对每一天，让生命中的每一天都充满情趣和精彩；她会用笑脸面对身边每一个人，会将爱做成美味佳肴，会让自己富有独特的魅力……

学会做个幸福的女人，精心呵护自己的心灵，让内心时时充溢着一种幸福的感觉，让心理时时保持一种幸福的状态。

第一章
做幸福女人——学会呵护自己的心灵

　　做个幸福女人，是每个女人一生最大的梦想。但幸福是什么？它是一种心态，一种习惯，一种感觉，一种满足……做个幸福的女人，满足自己的现状，不必苛求生活；高雅或是平凡，青春或是苍老，富贵或是贫穷，这些于幸福女人都无谓，因为幸福源于心田，并不为外界所累，不同的女人有着不同的幸福观。

一、幸福是一种心态 …………………… 2
二、幸福是一种习惯 …………………… 5
三、幸福是一种感觉 …………………… 9
四、幸福是一种知足 …………………… 12
五、幸福是一种追求 …………………… 16
六、幸福是一种心情 …………………… 19
七、幸福是一种付出 …………………… 23
八、幸福是一种享受 …………………… 27

▶ 第二章 ◀

做快乐女人——善待生命中的每一天

快乐并不是偶然来到的东西,而是由我们的心灵制造的。如果总是等着快乐主动降临,那么你的快乐只会越来越少。有句话说得好:"愚人向远方寻找快乐,智者则在自己身旁培养快乐。"生活里的每一个细节都蕴藏着快乐,聪明的女人,总会快乐地对待每一件事,每一个人,也会善待生命中的每一天。她们会努力从中发现能令自己欢悦的因素,并让快乐扩张,鼓舞和影响周围的人。

一、在心中播下快乐的种子 32
二、快乐是一件很简单的事 36
三、微笑着面对生活 40
四、怀着甜美的憧憬入梦 43
五、做自己喜欢做的事 46
六、学会控制自己的情绪 50
七、别让烦恼捉弄了你 53
八、放飞快乐的心灵 56

▶ 第三章 ◀

做知足女人——富有并非就是幸福

幸福的最大障碍就是期待过多的幸福。一个女人如果心中出现太多的贪婪或偏私,原本刚直的性格就会变得懦弱,原本聪明的资质就会变得昏庸无能,原本慈悲的心肠就会变得肮脏污浊。作为天生丽质、超凡脱俗的女性,千万不要让世俗的名利玷污了自己的美丽。学会知足,才会让生命绽放出清纯的花朵,才会享受到生命中更多的快乐。

一、少一些贪心，多一些幸福 60
二、欲望越多，幸福越少 63
三、不要被金钱所迷惑 67
四、放弃不切实际的追求 70
五、不为打翻的牛奶哭泣 73
六、虚荣会让你得不偿失 76
七、生活需要平淡的内心 80
八、接纳生活中的不公平 84

第四章
做甜美女人——将"爱"做成美味佳肴

　　女人的幸福是有一个可以让她哭让她笑，让她能牵挂一辈子的爱人；女人的幸福是有一个可以不大但不能不温暖的家和一个会夸自己手艺好的丈夫，还有一个没事就和妈妈撒娇的孩子；女人的幸福是在孤单的时候，有一个陪伴的身影，在流泪的时候，有一双抹去眼泪的温柔指尖，在累了的时候，有个温馨的港湾。拥有甜蜜的爱情，拥有温馨的家，这个女人必将是幸福的女人。

一、幸福，就是心中有爱 88
二、爱情是女人生命的需要 91
三、善待失恋就是善待幸福 95
四、执子之手，与子偕老 99
五、幸福与家庭同行 102

六、友情是一生的财富 105

七、沟通中品味幸福 109

八、把快乐带回家 112

▶ 第五章 ◀
做善良女人——送人玫瑰，手有余香

女性的善良如静水流深，是一种境界，是一种不假思索的天赋风情，是从骨子里散发出来的一种独特气质。善良的女性心思敏捷、玲珑剔透、知冷知热、知轻知重、善解人意、恰到好处；善良的女性知道感恩，懂得宽恕，深晓送人玫瑰，手有余香的道理，因此善良的女人往往能够从善良中品味到幸福。

一、快乐要与人分享 116

二、让感恩成为一种习惯 119

三、与人为善，与己为善 123

四、懂得宽恕，其实就是善待自己 126

五、不要吝啬你的赞美 130

六、保持一颗仁爱之心 133

七、真诚赢得信任 137

八、尊重身边的每一个人 140

第六章

做豁达女人——放弃也是一种获得

　　豁达是一种态度，一种精神，一种品格，一种境界，它可以让你抛弃许多烦恼，可以给你带来许多意想不到的精神愉悦……豁达的女人，拥有的东西不一定很多，却深晓放弃也是一种获得，她知道只有坦然面对人生的得与失，才能捕捉生命中最美妙的快乐。也正是因为豁达，她在瞬间变得光彩耀人，或是淡雅高贵，而且，不管在任何场合，她都会成为最耀眼的焦点。

一、学会给予，享受幸福 …………………… 144

二、只有无争，才能无忧 …………………… 147

三、放下就是快乐 …………………………… 151

四、忘却也是一种幸福 ……………………… 154

五、知足方能常乐 …………………………… 157

六、学会放弃，回到当下 …………………… 161

七、坦然面对得与失 ………………………… 164

八、吃亏是福 ………………………………… 167

第七章

做聪明女人——灵活应变秀生活

　　一个女人，如果不懂得聪明，就如同绿叶缺少红花一般没有情趣。而一个聪明的女人，是智慧的，是美丽的，是善解人意的，因为聪明是一种优雅，一种风度，一种心灵状态，一种自我美育，一种文化品格，一种人生况味，一种生命的美丽和潇洒……做个聪明的女人，学会从容地应对人际交往，懂得什么时候该做什么事，说什么话，让自己永远成为舞台的主角，幸福的掌控者。

一、笑开福来 …………………………… 172

二、做个聪明的"傻女人" ……………… 176

三、不要让嫉妒在心中扎根 ……………… 179

四、经营好自己的事业 …………………… 183

五、凡事留有余地 ………………………… 186

六、学会运用感情投资 …………………… 190

七、敞开心中的门 ………………………… 193

八、保持自我，活出本色 ………………… 197

▶ 第八章 ◀

做轻松女人——不要让自己活得太累

现代社会，很多女人为了追求生活之外的其他东西而四处奔波，她们总是对眼前的生活感到不满，但是又不知道自己真正需要的是什么，于是，日复一日，她们越来越忙碌。往往，女人不是累在身体上，而是累在心计上。若一个女人一天到晚都生活在紧张之中，那肯定寻不到生活的乐趣。因此，不妨放慢生活的脚步，摆平自己的心态，化繁为简，忙中偷闲，寻找另一番乐趣。

一、不做都市"郁女" …………………… 202

二、苛求完美也需要代价 ………………… 206

三、忙碌中放平心态 ……………………… 209

四、给自己的生活松松绑 ……………… 212
五、生活在此时 …………………………… 216
六、化繁为简，轻松生活 ………………… 219
七、保持从容的心灵优势 ………………… 223
八、学会忙中偷闲 ………………………… 227

▶ 第九章 ◀
做坚强女人——阳光总在风雨后

有人说过，上苍在赐予你幸福之前，一定会先让你遭受一些磨难。脆弱的女人对眼前的挫折望而却步，无奈绝望；但坚强的女人知道从哪里跌倒就从哪里站起来，把不幸当作人生新的起点，最终成为幸福的拥有者。做个坚强女人，任何时候都保持一种积极乐观的态度，随时释放生活的激情和能量，让生命不因磨难而哭泣，相信风雨过后肯定是彩虹。

一、把不幸当作新的起点 ………………… 232
二、有压力不一定是坏事 ………………… 235
三、风雨过后才能见彩虹 ………………… 239
四、不要把工作当成苦役 ………………… 242
五、学会苦中作乐 ………………………… 246
六、生活中没有绝境 ……………………… 249
七、别为逝去的流年伤感 ………………… 252
八、绊倒你的也许是个金块 ……………… 255

第十章

做魅力女人——打造一个幸福的自我

　　魅力是从心底深处自然而然地涌动、喷发、流露出来的一种气韵。虽然岁月会不断流逝，但魅力女人的心永远不老，甚至越来越年轻。因为有魅力的女性知道"腹有诗书气自华"，也明白智慧是一种永不褪色的美丽，更晓得如何提高自己的品味，打造一个幸福的自我……同时，她们自有一种风骨，并由此洋溢出一种近乎浑然天成的风致、风韵和风姿。

一、气质是女性的魅力之源 …………… 260
二、内涵是女性的魅力之本 …………… 263
三、温柔是魅力女性的本色 …………… 266
四、优雅是女性最好的化妆品 ………… 269
五、品位是时间打不败的魅力 ………… 272
六、简单是女性幸福的归宿 …………… 276
七、自信是女性幸福的源泉 …………… 280
八、智慧是一种永不褪色的美丽 ……… 283

第十一章

做精彩女人——自己去烙幸福的馅儿饼

　　没有哪个女人不渴望自己的人生充满精彩，因为精彩本身就是一种幸福，无疑，做精彩女人，就等于是在享受幸福生活。但是，生活中的精彩绝非不请自到，正如天上不会掉馅儿饼一样，幸福和精彩是需要自己追求的。一味地蹉跎、犹豫和徘徊，只会让幸福距离你更远。

一、永不放弃对幸福的追求 288

二、快乐过好人生三天 292

三、先斟满自己的杯子 295

四、书香，让女人的幸福深刻 298

五、幽默，让女人的幸福延长 301

六、选择幸福，你就会幸福 304

七、保持一颗年轻的心 308

八、用激情点燃幸福之火 311

第一章

做幸福女人
——学会呵护自己的心灵

做个幸福女人，是每个女人一生最大的梦想。但幸福是什么？它是一种心态，一种习惯，一种感觉，一种满足……做个幸福的女人，满足自己的现状，不必苛求生活；高雅或是平凡，青春或是苍老，富贵或是贫穷，这些于幸福女人都无谓，因为幸福源于心田，并不为外界所累，不同的女人有着不同的幸福观。

一、幸福是一种心态

> 生活就是一面镜子，你笑，它也笑；你哭，它也哭。
> ——【英】萨克雷
> 我一直认为：如果一个人决心想获得某种幸福，那么他就能得到这种幸福。
> ——【美】林　肯

毫无疑问，在这个世界上，每个女人都在孜孜以求地追求着属于自己的幸福。然而，幸福到底是什么呢？究竟谁有能力决定自己的未来是否幸福呢？有人说，幸福是一种来自心灵的体会，更是在平凡生活里的一种心态，而且决定自己未来是否幸福的人就是你自己。这话是极有道理的，对于一个认为自己是幸福的女人来说，幸福唾手可得；但如果你认为自己是不幸福的女人，幸福就会变得遥不可及。这其中，心态起着关键作用。

一位颇具知名度的电视节目主持人邀请了一位年过九旬的老太太作为嘉宾来参与节目。因为时间比较仓促，这次节目事先并没有排练。但是，老太太在节目中说话语气自然和蔼，内容也十分朴实、得当，而且不乏幽默，因此她说的每一句话，总会让主持人和在场的观众开怀大笑，老太太自然也就受到他们的热烈欢迎。最重要的是，主持人也因感染其中的温馨气氛而愉悦不已。

出于好奇，主持人在现场问老人说："我想知道你为何会如此幸福呢？相信你一定有关创造幸福的许多不为人知的秘密吧？"

"没有，没有。"老太太一本正经地回答说："我根本没有什么不为人知的创造快乐的秘密。怎么说呢？追求幸福就好像是每个人的脸上都有两只眼睛一张嘴巴一样，是一件极为平常的事情。与很多感觉郁闷的人不同的是，我只是在每天早上起床的时候做一个选择。也就是说，在郁闷和幸福之间我只是选择'幸福'而已。"

还有一个相似的故事：

一家三口，男人每天摆地摊修鞋，女人因为之前受过一点儿刺激，精神有点儿问题，他们还有一个三岁的儿子。每天早上，男人蹬着三轮车拉着精神不正常的妻子和年幼的儿子以及修鞋工具，从二十里外的乡下来到县城街上修鞋。

女人每天就在距离男人不远处的树荫下带着儿子玩耍，两个人都是蓬头垢面的，但是却欢声笑语。没活儿的时候，男人就一边逗着儿子玩，一边亲切地和妻子说着话，儿子嘎嘎地笑着，那女人也嘿嘿乐着。有时候，男人修好一双鞋，会把收到的两元钱转手交给女人，女人接过去，就带着儿子去巷口买来两块红薯，一家三口人不洗手也不剥皮美美地吃着，然后大大咧咧地用手一抹嘴，幸福荡漾在每个人的脸上。傍晚的时候，男人收拾好工具，载上妻儿，乐呵呵地唱着地方戏赶回家。一年四季，春夏秋冬，他们没有降温的空调，没有取暖的火炉，但是谁又能否认他们幸福呢？

一样是生活在这个世界上，有些女人活得欢欣而幸福，但有些女人却整天郁郁寡欢，指责抱怨。对于后者来说，难道真的是因为她们的生活状况不够满意吗？不是的，是她们的心态在作怪。因为在现实生活中，她们总是抱着一种消极悲观的心态来排斥万事万物，当然也包括幸福。而具有积极心态的女人在悲苦的岁月里也往往能够保持一种豁达的心态，这样，幸福在自觉不自觉间便会被吸引和聚集到她的身边。

幸福本来就是一种飘忽不定、难以捉摸的东西，如果你整天耷拉着脸，对什么事情都漠不关心，即使幸福来到你的身边你也不会发现。而乐观的女人总是对世界上的一切事情都充满了好奇，所以她会用好奇的眼神来捕捉生命中细微的瞬间，因此也就不会错过每一个幸福的细节。

幸福处方：幸福是自己给的

英国著名作家狄更斯曾经说过："一个健全的心态，比一百种智慧都更有力量。"在不断变革、色彩斑斓的现代社会中，我们每天都要面对很多的陌生事物，也有了更多的选择。很多时候我们都会感觉茫然，不知道应该何去何从，应该怎样生活。在决定我们思维的因素中，心态起着关键性的作用。

对于世间的万事万物，我们可用两种心态来面对，一种是积极乐观的心态，另一种是消极悲观的心态。从某种意义上来说，拥有了前一种心态就等于拥有了幸福，因为它是充满希望的，让你有动力，有追求，有感知幸福的能力。因此，在我们短暂的生命中，都应该让生命充满幸福的味道。

1. 转变自己的信念

一个人生活得是否幸福，是由自己来决定的。你可以选择自己的生活目标以及生活方式，最重要的是你可以选择自己的生活态度。生活中，每一件事情都有转向的可能，关键是你怎么想，怎么看。幸福也一样，你从正面看可能会认为是一种悲哀，但是从反面看，它可能就会露出幸福的真面目。

2. 找一些幸福的理由

在每天的生活中，你可以不间断给自己找一些幸福的理由，例如今天的阳光很灿烂；窗外的树叶好像比昨天绿了；公交车上的那个售票员很漂亮，而且服务态度也很好；妈妈中午打电话过来说晚上会做一些自己喜欢吃的菜；好久没有联系过的朋友今天发短信问候自己……诸如此类，如果能够这样想，你内心幸福的因子就慢慢会调动起来。

心理专家话幸福

人生之事,不如意十有八九。这是现实,也是不可变更的规律,没必要伤感和埋怨。境由心生,把自己的心态调节到最佳状态,再加上理性、洒脱与豁达,让幸福成为一种心态,它就会时时光临你的人生。

二、幸福是一种习惯

是否真有幸福并非取决于天性,而是取决于人的习惯。
——【罗马】爱比克泰德

幸福绝不是别人赐予的,而是一点一滴在自己的生命中筑造起来的。
——【日】池田大作

生活中,有很多女人尤其是年轻的女人并不怎么关心幸福,甚至一听到幸福这个词,就会产生一种莫名其妙的反感。虽然,闲暇的时候,她们也会憧憬向往未来的生活,但是却很少将幸福和未来联系起来。其实,她们想要的未来也是一种幸福,只是她们一直在误解幸福的真谛而已。在一些年轻的女人看来，"幸福"中包含有太多现实的价值观，这样会显得自己太过庸俗。但在内心深处，她们也一直在渴望着幸福。遗憾的是，对于一个现在并不懂憬幸福的人来说，以后也很难追逐到幸福，因为幸福并不是想得到就能够得到的东西。

还有很多女人认为，现实的生活很真实，也很无情，日常的琐碎一点点儿磨灭了自己对生活的憧憬与激情，心底的脉脉温情也渐渐凝固。在单位，是职业女性，忙碌的工作、繁杂的人际关系，让自己不得不周旋其间，不管喜欢还是不喜欢都得认真去做；回到家里，洗尽铅华，卸下面具，换下职业装，穿上家居服，你是他的妻子，孩子的母亲，就不得不操持家务，陪伴孩子，这才是真实的生活。久而久之，这种现实和琐碎让你对幸福的感觉越来越麻木，身在其中，很难再轻易感动。其实，幸福也是一种习惯，它就蕴涵在这种种的琐碎和现实当中，关键是你能不能随时从生活中发现幸福，感受幸福，能不能把这种发现和感受当成一种习惯。

有一对夫妻出门等公交车，因为车来的时候人特别多，妻子就让丈夫先上去了，自己随后才挤了上去。车厢里非常拥挤，几乎没有活动的余地，丈夫的左手边有一只小手跟他紧紧地靠着，他以为是妻子的，就握在手里，以免妻子在拥挤的人群中被挤摔。那手温婉柔和，丈夫被这手打动了，这手感觉如此陌生，却又让人心动。那手没有丝毫挣脱的意思，就任由他那么握着，丈夫不自觉心猿意马起来，希望这车永远不要停下来，就这么一直开下去。

到站了，他就想如何认识一下这个女人呢？他就把自己的名片摸出一张放在这个女人的手心，然后下车了。下车的时候，忽然从后面开过来一辆汽车，在丈夫身后的妻子一把把他推开了，接着是一声惨烈的尖叫和汽车的刹车声，他回过身去时眼前一片鲜红，当他把妻子抱在怀中的时候，才发现妻子的右手紧紧握着一张名片，那是他在公交车上给那个温婉小手的，他这个时候除了痛哭妻子的离去，更多的是悔恨，结婚这么多年，居然拉手的机会都很少，即使拉手，也从来没有好好端详过这双手。

这位丈夫可能很少会想幸福的感觉是什么,但当妻子被车撞倒的一刹那,他可能会想:如果能够好好地端详一下爱人的手,如果每天能够把这双手握在手心,并渐渐成为一种习惯的时候应该是最幸福的吧!但对于他来说,这种很容易做到的习惯却只能是一种遗憾了,而幸福也离自己越来越远。可能,最初的激情被漫长的婚姻生活磨蚀得越来越平淡,平淡得让其中的人快要找不到幸福的感觉。可是如果你肯抽出那么一点时间仔细地端详一下与你共度此生的那个人的脸,时时把他的手攥在自己的手心里,这该是多么幸福的一件事啊!

幸福处方:幸福就在心中

对于幸福,很多人可能会有不同的理解,但是有些幸福又往往是相似的,例如:对于亲情,幸福可能就是一家人围坐在一起,和谐融洽地吃一桌很普通的家常菜;对于爱情,幸福就是在对的时间遇见对的人,两个互相爱着的人十指紧扣,理解宽容体贴地走过生活的每一天,用心营造和体会生活细节里的每一次感动;对于友情,幸福就是你忧伤时那一声轻轻的问候,抑或你高兴时那一张爽朗的笑脸;对于工作,幸福不是一帆风顺地青云直上,也不是轻松赚得金钱,而是"山重水复疑无路,柳暗花明又一村"时的曙光……

总的来说,幸福就在每个人的心中,在每一个生活的细节里,在爱与被爱的温暖中。关键是我们要善于发现幸福,懂得享受幸福,乐于分享幸福,当这一切成了一种习惯,拥有幸福也就变成了一种习惯和必然。

1. 每天提醒自己很幸福

毕淑敏曾经说过:"我们从小就习惯了在提醒中过日子……提醒注意跌倒……提醒注意路滑……提醒受骗上当……提醒宠辱不惊……先哲们提醒了我们一万零一次,却不提醒我们幸福。"其实,正如她所说,幸福也是需要提醒的。正如每天早上我们看到朝阳时,可以提醒自己这是一种幸福；享受到家人和朋友的关爱时，提醒自己这也是一种幸福；看到陌生人的微笑时，提醒自己在享受幸福……如果每天都能够提醒自己很幸福，幸福就会在自觉不自觉中成为一种习惯。

2. 注意积累幸福

我们生活在这个世界上，到处都充满了一种即时的满足：快餐店、实时邮递、既得利益……这种即时的满足往往能够使我们的生活在很短的时间内就得到改变。但是，幸福并不是一蹴而就的事情，它需要一点一滴的积累，而且在一点一滴的积累中，幸福的概念就会越变越大，幸福的感觉就会越来越持久，久而久之幸福也就会变成一种习惯。

心理专家话幸福

幸福是一种习惯，隐匿在生活的每一个细节当中，没有逻辑，没有规律。正如每天走同一条路，路上就没有了风景，但是很久不走然后再走，就会觉得这条路是在延续自己的生命。也如同常年做同一件事让人麻木，长假之后回到熟悉的座位，才发现这件事，正充实着你人生的价值……无疑，幸福就是一种习惯。

三、幸福是一种感觉

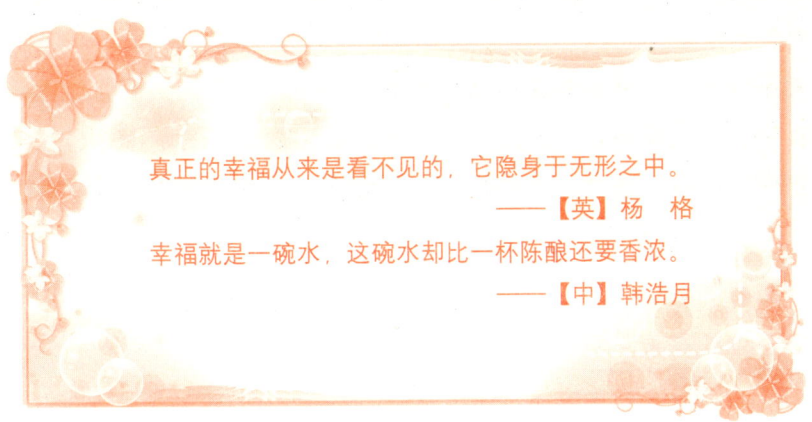

真正的幸福从来是看不见的,它隐身于无形之中。
——【英】杨　格
幸福就是一碗水,这碗水却比一杯陈酿还要香浓。
——【中】韩浩月

　　每一个女人都在渴望幸福,也都在感受幸福。幸福是什么?它有时很抽象,有时又很具体;有时很遥远,有时又近在咫尺。奉献是幸福,给予是幸福,获得是幸福,享受是幸福,知足是幸福,拥有是幸福;一句祝福的话语是幸福,一个理解的眼神是幸福,一个美丽的笑容是幸福。总的来说,幸福是发自心灵深处的一种感觉;你感觉到了,便拥有了幸福;感觉不到,即使幸福在你身边,你也不觉得它曾来过。

　　曾经有位国王,虽然坐拥江山,但总觉得自己不够幸福,就派人四处去找一个感觉幸福的人,然后将他的衬衫带回来。

　　出去寻找幸福的人碰到人就问:"你幸福吗?"被问的人总是回答说:"不幸福,我没有钱";"不幸福,我没亲人";"不幸福,我得不到爱情";"不幸福,我得天天工作";"不幸福,因为我所有的理想都没有实现","不幸福,因为我苦苦追寻的幸福从来没有降临过"……

　　就在他们不再抱任何希望时,从对面被阳光静照着的山冈上,传来了一阵悠扬的歌声,歌声中充满了快乐。他们便随着歌声找到了那个"幸福的人",只见他躺在山坡上,浑身都沐浴在金色的暖阳下。

"你感到幸福吗？"他们急切地问道。

"是的，我感到很幸福。"那个快乐的人很愉悦地回答说。

"你是不是很有钱，而且有亲人的关心照顾，是不是还有一位美丽善良的妻子？你所有的愿望是不是都能实现？你从不为明天感到发愁，对不对？"

那个幸福的人并没有正面回答他们的问题，而是说："你们看，阳光温暖极了，风儿和煦极了，我肚子不饿，口又不渴，天是这样的蓝，地是那么辽阔，我躺在这里，除了你们，没有任何人来打搅我，我还能有什么感觉不幸福的呢？"

"看得出，你真是个幸福的人。那么，请将你的衬衫送给我们的国王，国王一定会重赏你的。"

"衬衫是什么东西？我从来没有见过。"那个幸福的人不解地说："幸福和衬衫有关系吗？我怎么从来不知道。我的幸福就是我内心的一种感觉。"

其实，所谓幸福，它只是一种象征，一种自我感觉，关键就看你如何去把握这种象征和感觉了。我们在追求着幸福，幸福也时刻在伴随着我们。只不过在很多时候，我们都是身处幸福的山中，在远远高低的不同角度看到的总是别人的幸福风景，却往往未能悉心感受过自己所拥有的幸福天地。人生正如同一次长途旅行，如果在行走的过程中我们只顾终点在何处，那将会错过沿途许多美好的风景。

事实也正是如此，一个人可能什么都有，例如权力、金钱等，他的拥有足以让所有的人羡慕，但是他却不一定幸福；但是对于一个一无所有的人来说，即使他穷得只剩下阳光和空气，他却能从自己的感觉中品味出幸福。

幸福处方：幸福需要体味

幸福，是用心感觉出来的，也只能用心才能够品味出来。"吹尽狂沙始到金"，幸福便是那散落于尘沙中的金粒，需要精心地挑拣方可获得。现实生活中，很多女人往往湮没于生活的忙乱与心境的浮躁之中，被劳碌所困扰，被困顿所挤压，被滚滚红尘所冲击，感受幸福好像变成了一件奢侈的事情。其实，时间不过是一种骗人的过滤器，滤去了生活中的烦恼与琐碎，才能够感觉到深藏其中的点点滴滴的幸福。实际上，现实生活中不乏幸福，而是缺乏体味和感觉。

1. 多注意自己身边的小事

很多时候，幸福往往就孕育在生活中的每一件小事当中，要想捕获幸福，就应该多加关注身边的小事。比如，早上出门时爱人一句关心的话语，公交车上陌生人一个灿烂的微笑，办公室里同事一个善意的帮助，久违的朋友一条问候的短信等，这些都足以让你感觉到幸福。

2. 珍惜生命中每一细微的感动

在生活中，切莫忽视生命中每一次细微的感动，珍惜它们，就如同珍惜你自己的生命，否则，生活也将空虚乏味。切莫因为幸福难寻而紧闭自己的心扉，更不要做生命中冷漠的过客，如此，幸福的感觉终会与你无缘。

心理专家话幸福

幸福是一种感觉，每个人审视幸福的角度不同，所看问题的方式不同，对于幸福的感觉可能也就不同。这种感觉可能是一种被人牵挂的感动，是一种沁人心脾的温馨；又可能是天涯那端的一声问候，又似危难时节的一只臂膀；也可能是春天绿满山川的原野，夏季清凉如水的夜晚，秋天海棠飘香的花园，冬季白雪红炉的小屋！总的来说，人们感觉幸福的角度可能不同，但对幸福的感觉一定是相似的。

四、幸福是一种知足

> 幸福最大的障碍就是期待更多的幸福。
> ——【法】丰特奈尔
>
> 人最大的财富，是在于无欲。如果你不能对现有的一切感到满足，那么纵使让你拥有全世界，你也不会幸福的。
> ——【罗马】塞尼逊

生活中，我们常常会听到这样的感叹：股票跌了，基金降了，和领导闹别扭了，你说我怎么会感觉到幸福呢？或者是：虽然我现在有车子有房子有票子，但是我还缺少很多东西，我怎么会有幸福感呢？现实生活中好像有很多东西在阻碍我们的幸福，其实阻碍我们感觉幸福的根本因素就是欲望。

很多人都认为欲望就是我们曾经的梦想，就像小时候认为长大了能上大学多好，而上了大学又认为工作了才是幸福的。不可否认，生命中的每一个愿望都给我们带来欣喜和激动，在激动和兴奋之余，我们又会有新的梦想，然后是新的追求。可是，在不断追求的过程当中，人的欲望变得越来越大，有的人甚至在这种追求中迷失了自我，更别说感知幸福了。红尘缤纷，眼花缭乱，你是否曾经迷失自我？物欲横流，金钱至上，你是否永远能够禁得住诱惑？

恐怕已经很少有人能够给出肯定的回答了，"吃得饱，穿得暖，睡得香"，这么简单的幸福，已经很少有人能够感觉到了。有追求，有愿望，且能够享受追求的过程，满足愿望实现后带来的幸福，这才是真正的幸福。

很多人都羡慕她，因为她的成功，她的风光，她的高贵，她的奢华。

从外人的角度以及物质的角度来讲，她的确是一个成功的女强人：经营着好几家公司，据说，公司净资产就有好几千万。但是却很少有人能够感觉到她的快乐。

在朋友们的眼中，她是一个极通人情世故的女子。每次应酬的晚宴上，她都会笑着，挨个轮流碰杯，说着很得体的话。但是寒暄之后，她会一个人落寞地坐在房间里，端着酒杯，有时还会优雅地吸上几根烟，在袅袅上升的烟气中沉思着。很少有人能够读懂这个美丽、高贵、能干的女子。只是在一次醉酒之后，她哭着告诉自己几年不见的最好的朋友说："开这么多家公司，我容易吗？现在我实在是太累了，可是我不能停止奋斗啊，因为距离我的目标还有很远啊！不拼不行！"

于是，她依旧天天在外面应酬着，经常午夜才回到家。这连乖巧可爱的女儿要见妈妈一面也变成了一件极为奢侈的事情。她身体十分不好，体检时，竟然发现还不到40岁的她除了身高没有长之外，几乎其他所有指标都在上升：体重、血压、血脂、尿酸等等。

朋友试图告诉她说，作为一个女人，没必要这么拼命的，保持生活的平衡就可以了。但是知道她不会听，到嘴边的话语又咽下。

又是几年过去了，朋友陆陆续续地听说她又办新的公司了，而且车子房子都换了……可因为她的忙碌，她们的联系也变得越来越少。

再次见面，已经是七年之后的事情了。那是一个天气很好的周末，她突然发短信告诉朋友说：我来你工作的城市了，现在就在你小区对面的公园里，下来见一面吧！

朋友感觉十分惊奇，因为她很少来这座城市，就算是来也是因为工作上的事情，而且来去匆匆，根本没有见面的机会。

朋友急匆匆地就去了小区对面的花园。远远地就看见她坐在公园长椅上优雅的背影。等走到她面前，朋友惊讶于她的变化：脸色不像以前那样蜡黄，现在居然是白里透红，十分健康的样子。朋友指指椅子说："怎么，我的女强人，太阳打西边出来了，是什么风把你吹到这来了？"

"不是太阳出错地方了,而是年前患了一场病:脑溢血。"她笑着感慨说:"差点就见不到你了。"她接着告诉朋友说,现在她只经营一家公司,而且再也不喝酒、吸烟了;有应酬的时候,就让聘请的经理代去。大病之后,她终于明白:如果用牺牲自己的健康来追求自己所谓的成功,这样的代价实在是太昂贵了……

朋友握着她的手说:"祝贺你。"她笑了笑说:"祝贺我什么?脑溢血吗?"朋友说:"祝贺你觉悟健康啊!"接着朋友又问她:"现在只剩下一家公司了,你还能达到自己的目标吗?不达到目标你会觉得开心幸福吗?"她说:"要说这也真是一件很奇怪的事情啊!以前开着好几家公司,但是就从来没有觉得满足过,更不要说幸福了。但是现在这样的生活我反而觉得更舒坦,更幸福。"

从她的变化里,朋友懂得了:幸福,是一种节制了的满足,是一种从力所能及的付出中获得满足的理智。

有位经济学家说过:"我们越来越富,但是却体会不到幸福,原因是我们总拿自己与那些物质条件更好的人相比。"的确,幸福是主观的,也是相对的。古人也曾经认为:知足之人即使卧在地上犹知快乐,不知足者就是处在天堂也不会称心如意。

知足是福。一个人是否快乐,不是看他拥有多少,而是看他对现有的是否满足。对于一个知足的女人来说,即使她仅有一间可以避风躲雨的房子,即使她每天粗茶淡饭,甚至没有钱去买各式各样的化妆品,她一样是幸福的;相反,如果不知道满足,即使拥有名车豪宅,出入高级场所,她依然是孤独的,寂寞的,不幸的。

幸福处方:因为知足,所以幸福

《巴尔的摩哲人》一书的编辑曼肯曾经指出:如果你想幸福,有一种方法非常简单,就是与那些不如你的人,与比你更穷、房子更小、车子更破的人相比。这句话的意思很简单,就是说一个人要想获得幸福,就要学会知足。纷繁的社会,相似的人生际遇,但是人的感觉会不尽相同。同时得到一件物品,有人会遗憾地说:"要是再多来一点儿就好了。"有人会很开心地说:"我真是幸运,得到了这么多。"很明显,后者因为知足,所以幸福。

1. 别让欲望抢走幸福

欲望越大,人越贪婪,人生就会越缺少幸福。因为在无止境的追求中,幸福会被冲得无影无踪。如果你能够遇事想得开,放得下,就不会像伊索寓言里讲的那样:"有些人贪婪,却把现在所拥有的也失掉了。"如果一味地认为自己拥有的不够多,还想要更多,你就会无视自己手中的幸福,而一心望着那些不可能属于你的东西。在欲望中度过一生,那么人生是没有幸福可言的。

2. 身外物,不奢恋

古希腊哲学家艾皮科蒂塔曾经说过:"一个人生活上的快乐,应该来自尽可能减少对外来事物的依赖。"罗马哲学家塞尼加也说:"如果你一直觉得不满,那么即使你拥有了整个世界,也会觉得伤心。"对于一些身外之物,我们不应该看得太重,这样只会徒增我们的烦恼而已。"身外物,不奢恋"是思悟后的清醒。它不但是超越世俗的大智大勇,也是放眼未来的豁达襟怀。如果能做到这一点,将会活得轻松,过得自在。

心理专家话幸福

幸福其实很简单,它就是早晨起来的一抹微笑,是回到家时爱人和子女给你泡上一杯热茶,是一声"您好"的亲切问候……简单来说,幸福就是一种知足。得之是我幸,不得是我命,顺其自然,不必强求。这样,身在福中更知福,你也会感觉幸福不曾离开过。

五、幸福是一种追求

> 幸福的诀窍，并不在于努力得到快乐，而是在努力中发掘快乐。
>
> ——【法】纪　德
>
> 不论到哪里，自己的幸福要靠自己去追求，去寻觅。
>
> ——【英】哥尔斯密

生活中，并不是所有的事情都有你想象得那么美好，但是如果你用心去追求了，认真去对待了，虽然结果不一定能够改变，但是你却能够体味到追求的过程，而这个过程无疑是幸福的。其实，所谓幸福，并不是遥不可及的事情，只要需要，它就会来，关键是你一定要有勇气去追求。

或许，苦涩的岁月会磨蚀你对幸福的感觉，但是只要有机会，你就应该去尝试追求幸福。有的时候，幸福是唾手可得的，不尝试，幸福在你眼中就永远是零，只能眼睁睁地看它从你身边溜走。可以说，幸福永远属于不断去追逐它的人，聪明的女人知道幸福本身就是一种追求，但是愚蠢的女人却往往在虚度中寻觅幸福，在日复一日的沉沦中丧失掉进取的激情。

《追求幸福》是近年来一部非常出色的电影。影片取材于当今美国黑人投资专家克里斯·加德纳一生中不知疲倦地为幸福而追求的亲身经历。

克里斯·加德纳是一个聪明的推销员，勤奋努力，却总没办法让家里过上好日子。妻子琳达终究因为不能忍受穷困的压力，离开了他，只留下他和5岁的儿子相依为命。父子俩夜晚无家可归，就睡在收容所、地铁站、公共浴室等一切可以暂且栖身的空地；白天没钱吃饭，就排队领救济，吃着勉强果腹的食物。好不容易得到了在一家股票投资公司实习的机会，然而实习期间没有薪水，近百人竞争一个名额。但克里斯明白，这是他最后的机会，是通往幸福生活的唯一途径。为了儿子的未来，为了自己的信仰，他咬紧牙关，始终坚信："只要今天够努力，幸福明天就会来临！"皇天不负苦心人，克里斯最终赢得了这一职位。经过努力又拥有了属于自己的事业，成立了一家以自己名字命名的证券公司，从此成了世人瞩目、人人敬仰的百万富翁。故事结局是圆满的，加德纳等到了执著追求的幸福。

关于幸福，导演借孩子的口讲述了一个耐人寻味的故事：

一个人在水里快要淹死了，这时一条船来到他身边问："需要帮忙吗？"他说："不，谢谢，上帝会来救我的！"然后另一艘船又来到他的身边问："需要帮忙吗？"他说："不，谢谢，上帝会来救我的！"后来他去了天堂，见到上帝，于是问道："上帝啊，我祈祷你，你为什么不救我？"上帝说："是你自己没有把握机会，我曾派过两艘船去救你！"

看似简单的幽默，道出的道理却发人深省，而且电影的落幕也给我们留下了更多的思考。

实际上，上帝给予我们的幸福是均等的，关键是你能不能抓住机会，追求到幸福。生活中，不论你有多么失意或是痛苦，幸福也许就在门外，但你起码得有推开门的信心和勇气。命运掌握在我们自己的手里，幸福也一样，它靠我们自己去搭建，去创造，去追求。而这个创造、追求的过程本身就是一种幸福，这可能就是影片想要告诉我们的。

的确，幸福不是招之即来的，它需要个人的努力追求。对于那些拥有幸福的人来说，他们在追逐的道路上付出过很多的心血和汗水；而对于不幸的人来说，他们少了追求的付出，也感受不到追求的幸福。

幸福处方：品味痛苦也是一种幸福

著名的悲剧王子曾经呐喊过：活着还是死去？相信不会有人像他这样迷茫，因为人们都还在渴望着幸福。既然渴望，为何不努力追求呢？的确，我们都是平凡的人，但是平凡人也照样可以追求属于自己的幸福。幸福不是势利眼，不会因为一个人的贫富、美丑、高矮而偏向某些人，只要你有勇气去追求，去寻觅，它也一样会降临到你的身边。

1. 耐得住追求过程中的痛苦

有追求就必须有付出，有付出也就意味着有痛苦。可能对于一部分女人来说，这种追求过程的确是痛苦的，甚至是不能承受的，所以就有一部分人可能会选择放弃；但是对于一些坚强的女人来说，这种追求过程中的痛苦也是一种幸福，因为胜利的曙光遥遥在望，而且其中的酸甜苦辣是其他人所不能够体会的，它是一种经历，也是一种财富。

2. 要有坚持不懈的毅力

在追求幸福的过程中，一定要具备坚持不懈的毅力，不能因为遭遇一点儿挫折或者困苦就选择放弃，更不能够三天打鱼、两天晒网。这样做的结果不但不能追求到幸福，还会让你觉得幸福离你越来越远，因为在你一次又一次的放弃中，困难会无形中增加许多。

心理专家话幸福

也许你现在正生活在低谷，认为幸福遥遥无望，但你想过没有，幸福也许就在你追求的下一站。如果因为一点儿小小的困难、挫折就陷入郁闷之中，不思进取，放弃对幸福的追求，幸福也只能在你的放弃中消失。如果能够树立生活的信心，坚定自己的信念，努力朝着自己既定的目标出发，那么，幸福离你还会很远吗？

六、幸福是一种心情

> 幸福的生活存在于心绪的宁静之中。
> ——【古罗马】西塞罗
> 幸福是一种心灵的状态，它来自于你积极的参与之中。
> ——【美】沃弗得·皮特森

《辞海》上这样解释幸福："幸福，就是心情舒畅的境遇和生活。"可见幸福是一种感觉，更是一种心情。这种心情与贫富无关，贫者举家共食一锅粥，你推我让，笑语满堂；富者空对满桌山珍海味，却往往难以下咽，各类事务塞满头脑，让他无暇喘息。这种心情与年长年幼无关。游乐场上，一些调皮的孩子围在一起玩游戏，虽然闹得浑身是土，但依旧充满欢声笑语，这是一种幸福；朝阳慢慢升起的黎明，一群老人在悠闲地练着太极扇，气定神闲，怡然自得，这也是一种幸福。

清人石成金曾在一篇文章中写道："有时候薄酒饮几杯，有时候好书读几篇；有时候散步明月下，有时候高歌好花前。随时皆故里，到处是桃园，无荣也无辱，快活似神仙，如此足矣，更何望焉？"这也是一种幸福。诸多种幸福，都需要慢慢体味，只要心情舒畅，不管处在什么样的情况下都可以感受到幸福。例如，身体健康是幸福，丰衣足食是幸福，工作顺利是幸福，与家人吃一顿普普通通的晚餐是幸福，接到朋友祝福的短信也是幸福……

小区的门口新开了一家花店，店主是一位坐在轮椅上的姑娘。花店开业已经有几个月的时间了，生意一直都很清淡，但是姑娘的脸上一直都挂满了快乐和满足，丝毫看不出担心和忧虑，有时候甚至让人怀疑这花店是不是她开的。每次闲下来的时候，姑娘就会自己转动着轮椅走在花丛当中，不时地去闻一下那些开得正艳的花朵；有时候她也会拿本书，坐在花丛当中静静地看，或者是悠然地练习插花的技术……不管怎样，她的脸上始终挂满微笑，如同是一位花仙子。

她的闲适、恬静、知足、快乐，让小区里每一个整天为名累、为利忙的人们羡慕不已。他们在背地里经常猜测着姑娘一定有着显赫的家庭背景，要么她何以支撑如此惨淡的生意？而且，她穿的衣服质地良好，高雅而有气质；还有她经常翻看的都是一些世界名著。

又过了一段时间，姑娘的朋友告诉别人说："她很小的时候，父亲就去世了，与母亲相依为命。从小到大，她勤奋好学，大学毕业之后任一家花卉公司的销售部经理，拿着不菲的薪水，过着忙碌的生活。但不幸的是，一次上班的路上，意想不到的车祸夺去了她的双腿，而她的母亲听到消息后突发心脏病死亡。不过，坚强的她没有在厄运面前低头，她说："既然生命已经遭受到了不幸，就不能让心情再遭受同样的不幸，所以，要以从容的姿态来过好生命中的每一天。"朋友的话解除了很多人的疑问，但也给很多人留下了深刻的感悟。他们意识到，相比开花店的姑娘来说，他们每天的忙碌也是一种幸福。

一次，一位看起来心灰意冷的青年男子走进了姑娘的花店，因为他觉得自己苦苦追寻的幸福总是离自己很远，因此他总是会毫无缘由地感到烦闷和焦躁，觉得生活已经没有丝毫幸福感可言。

姑娘笑着对他说："我不知道你的人生遭受到了怎样的挫折，但是我今天想请你听一下花开的声音？"

"花开的声音？难道花开还有声音？"青年人十分疑惑地看着她。

"是啊，而且每一种花开的声音都是不一样的！"

"奇怪，我以前怎么没有听到过呢？"

"那是因为你从来没有和自己的心灵谈过话，你不知道只有轻松愉悦的心才能听得见花开的声音。而且，能够听见花开声音的人一定是幸福快乐的！"

青年人听后，沉默良久，然后朝女孩深深地鞠了一躬，离开了花店。因为他知道自己已经找到了获得幸福的秘方——保持一份良好的心情。

很多时候，生活中不是缺乏幸福，而是缺乏享受幸福的心情。其实，幸福并不是一件奢侈的事情，它不需要大量的金钱、美满的生活、幸运的机会作为基础，只要你保持一份快乐的心情，幸福就会时时围绕在你的身边。试想：如果整天愁眉不展，无聊郁闷，心情灰暗，看什么都不顺眼，怎么会有快乐和幸福可言呢？

幸福处方：享受幸福需要心情

很多女人都知道幸福难求。殊不知唯有不明智的追寻，幸福才会变得遥不可及。正如疯狂的赌徒们追求财富，而他们中的大多数却会输掉钱财；但有的人却能通过另外的途径获得财富。幸福也是如此，很多人有着健康的身体和丰足的收入，然而幸福却与他们无缘，因为他们缺少享受幸福的心情。不妨试着观察身边所谓的幸福男女，就会发现他们的相似之处，其中一点最为重要：在大多数情况下，幸福本身就是一种心情。

1. 敞开心胸

有的时候，只要我们把心胸敞开，快乐就会逼人而来。在这个世界上，良辰美景、赏心乐事，随处皆是。当你敞开自己的心胸，你会发现雨有雨的乐趣，晴有晴的奇妙，小鸟跳跃啄食，猫狗饱食酣睡，哪一样都会令我们感到快乐。

2. 不要自找烦恼

人生中有93%的烦恼都是自找的，它们只存在于自己的想象之中，根本就不会出现。烦恼就如同是一张无形的大网，藏在人们心里，一经出现，便会不由自主地陷入到更多的纠葛之中，搞得整个人心神不宁。所以，千万不要自找烦恼。

3. 及时调节郁闷的心情

压抑的心情经常会使人感觉到烦躁不安，苦闷不堪。相反，好心情则是人生愉悦的好伴侣，它能够让你抛却压抑，积极地投入到工作和生活当中，去体味工作的快乐和生活的惬意。因此，当心情压抑郁闷的时候，一定要学会及时调节，比如通过看一场悲剧电影大哭一场，或者是外出旅游等，不管怎样，应该尽快把自己的心情调节到最好状态。

心理专家话幸福

幸福很简单，它并不遥远，也不难寻；它并不虚幻，也不神秘，要去感知、捕捉，要用一颗洒脱、豁达、宽广和知足的心去品味、汲取。只要认真把握幸福的今天，就能够永葆幸福的感觉，拥有幸福的心情。而只有一个个现在幸福的心情，才能串成一生一世的幸福。

七、幸福是一种付出

> 我们能尽情享受的快乐是给予的快乐。
> ——【美】彼布拿克
> 真正的幸福只有当你真实地认识到人生的价值时，才能体会到。
> ——【科威特】穆尼尔·纳索夫

有位哈佛教授曾经这样告诉他的学生：人生最大的幸福和快乐不是获得，而是给予和付出。的确，如果你想要得到什么，那么首先你需要做的就是付出什么。幸福也一样，在获得之前，你首先应该学会的是付出，因为天下没有免费的午餐。

太多的人，总是看到了别人繁华的一面，而忽略别人背后的辛苦。譬如看到奥运冠军站在领奖台上的幸福时刻，便会心生羡慕，但是我们也应该认识到成功和荣誉的背后是高强度的训练，还有顽强意志的支撑，这不是每个人都可以做到的，所以他们站在领奖台上的那种幸福不是每个人都能够体味和感觉到的。同样，我们羡慕每天活跃在歌坛和影坛上的明星，但是在他们享受鲜花和掌声的背后，每天要做的就是排练舞步，背诵歌词和剧本。生活有时候是残酷的，辛苦付出之后，还并不代表他们就能够站在高高的领奖台上。

所以，不管你想要取得什么，在取得之前必须有一个付出的过程，欲先取之，必先予之，这是规律，也是必然。

有一个人在沙漠中行走了两天，途中遇到暴风沙，一阵狂沙吹过之后，他已认不得正确的方向。正当快撑不住时，突然，他发现了一幢废弃的小屋。他拖着疲惫的身子走进了屋内。这是一间不通风的小屋子，里面堆了一些枯朽的木材。他几近绝望地走到屋角，却意外地发现了一台抽水机。

他兴奋地上前汲水，任凭他怎么抽水，也抽不出半滴水来。他颓然坐地，却看见抽水机旁，有一个用软木塞堵住瓶口的小瓶子，瓶子上贴了一张泛黄的纸条，纸条上写着：你必须用水灌入抽水机才能引水！不要忘了，在你离开前，请再将水装满！他拔开瓶塞，发现瓶子里，果然装满了水！

他的内心，此时开始交战着……

如果自私点儿，只要将瓶子里的水喝掉，他就不会渴死，就能活着走出这间屋子！ 如果照纸条做，把瓶子里唯一的水，倒入抽水机内，万一水一去不回，他就会渴死在这地方了。到底要不要冒险？

最后，他决定把瓶子里唯一的水，全部灌入看起来破旧不堪的抽水机里，水真的大量涌了出来！他以颤抖的手汲水，一种从没有过的幸福和感动袭上心头。他喝足水后，把瓶子又装满水，用软木塞封好，然后贴好纸条，放在原来的地方，而且加上一句他自己的话：相信我，真的有用。

此后的几天里，他内心一直都被一种幸福和感动充盈着，这种感觉带给了他之前所没有的信心和力量，他终于穿过沙漠，来到绿洲。每当回忆起这段生死历程，他总是要告诫后人：在取得之前，要先学会付出。

生活中，在追求幸福的道路上，我们往往并不缺少获得幸福的机遇，而是我们不懂得付出，没有好好把握。正如故事中的那个人一样，他如果自私地喝掉了瓶子里的水，可能会保全生命，但是他却体味不到幸福，也不会懂得"在取得之前，要先学会付出"这个深刻的道理。

虽然有的时候，付出并不等于收获，很多的痛苦和伤害就是因为付出没有得到回报才造成的。正因为这样，我们更应该把付出当作一种奉献，既是奉献，就不求回报，只求不悔！当一个人真心奉献时，他是幸福的，因为他知道这是他心甘情愿的，他正在一步步接近幸福，这种幸福是他人所不能够体会也不能够理解的。

幸福处方：付出中隐藏着幸福

有这么一个故事，讲的是一个馒头店的老板，他每天固定出笼三次，蒸120个馒头。100个出售，另外20个用来接济敬老院的老人和福利院的儿童。因为他为人实诚，且做出来的馒头特别好吃，因此馒头一出笼便会被卖光，但是他有一个原则，当100个馒头卖出后不论客人如何要求，他从来不肯把另外20个馒头出售。"这是送人的，不卖！"老板用十分坚定的口吻拒绝每一个想要买的客人。说着，用夹子把热乎乎的大馒头分送给老人和孩子。在那一刻，老板黝黑的脸上绽放出的是明亮的光彩。那种动人亲切的笑容里所包含的幸福是其他顾客所感受不到的。

对于这位老板来说，付出本身就是一种快乐。因为当他把馒头送给需要帮助的老人和孩子时，使得老人和孩子感受到了快乐，自己也便会跟着幸福起来。现实生活中的我们也一样，在付出之时，往往也能够感受到隐匿其中的幸福。

1. 不要太在意结果

我们都知道，付出并不等于收获，但是如果没有付出就一定不会有收获。所以，生活中不要太在意自己的付出是否有所收获，或者是收获与付出是否成正比。因为太注重结果，往往会让你锱铢必较，越来越忧愁，这不但会降低你前行的信心，还会影响你的心情，阻碍你去感觉付出过程中的幸福和快乐。

2. 带着微笑去付出

人，其实是一个很有趣的平衡系统。当你的付出超过你的回报时，你便取得了某种心理优势；反之，当你的获得超过了你付出的劳动，甚至不劳而获时，便会陷入某种心理劣势。因此，在付出之前，就应该明确付出的目的是什么。只是为了回报吗？如果是这样的话，人活着就会很累！如果你乐意做一个付出者，就做一个快乐的付出者吧！微笑着付出你可以付出的一切！

3. 帮助需要帮助的人

如果你希望花最小的力气做最大的事情，如果你希望最大限度地体现自身的价值，那么你就应该去寻找起点最低的对象，去帮助那些最需要帮助的人——学着去"雪中送炭"。在做这些事情的过程中，你会感到快乐，因为你的努力没有白费。帮助那些需要帮助的人，你的内心会感到非常幸福和满足。所以，何不付出我们的关爱，享受愉悦呢？

心理专家话幸福

付出是一种幸福。付出的过程其实就是不断创造新的喜悦的过程，是从一种幸福到更大幸福的过程。付出劳动就能收获果实；付出真心就能收获真情，付出爱心就能收获整个世界。很多生活经验告诉我们，斤斤计较的人并不愉快，而乐于付出、乐于奉献的人才能够坦然和幸福。

八、幸福是一种享受

> 我总以为生活的目的即是生活的真享受……是一种人生的自然态度。
>
> ——【中】林语堂
>
> 宁愿做个牧人，吃着家常的奶酪，喝着葫芦里的淡酒，睡在树荫底下，清清闲闲，无忧无虑，也不愿当那高贵而不得安宁的国王。
>
> ——【英】莎士比亚

一位法师曾经说过这样的话："人生没有所有权，只有使用权。"的确，在人短暂而漫长的一生中，有哪些东西是属于自己真正拥有的呢？就算是生命，也不敢说是自己拥有的，因为当我们来到这个世界的时候，没有人和我们商量过，而当离开的时候，也不会有人提前告诉我们。可以说，生命不归你拥有，但是却归你使用。正如生命一样，世上所有的一切东西都是只归我们使用的。如何使用自己的生命，如何使用自己的人生，关键是要尽可能地去享受你眼前的一切，这也是一种幸福。

而且，生活本身就是丰富多彩的，除了工作、学习、赚钱、求名之外，还有很多美好的东西值得我们去享受，例如可口的饭菜，温馨的家庭生活，蓝天白云，花红柳绿，飞溅的瀑布，浩瀚的大海，雪山和草原，遥远的星系，久远的化石，以及眼前的每一寸土地，每一丝冬阳……所以，学着关注一下自己身边的美好事物，你便能从中品味到幸福。尤其是情感细腻丰富的女人，更能够感受到生活的美好。

一位病榻上的老太太，得知自己将要不久于人世，于是在日记本上记下了这样一段文字：

"如果我的生命可以再来一次，我会选择抽出更多的时间去大自然旅游，我会仔细欣赏每一片晚霞，也许是一声鸟鸣，也许是霏霏细雨，也许是黄昏下的一阵轻风……而且再危险的地方我也要尝试着去一下。

如果我的生命可以再来一次，我会选择多休息，而不是为了一些蝇头小利去斤斤计较。在为人处世上，我会选择糊涂一点儿，不会因为一点小事与身边的朋友斤斤计较，更不会处心积虑地去想如何才能得到更大的利益。

如果我的生命可以再来一次，我会选择把更多的时间留给家人，我不会再为了买到更大的房子、赚到更多的金钱没日没夜地工作，甚至放弃与家人共处的时间。如果有来世，我会把时间还给家人，享受天伦之乐，哪怕是与他们一起住在最普通的房子里，吃着最普通的家常菜。

如果我的生命可以再来一次，我会尝试更多的错误，我不会再事事追求完美，因为这样让我的心太累，让我无暇顾及身边的美好。

如果我的生命可以再来一次，我一定要去品尝各种各样的冰淇淋，年少的时候父母说冰淇淋对牙齿不好，不让我吃；等到成长为青春少女的时候，自己不敢吃，怕身材发胖；再以后，怕对身体不好，所以就一直没吃，直到现在。此刻我是多么后悔。过去的日子，我实在是活得太小心，每一分每一秒都不容有失，太过清醒明白，太过合情合理。

如果我的生命可以再来一次，我会选择一切都重新开始，我会什么也不准备就去上街，甚至连纸巾也不带一块，更不会把自己藏在浓浓的化妆品后面。我会放纵地享受每一分、每一秒。

如果可以重来，我会赤足走出窗外，甚至彻夜不眠，用我的身体好好感受一下外在世界的美丽与和谐。还有，我会去游乐场多玩几圈木马，多看几次日出，多欣赏几次日落，多和公园里的小朋友玩耍。

如果我的生命可以再来一次，我依旧会追寻幸福，但是我现在明白享受本身就是一种幸福。所以，如果有来世，我会好好享受生命赋予我的一切……"

的确，生命本身就是一个享受的过程，而且其中的幸福和悲伤，快乐和痛苦，平坦和曲折，困难和寂寞，烦恼与失意，疾病与困惑等会伴随着我们的人生路程，许多你不愿面对的东西，不是你选择放弃就可以放弃的。你所应该做的是品味其中的点点滴滴，不抱怨，不放弃。生活的酸甜苦辣恰似岁月的风花雪月，只要你敢于去面对，把自己的心境拓宽，把一切都看成是生活给予我们的至真至美的享受，去感受它，才会觉出它的丰富，它的甘甜，它的醇厚，它的美艳，那么你就会生活得很幸福。

幸福处方：会创造幸福，更要会享受幸福

流星选择了陨落，于是划出了天际那美丽的一瞬，让人的视觉得到了享受；瀑布选择了悬崖，于是跌宕出那激越的赞歌，让人的听觉得到了享受；昙花选择了夜晚，于是诠释出那生命的价值，让人的心灵得到了享受。可以说，享受无处不在，譬如大地在享受阳光的温暖，高山在享受攀登者的成功，大海在享受江河湖泊的奉献，森林在享受雨露的滋润。作为女人，做一次美容是享受，买一套漂亮的时装是享受，交一个知心朋友是享受，读一本好书也是享受。正是在这种种的享受中，让身在其中的女人寻觅到了各种各样的幸福。

1. 努力学习和工作

享受生活，需要一定的物质基础做保障。只有衣食无忧，才能谈得上幸福和艺术。饿着肚子，是无法去细细品味山灵水秀的，更不要说去感受其中的幸福。所以，享受的前提是要努力学习和工作，但是工作并不是人生的目的，人生的目的是享受生活。一方面努力学习和工作，另一方面学会享受诗意的人生，这才是和谐的人生。

2. 享受不是放纵

所谓享受生活，并不是放纵自己去花天酒地，也不是放纵自己什么也

不干，过着懒汉般的生活，吃了睡，睡了吃。我们所说的享受生活，是要努力去丰富生活的内容，去提升生活的质量。愉快地工作，愉快地休闲。闲暇的时候可以散步、游泳、爬山、垂钓，或者是坐在阳台上读书品茶。在做这些的时候，抛弃世俗的干扰，使灵性回归，使亲伦重现。

心理专家话幸福

平淡的日子里，许多平凡的事物掩盖下的不易察觉的幸福，全靠我们用心去发现，去感觉。比如，想吃饭且有能吃饭的身体和可以吃饭的经济条件是一种幸福，想读书且有能买书的钱和可以读书的环境是一种幸福。说到底，幸福是一种享受。学会享受，才能去热爱生活，才能去领悟幸福的真谛。

第二章

做快乐女人
——善待生命中的每一天

快乐并不是偶然来到的东西,而是由我们的心灵制造的。如果总是等着快乐主动降临,那么你的快乐只会越来越少。有句话说得好:"愚人向远方寻找快乐,智者则在自己身旁培养快乐。"生活里的每一个细节都蕴藏着快乐,聪明的女人,总会快乐地对待每一件事,每一个人,也会善待生命中的每一天。她会努力从中发现能令自己欢悦的因素,并让快乐扩张,鼓舞和影响周围的人。

一、在心中播下快乐的种子

> 每个人的一生中，都难免有缺憾和不如意，也许我们无法改变命运，但我们可以改变自己对待命运的态度，心态好，逆境也能变天堂。
> ——【中】江南雨
>
> 拥有轻松愉快的心情，就拥有了长久的幸福和快乐。好心情是愉快生活的关键，是身体健康的前提。
> ——【法】乔治·桑

在这个世界上，作为女人，可能无法主宰天气阴晴变化，也无法扭转世界格局，但是却可以控制自己的心情。而且，只要愿意去争取快乐，那么她就一定能够享受到快乐。如果不懂得赢取快乐之道，快乐就不一定会时刻相随。

快乐是需要播种的，就像秋天的收获需要春天的播种一样，任何获得都必须有一个播种的过程。要想收获快乐，就需要在心中播下快乐的种子。只有心情保持愉快的女人才能够让自己的生活保持轻松，也才能够让自己的心底充满阳光，这样生活才能够充满幸福。快乐是一种心境，而且是发自内心的。心情愉悦的女人，能够让自己整天沐浴在阳光普照的日子里，积极向上，即使坎坷一辈子，也能快乐一生。

龙王听说龟宰相因病卧床不起，忙派御医河蚌去给龟宰相把脉问诊。可无论河蚌用什么药方，龟宰相的病都不见好转，反而变得越来越严重。

御医河蚌见状急了，它知道龟宰相可能是因为心理原因才得病的，于是拉着龟宰相的手说："宰相，请你告诉我你的真正病因，好吗？只有这样，我才能对症下药，才能挽救你的性命啊！"

"我是因为觉得生活中没有快乐，这无疑是一种痛苦，它折磨得我将要死去。我知道现在自己最需要的是快乐，这是其他任何名贵的药物都不能够代替的！"龟宰相说完，又痛苦地闭上了眼睛。

"看来！快乐才是医治龟宰相的最好药方。我得为它找到快乐，不然龟宰相就死定了。"河蚌想到这里，便来到人间，向人们打听在哪里能找到快乐。

"哦，我想有笑声的地方就有快乐。"有人告诉它说。

河蚌找到一位正哈哈大笑的人，对他说："请你借给我一点儿快乐吧。"

"你认为我在笑，我就快乐吗？其实，我是嘲笑自己刚才做的一件蠢事，我并不快乐。"那人停住笑，沮丧地说。

河蚌来到一座王宫，请求国王道："尊敬的陛下，请你借给我一些快乐吧！"

不料国王说道："要说这话的人应该是我，我虽然拥有至高无上的权力和无尽的财富，但我这一生，从来就没有过一天真正快乐的日子。如果你找到了快乐，我愿意用王位来换取。"

河蚌失望地告别了国王，在一条乡间小路上，它看见了一位又聋又哑的残疾人，正在吃力地拉着一车柴火赶路，忍不住叹息道："哦，又是一个没有快乐的人。"

哪知残疾人抬起头来，用充满快乐的眼神看着河蚌并用手比划着说："我有快乐！"

"你有快乐？"河蚌有些不敢相信地问。

残疾人使劲地拍着胸脯，表示肯定。

"那么请你借给我一些快乐吧，我要去救龟宰相。"河蚌兴奋地说。

残疾人再一次用手拍了拍胸脯，比划道："快乐在我心里，你是拿不走的。"

河蚌于是回到龙宫，对龟宰相说："快乐根植于人的心里，你若要快乐，只能从自己心里寻找。"

龟宰相听完之后，恍然大悟。

的确，快乐和幸福源自我们的内心，只有善于挖掘，方能够感受得到。事实上，每个女人都具备使自己幸福和快乐的资源，例如积极的生活态度、乐善好施的品德、奉献爱心的精神等。只是有一些女人没有把这些幸福快乐的资源加以利用而已。生活得幸福与否，完全取决于一个人的生活态度。换言之，只要一个人有着愉快的心境，便会觉得自己周围的一切都是美好的，幸福也就会随之而来。因此，不妨试着在心中埋下幸福的种子，学会享受来自心底的快乐和幸福。

幸福处方：播种快乐，收获幸福

快乐是真实的，是发自内心的，除非获得你的允许，否则没有人会令你苦恼。同时，快乐源于我们的心灵和身体组织，我们快乐的时候，自我感觉往往是良好的，身体也会处于良好的状态。对于女性来说，快乐甚至是最好的化妆品和保养品。快乐不是争来的东西，也不是理所应当的报酬，更不是别人能够给予的。唯有在心中播下快乐和幸福的种子，才能够收获幸福和快乐。

1. 做好你自己

很多女性，在做事的过程中容易左右摇摆、犹豫不定，而且在辨别事物的对与错方面很难坚持自己观点，往往很在意别人的看法。这些都是不正确的。生活中，一定要保持一个健康良好的心态，对于自己认定的事情一定要坚持下去，做好你自己。不可否认，人人不可能每天都快乐，但是在烦恼困苦的时候一定要学会超越烦恼和困苦，给自己一个坚强的微笑。

2. 对人生充满激情

一个女人，如果能够对人生充满激情，她就永远不会厌倦生活，并且她相信自己是这个世界上最快乐、最幸福的人。所以，充满激情地去生活吧，哪怕是再苦再累的日子，也能够从中品味到生活的幸福。

3. 懂得生命的珍贵

每个人的生命都是上苍赐予的最美丽的礼物，只有生命遭遇到威胁的人才懂得生命的可贵，也才能够更深刻地领悟到活着就是幸福。因此，相对于伟大的生命来说，平常生活中的那些烦恼，例如肤色不够白，个子不够高，身材不够苗条等，都算不了什么，根本不必为这些琐事烦恼。

心理专家话幸福

每个女人都可以在自己的内心播下一些幸福的种子。这些幸福的种子不需要太复杂，可以是一些爱好、一点儿信心、一种心态，又或许只是一抹微笑，一声鼓励。这样，无论以后遇到什么困难和打击，都能够保持自己内心的平静，挖掘幸福的因子。

二、快乐是一件很简单的事

> 对于那些内心充溢快乐的人们而言，所有的过程都是美妙的。
> ——【美】罗莎琳·德卡斯奥
>
> 最幸福的似乎是那些并无特别原因而快乐的人，他们仅仅因快乐而快乐。
> ——【美】威廉姆·拉尔夫·英奇

在现实生活中，我们总是会发现，有的女人整天乐乐和和的，做什么事都感到很愉快，而有的女人却愁眉苦脸、心情低落、没有笑容。为什么会有这么大的区别呢？快乐的人也不见得总是遇到多么大的喜讯，而不快乐的人也不是没有遇到过令自己开心的事情，只是前者能够从身边的很小的事中获得快乐，而后者总是以为只有天大的喜事才值得一乐，因此一个人得到的快乐很多，一个人得到的快乐却很少。其实，快乐是一种心态，是一种习惯，快乐不快乐都是自己决定的，快乐随处可见，到处都有，关键要看我们是如何定义快乐的。

快乐其实很简单，快乐就是工作，快乐就是休息，快乐就是和家人一起吃饭，快乐就是跟朋友在一起，快乐就是听广播、看电视，快乐是随时随地的。不要认为只要中了500万才会高兴，否则你就会很少感觉到快乐，学会控制自己的情绪，不要让它受到环境的干扰；重新定义自己的快乐，把身边的一切值得高兴的小事都看做快乐，那么你每天都会是开开心心的。

快乐并不复杂，它是一件简单的事情。当你早上起床，看见窗外阳光明媚、空气清新，不妨对自己说："天气真好，今天我是快乐的。"当你在上班的路上，看见陌生人对你微笑，不妨告诉自己："人们都这么友善，真的很开心。"当你顺利地完成了工作，收拾好自己的案头，伸伸懒腰，对自己说："多么充实的一天，我很满足。"当你回到家中，看见可爱的孩子，体贴的老公，你要让自己知道："自己是幸福的，应该感到快乐。"这样来看待生活，你的每时每刻都会充满快乐。快乐就是这么简单，何必要用一些不必要的烦恼来取代它呢？

小公鸡整天没事情做，心里很苦恼，它想：怎样才能快乐呢？

它跑到田野里问老牛："爷爷，怎样才能快乐呢？"

老牛说："帮助人们耕种田地就快乐了。"

它跑到池塘边问青蛙："小哥哥，怎样才能快乐呢？"

青蛙说："为庄稼捉害虫就快乐了。"

它跑到花丛中问蜜蜂："小姐姐，怎样才能快乐呢？"

蜜蜂说："飞来飞去给花儿传播花粉就快乐了。"

小公鸡回到家里问爸爸："爸爸，做什么事最快乐呢？为什么老牛爷爷、青蛙哥哥、蜜蜂姐姐说的不一样呢？"

爸爸笑着说："做自己能够做好的事情，并善于帮助别人，你就会得到快乐！"

从此，小公鸡每天早早起床，和爸爸一起为人们报时，成了一只快乐的小公鸡。

每个人都有属于自己的快乐，我们不必去羡慕别人，只要做好自己喜欢做的事情，我们就会感到快乐。不要以为只有轰轰烈烈才是快乐，其实我们大家都是一样的，每个人都像是天空中的一颗星星，我们努力地工作，努力地生活，努力地营造一个美好的未来。我们与太阳和月亮一起，共同装扮着我们美丽的世界。为什么要妄自菲薄或者不懂知足呢？快乐就在身边，不要视而不见。

快乐是心灵的一种满足，是对生活和工作的热爱；快乐是内心的一种纯真，是一种对外部世界的细微体会。快乐是人们对世界的一种感恩，是在兴趣中绽放的花蕾，我们的生命中并不缺少快乐的土壤，我们要努力地让快乐的种子在心中发芽。当我们已经把快乐种在了心中，还有不快乐的理由吗？

幸福处方：复杂不是幸福的理由

每个人都在寻找着自己的快乐。快乐对于每个人来讲，其实都是很简单的，很容易从自己的身边发现。快乐是什么？快乐是忙碌一天后的休息；快乐是在秋寒中享受阳光的温暖；快乐是阅读一本好书或是品尝一杯好茶；快乐是在大自然中呼吸新鲜空气；快乐是和朋友肆无忌惮地"打闹"……快乐其实就是这么简单。

1. 重新定义一下自己的快乐

快乐不一定必须是天大的喜事，不一定需要多么轰轰烈烈，快乐是内心的一种满足的体验。身边的小事也是可以让我们感受到快乐的。因此，学会重新定义自己的快乐。不要一味地去羡慕别人的财富、地位和名利。快乐是一种心灵的返璞归真，生活原本没有那么复杂，从小事中同样可以发现莫大的乐趣。

2. 珍惜生活中美丽的瞬间

快乐是对生活的热爱，是生活中每一份善意的积累。虽然生活很平淡，但在平淡中依然存在着许多快乐。居家过日子，细心料理家务，营造家的温馨和美丽是一种快乐；走进厨房，用心制作饭菜，与父母和爱人一起品味美食是一种快乐；周末休息走进商场，为家人和自己挑选好看的衣物也是一种快乐。快乐并不取决于有多少物质财富，也不取决于有多高的地位。快乐是生活中的点点滴滴，只要你用一颗平常心去感悟，你就会发现属于你自己的快乐。

3. 让内心感到满足

生命因知足而快乐，快乐是珍惜并感恩自己所拥有的。一个肢体健全的人是快乐的，因为他有一双眼睛，可以遍观世界；他有一双脚，可以走遍世界；更重要的是他有一双手，可以改造世界。而有的人却没有这种幸运，不要等失去以后才知道痛苦，而要在拥有时感到满足和快乐。

心理专家话幸福

人生没有一帆风顺的，每一个人的生活都充满着酸甜苦辣。我们生活可能很平凡，在不断翻动的日历中悄悄过去，但是只要你学会从生活中撷取属于自己的快乐，真实地体验生命，快乐就会围绕在你的身边。

三、微笑着面对生活

> 世界上有一种不会凋谢的花朵,那就是微笑。
> ——【俄】普希金
>
> 微笑着去面对生活,把每一次的失败都当作一次尝试,不必气馁;把每一次的成功都看成一种不幸,不必自傲。就这样微笑着弹奏其中的弦乐,去面对坎坷,去接受幸福,去品味孤独,去战胜忧伤。
> ——【法】罗曼·罗兰

有人说,生活是甜蜜的,一路上充满了欢声笑语;也有人说,生活是苦涩的,一生中要经历无数的风风雨雨。生活中充满了酸甜苦辣咸,正是因为生活如此有滋有味,才让我们的生命充满新奇和乐趣。

生活需要我们去描绘,去尝试。我们应该以一种什么样的方式来面对生活呢?欢乐的还是悲伤的?悲伤会使我们的天空变得阴暗低沉,而快乐会让我们的生活充满希望和激情。因此,学会用一种乐观的态度去面对生命,用微笑来面对一切,做一个坚强的人,这样,我们就可以在寒冷的冬天也能感到生活的温暖,在漆黑的午夜也能看到内心的光明。

不要抱怨生活给予我们太多磨难,不必抱怨生命中太多的挫折,大海如果没有巨浪翻滚,就失去雄浑,人生如果一帆风顺,生命也就失去魅力。微笑是世界上最美的语言,它意味着一种成熟。面对矛盾,面对冲突,面对误解,多一分理解,多一分感动。只有微笑着去面对生活赋予我们的一切,我们才会感受到更多的快乐。

从前有一个大臣,无论遇到什么事情,他嘴里总是说:"好事,好事。"有一天，国王在耍剑的时候，不小心割掉了自己的小拇指，这个大臣嘴里还是说"好事，好事。"国王非常气愤，就下令把那个大臣关进了大牢。

两个月后的一天，国王和大臣去打猎，被敌国围攻了，他们要杀掉国王来祭祀，但他们却发现国王是个身体不完整的人，因为他们有一种不成文的规定，不能用身体不完整的人来祭祀，于是他们放了国王而杀了跟随的所有的大臣。国王回到家之后，想起那个大臣说的话，断了一个手指，的确是好事，于是他亲自到了大牢内，向那个被他关了两个月的大臣道歉，那个大臣说："好事，好事。"国王非常不解，问道："我关了你两个月，怎么还是好事呢？""如果我不被关在这里，我就会和你一起去打猎，就会成为俘虏，那样我也被当作祭祀给杀掉了，还能回来吗？"大臣微笑着说道。

生命中可能会存在各种各样的不幸，当你沉溺其中，不能自拔时，生活就会变得悲悲戚戚，没有生机，而如果你能够从容面对，看到事情的另一面，就会变得豁达，而不再被烦恼和不幸所困扰。

世界潜能激励大师安东尼·罗宾告诉我们："任何事情的发生，必有其目的，并且有助于自己。"很多人会对此表示不理解，难道我今天上班堵车还对自己有利？难道今天被老板炒鱿鱼还算有幸？其实，如果我们换一个角度去看问题，就会豁然开朗，倘若今天你出门不堵车，可能前方的一起交通事故就会祸及你，倘若你没有被老板炒鱿鱼，那么你就不会遇到更好的机会。不幸中孕育着幸运，因此，不要总是哭丧着脸，微笑地面对生活，生活才会对你微笑。

有人说：女人最大的魅力在于她永远微笑着。微笑着面对生活，微笑着走过四季的更替，微笑着经过岁月的洗礼，微笑着爱与恨，微笑着幸福与沉默。作为女性，应该让自己的内心充满坚强，不要以弱者自居，相信自己可以面对坎坷的命运。只有当你用微笑来面对生活，用微笑来面对每个人每件事的时候，你才会看到灿烂的阳光，获得生活的力量，在前方迎接你的也将是一路芬芳。

幸福处方：挫折中寻找幸福

人生在世，痛苦、失败和挫折在所难免，我们应该用积极的态度去对待生活，管它一切如何，我们都要微笑着去面对。微笑着去面对失败，在失败中总结经验教训，你会变得坚强；微笑着去面对痛苦，一切都会烟消云散，烦恼将不再纠缠；微笑着去面对灾难，灾难在你面前也会变得不堪一击。

1. 不要过分执著

执著于失意，生活将失去生机；执著于痛苦，生命将暗淡无光。很多烦恼都是因为过分执著而不断加深的，生命需要放松，学会释然，不要比较，不要计较，不要陷于过去，不要担心将来，以平和的心态面对自己的得与失，生活才会多一些快乐，少一些痛苦。

2. 学会忘记伤痛

有些人之所以沉浸在痛苦之中无法自拔，是因为他总是一次又一次去揭自己的伤疤。伤痛是不能够回忆的，越回忆就越会加深它的痛楚。最好的方法就是忘记，把昨天不开心的一页彻底翻过，开始今天新的一页，否则你永远也看不完生命这本书。

心理专家话幸福

微笑是一种坚强，是一种力量，它可以驱散心头的阴霾，可以淡化曾经的失意。我们要学会微笑着面对生活，微笑着面对自己，把所有不幸当成是一种历练，生命就会因此而变得坚强。当微笑成为一种习惯，我们的内心就会变得豁然，并时刻感到心清气爽，海阔天空。

四、怀着甜美的憧憬入梦

> 一个有事业追求的人，可以把"梦"做得高些。虽然开始时是梦想，但只要不停地做，不轻易放弃，梦想能成真。
> ——【美】虞有澄
>
> 一个人可以非常清贫、困顿、低微，但是不可以没有梦想。只要梦想存在一天，就可以改变自己的处境。
> ——【美】奥普拉

每个女人都应该在心中怀有梦想，它是生活的目标，是生存下去的希望。没有梦想的女人，生活便没有激情和动力。当你累了，梦想会飞到你身边，一遍又一遍地轻声叫你起来；当你跌入黑暗，迷失了方向，梦想在你头顶，用光芒照耀着你，引你回到光明，继续人生之路……我们的生活时时刻刻都需要梦想的存在和指引。

当你安静地躺在床上的时候，你通常会想些什么呢？是为已经接近尾声的一天抱怨不已，还是为明天的辛苦发愁呢？这些烦恼往往会使人辗转反侧、难以入眠，所以千万不要让它们破坏了自己的好心情。有人说女人爱幻想，这说明她们对生活有着美好的憧憬，说不定哪一天，自己曾经梦寐以求的愿望就会变成现实。快乐的女人不会被不必要的烦恼所牵绊，她们总是在为自己勾勒着灿烂的明天，想着梦想成真时的激动场面。有梦才有快乐，抱着甜美的憧憬入睡，明天必然是快乐的一天。

生活因为有梦想才变得厚重，变得多姿多彩，否则我们的生活将是沉重的，苍白的。漫漫人生路，几多坎坷与艰辛，几多辛酸与无奈，而当我们的心中贮满了梦想的精灵，所有的挫折，所有的苦难都将变为实现理想的财富。

我们的生活，绝不能仅限于吃喝穿戴、衣食住行，生活更深的内涵是为了追寻梦想欣然前行，为了追求幸福永不止步，为了实现自身价值不懈努力，为了得到社会和公众的认可宁愿付出全部。

有梦想，我们才不会止步，才会敢于面对生活的惊涛骇浪，在生活的大海上驾起人生之舟，始终如一地向着美好的理想彼岸进发，在追逐梦想的路上才会充满精彩。

唐朝贞观年间有个和尚，要到西天去取经。他需要一匹马，在长安城有一匹白马被选中了，然后就开始到西域去取经。白马一走就是十七年。十七年之后它驮着满满的佛经回到了长安城，受到了英雄般的欢迎。白马也因此一举成名。白马找到自己当年的好朋友驴子的磨坊，发现驴子还在。它们两个就一起诉说起十七年的分别之情。白马就跟驴子讲起自己这十七年的所见所闻。它见到了浩瀚的沙漠、一望无边的大海，渡过一条连木头都浮不起来的河——黑水河，去过一个只有女人、没有男人的——女儿国，到过一个把鸡蛋放到石头里就能够煮熟的地方——火焰山……

白马讲了很多，驴子听得津津有味，直流口水说："你的经历可真丰富呀！这些是我连想都不敢想的！"白马就问它："我走的这十七年你是不是还在磨麦子呀？"驴子说："是呀！"白马说："我和唐大师当年，每天也走八小时，而你在磨房里也是走八小时，这十七年我走的路程和你走的路程是差不多的。可是我们的区别在于当年我有着一个梦想，这个梦想虽然遥远，可是我方向明确，今天才终成正果。"

没有梦想，生活只会原地打转，很多人同样是奋斗了大半辈子，为什么成绩会大不一样，有没有梦想是决定他们能够走多远的根本原因。让自己心怀憧憬吧，若干年后，当你发现曾经斑斓的梦想并没有随岁月流逝而灰飞烟灭时，你将会体验到一种心灵的满足和快乐，你将会知道自己的经历是财富，生命会在自己的努力下变得色彩缤纷。是梦想让我们在苦难的日子里也同样充满着激情与快乐。

幸福处方：放飞梦想，追逐幸福

也许随着年龄的增长，我们会渐渐地发现，成年人的生活不再像童年时那样轻松，取而代之的是社会以及现实的压力，一切并不像我们的最初想象。这时，生活好像一把无形的剑，在消磨着我们每个人心中的梦想。因为压力，有的人会活得很累，因为生活紧张，有的人会废寝忘食。生活就像一杯苦咖啡，当独自一个人细细品尝时，是否想过应为生活加点儿糖呢？生活越现实，我们越需要给自己一个可以憧憬的梦想。

1. 为自己编织一个美好的梦想

生活需要梦，如果没有梦，我们的生活就没有活力，没有气息。一个人来到世上，不能白走一遭，更不能让生命成为空白。我们应以最大的努力去完成一件最想做的事情，当我们每天起来都发现自己有一个美好的梦想等待实现，就会充满奋斗的力量。诗人休斯说过："紧紧抓住梦，如果梦消亡，人生就成了折翅的鸟，再也不能飞翔！"给自己一个真实而鲜活的梦想，并为之去努力，生命会因此充满激情。

2. 不轻易放弃梦想

你的梦想火焰是否熄灭过呢？也许我们在实现梦想的道路上会遇到各种挫折，但是却不能够轻易放弃。农民种田，他们一年四季，日出而作，日落而息，在一块田地里，不断耕耘，不断播种，编织梦想，盼望收获。可是，有一天，当他们的庄稼被洪水淹没时，当他们的秧苗因干旱而枯萎时，当他们的果实被害虫毁灭时，他们可能会抱怨，可能会发怒，但是，他们不可能停止耕耘。他们会怀着希望，再一次播下种子。要想成就自己的事业，就要永不放弃，重新播种希望。

心理专家话幸福

生活是现实的,也是残酷的,我们无时无刻不在面临着被选择和被淘汰的可能,但是只要心怀梦想,我们就会拥有坚持下来的勇气,梦想会让我们不断地追求进取。普希金《假如生活欺骗了你》这首诗中说:"忧郁的日子里需要镇静,相信吧!快乐的日子将会来临。心儿永远向往着未来,现在却常是忧郁。一切都是瞬息,一切都将会过去。"生活需要载着梦想,努力飞翔。

五、做自己喜欢做的事

> 人找到生活的意义才是幸福的。
> ——【俄】尤里·邦达列夫
>
> 不管是得意的时候还是悲观的时候,你都要了解自己最需要什么,对自己想要的东西要明了,抓住自己的兴趣,做自己喜欢做的事。这才是快乐的。
> ——【中】杨 澜

做自己喜欢做的事,很多女人都如是告诉自己,但是事实上又有几个人做到了呢?可能有些女人会说,现实太残酷了,兴趣与现实之间存在着太大的矛盾,于是不得不放弃;还有的女人会说,太多的外界因素阻碍我去做自己想做的事情，例如家人朋友的反对，旁观者的议论，我实在无法坚持自己的立场。遗憾的是，因为不能做自己喜欢做的事情，她常常会感觉到生活的痛苦和烦闷。

加拿大少年琼尼·马汶读书的时候，一直都是一个很用功的孩子，但是成绩平平，而且不管他怎么努力，成绩都没有丝毫起色。高二的时候，他走进了一位心理学家的办公室，向他倾诉自己的苦恼，他说："我学习一直都是很努力的，但为什么就不能取得优秀的成绩呢？"

"孩子，问题就在这里。"心理学家和蔼地看着他说："你一直都很努力，但是几乎没有进步。现在的课程你已经力不从心了。再学下去，恐怕你就是在浪费时间了。"

"那么，我该怎么办才好呢？"孩子竟然哽咽起来："如果这样的话我的父母一定会很伤心的，因为我是他们唯一的希望，他们都指望着我能上一所一流的大学呢。"

心理学家用手抚摸着孩子的肩膀说："孩子，工程师不识简谱，或者画家背不全九九表，这都是可能的。每个人都有自己的特长，你也不例外。终有一天，你会发现自己的特长。到那时，你就会让你爸爸妈妈为你感到骄傲了。"听了他的话之后，马汶从此再也没有踏进学校一步。

那时候城里的工作很难找，何况没有文化的马汶，终于，他找到一份工作，帮人整建园圃，修剪花草，而且他也十分喜欢。不久，雇主们开始注意到这位小伙子的手艺，他们称他为"绿手指"，因为凡是经他修剪的花草树木无不繁茂美丽。

很偶然的一天，马汶凑巧来到市政厅，又刚好碰到参议员。他告诉参议员说，他发现市政厅前面有一块污泥浊水的垃圾地，可以把它改建成一个花园。

"可是，市政厅没有多余的钱来做这件事情。"参议员无可奈何地说。

"交给我来做吧，我不需要任何资金。"马汶自信地说道。

参议员大为惊讶，他从政以来，还不曾碰过哪个人办事不要钱呢！于是，他把这个孩子带进了办公室，当即办妥了批准手续。

当天下午，小马汶就开始了自己的工作。他拿着几样工具，带上种子、肥料来到目的地。其间，一位热心的朋友给他送来了一些树苗；一些相熟的雇主请他到自己的花圃剪玫瑰用来插枝；有的还提供篱笆用料。不久，这块肮脏的污秽场地变成了一个美丽的公园：绿茸茸的草坪，曲幽的小径，中间还摆放了长椅，坐在上边还能听到鸟儿的歌唱。全城百姓，争相夸赞小马汶。

之后，又经过很多年的努力，马汶成为著名的园艺家。虽然在他的一生中，他既不懂法语，也不懂拉丁文，微积分对他来说更是个未知数。但是这些并不影响他的快乐，因为有色彩和园艺为伴，他感觉自己是这个世界上最幸福的人。

对于马汶来说，如果当初继续上学，结果可能是大学没有考上，最遗憾的是他可能不会品味到生活带给他的快乐，退学之举，减轻了学习带给他的烦恼，更为重要的是他找到了自己喜欢做的事情，并因此而成功。

其实，每个女人都有自己喜欢做的事情，有的女人喜欢读书，有的女人喜欢唱歌，有的则喜欢跳舞；有的女人渴望当一名教师，从事天底下最高尚的职业；而有的则渴望做一名白衣天使……正因为这些爱好的存在，她们才觉得自己的价值得到实现，生活也富含了种种乐趣。

幸福处方：幸福就是做自己喜欢做的事

能做自己喜欢做的事情，这本身就是一种幸福。周海婴从小就喜欢玩瞿秋白叔叔送给他的"积铁"，积铁就像积木一样，是一盒子各式各样的金属零件，可以用来拼装小天平、跷跷板、火车、起重机等玩具。长大以后，他又学着装矿石收音机，迷上了无线电，并考上了北京大学物理系，1956年毕业以后开始从事无线电技术工作。当有人为他没有成为大文学家而遗憾的时候，他却坦然地说："我没有选择文学道路，主要是由于我缺少这方面的爱好和专长。"

的确，一个人在事业上取得的成就的大小是和兴趣有很大关系的。如果你做自己一直喜欢做的事，你的内心便会充满愉悦和快乐。所以，千万别逼迫自己或别人去做不喜欢的事,那样会事倍功半。

1. 不要太在意别人的看法

有很多女性,在生活中不能坚持自己的观点,总是过多在意别人的看法。例如,她本来喜欢做一些富有挑战性的工作,但是家人和朋友劝告她还是做老师吧,工作不累,假期又长又多,将来还能够辅导自己的孩子学习。于是,她就动摇了,结果当了老师以后,还念念不忘自己喜欢的事情,生活非常郁闷。所以,一旦认准自己喜欢的事情,就要坚持下来,不要在意外人怎么看待和评价。

2. 正确面对现在不喜欢的工作

很多女性迫于生活的压力,正在从事一份自己并不喜欢的工作,这是很普遍的现象。但记住,先要生存,才可能去追求更多的东西。只要不放弃努力,就有希望做成自己想做的事。而把目前从事的工作,当成必要的过渡和磨炼。如果你将它与你喜欢做的事联系起来,你就会正确地对待它,使它做起来并不那么讨厌,并把它做得也不错,成为通向从事喜欢事情的桥梁。

心理专家话幸福

对于幸福,不同的女性会有不同的理解。有的女性认为,幸福就是做自己喜欢做的事情。因为喜欢,会让你迸发出无穷的活力;因为喜欢,再大的困难也敢于克服;因为喜欢,会勇往直前,绝不轻言放弃;因为喜欢,会永远感觉前面海阔天空,阳光似锦;因为喜欢,会感觉自己在尽情地享受幸福和快乐。

六、学会控制自己的情绪

> 一个人切不可放任自己,他必须克制自己,光有赤裸裸的本能是不行的。
> ——【德】歌德
>
> 一切的和谐与平衡,健康与健美,成功与幸福,都是由乐观与希望的向上心理产生与造成的。
> ——【美】华盛顿

面对生活中的很多烦心事,很多女人难免会出现情绪上大的波动,这是正常现象。每个人都不能不让自己发脾气,但是却要学会控制自己的情绪,不要让它持续的时间太久,不要因为一时冲动做出过激的行为,否则会给自己带来更多的不愉快。只有遇事保持镇定,沉着冷静,我们才不会使事情越来越糟。

有人说:女人是"情感动物",情感丰富而不易控制。因此,很多女性会因为一些小事而斤斤计较、大发雷霆、久久不肯释怀。这反而让自己一直处于一种不愉快的氛围之内。或者一时冲动,大发脾气,一番摔扯之后,看着满地狼藉,后悔不已。

快乐来自于生活中舒心的事,也来自于自身对情绪的控制,因为生活中不全是快乐的事,也有令人生气的时候。关键是我们如何控制自己的情绪,让它向着积极的方向转变,化阴暗为光明。

在恶劣情绪的影响下,人们的行为会不受理智的控制,对自己的言行缺乏思考、不成熟、浮于表面、轻信他人、冲动、暴躁、不计后果，产生很强的攻击性。现实生活中，我们经常会看到有的人只要情绪一来，就什么都顾不得了，什么难听的话都敢说，什么伤人的话都敢骂，甚至还做出后果严重的违法乱纪的行为来，这样对人对己都是不好的，因为它不仅会带来身体上的伤害，也会影响自己对幸福生活的感悟。

周丽华是安泰人寿保险公司的总经理，她进入寿险业的时间并不是很长，在短短六年的时间里，她获得了无数的业绩奖牌，而且每年都会前往美国领取"百万圆桌会议会员"奖，这是寿险业的最高荣誉，没几个人能得到的。她之所以有今天的成绩，和她善于控制自己的情绪有着很大的关系。

寿险的工作很难做，在推销的过程中，总是会遇到各种各样的质疑、防范、拒绝、不屑甚至侮辱。在周丽华刚开始做保险时，也曾饱尝羞辱。一次，她跑到富邦证券门口去发掘客户，她注意到一位穿黑大衣的中年人走进富邦证券大厅。她想向他推销医疗意外险，于是决定在门口等他。

等了很久，才看到那个中年男子缓步下楼，她立刻瞳上前递名片，问他："你要保险吗？"中年男子顺手拿起名片，将嘴里的槟榔汁吐在上面，随手丢在地上，理都不理她就走了。周丽华眼泪涔涔，心中十分生气和委屈，真想和他大吵一架，但是她知道自己的工作要十分注意形象和修养，于是硬是压制住了自己心中的怒气，她暗暗鼓励自己："将来拿我名片的人会是很有福气的。"

周丽华也曾笑称自己其实脾气不太好，之所以能承受数以万计的白眼、怒骂与轻视，是因为她认定自己在从事爱心的传递工作。秉持工作的理念与执著，每当有负面情绪涌上时，她就告诉自己要控制，要放下，很快将不良情绪消除，以好的状态投入工作，最终获得了巨大的成功。

想要做一个快乐的人、成功的人，学会控制自己的情绪是非常重要的。不要让自己的心灵被不良的情绪所控制，做情绪的主人，你才能使自己多一些快乐，少一些烦恼。而能否控制好自己的情绪，取决于一个人的气度、涵养、胸怀、毅力等，只有那些气度恢弘、胸怀博大的人才能够做到不以物喜、不以己悲，遇事保持冷静，合理地宣泄情绪。

幸福处方：控制情绪，品味幸福

在我们心灵深处，总有一种力量使我们茫然不安，让我们无法宁静，这种力量是躁动的情绪。情绪的失控是获得幸福和快乐最大的阻碍，不能理智地控制自己的情绪，不仅会伤害他人，破坏人际关系，对自身的形象和身心健康也是不利的。因此，想要获得更多的快乐，学会控制情绪是很重要的一个方面。

1. 学会转移不良情绪

当发生矛盾，火气上涌时，要有意识地转移话题或做点儿别的事情来分散注意力，使情绪得到缓解。在余怒未消时，可以去看看电影、听听音乐，或者下下棋、散散步，使紧张情绪松弛下来，避免火上浇油，鲁莽行事。

2. 学会适当宣泄

人在生活中难免会产生各种不良情绪，如果不采取适当的方法加以宣泄和调节，对身心都将产生消极影响。因此，如果一个人有不愉快的事情及委屈，不要压在心里，要向知心朋友和亲人说出来或大哭一场。这种发泄可以释放内心的郁积，宣泄完之后，内心就会变得舒畅许多。

3. 学会自我安慰

当一个人追求某种东西而没有得到时，为了减少内心的失望，常为失败找一个冠冕堂皇的理由，用以安慰自己，这种吃不到葡萄就说葡萄酸的"酸葡萄心理"，可以让我们找回内心的平衡，使不良情绪减弱，并恢复平静。

心理专家话幸福

情绪的产生是不以主观意志为转移的，但是我们却可以通过主观意志来控制自己的情绪，将不良的情绪及时化解，让自己的内心恢复平静，这样可以大大减少生活中的烦恼和痛苦，给自己增加更多的快乐。

七、别让烦恼捉弄了你

忧郁是因为自己无能，烦恼是由于欲望得不到满足。
——【法】大仲马

只要活在这个世界上，不管衰老、病痛、穷困和监禁会给人怎样的烦恼和苦难，比起死的恐怖来，也就像天堂一样幸福了。
——【英】莎士比亚

也许女人会有这样的经历，自己奋发图强，想要做出一番事业，可是却总是一再受挫，不单是赔光了所有的积蓄，而且还负债累累；想要嫁一个好老公，踏踏实实过日子，可总是烦恼不断，生活不如意，得不到想要的安宁。于是，她开始表示疑惑："为什么我老是被烦恼所困？""我如何才能得到真正的快乐？""是不是上天一直在捉弄我？"

其实不然。生命对每个人都是公平的，我们总是看见了自己的烦恼，却不曾发现别人的不幸。总是觉得别人都过得很好，而自己却被烦恼所困。其实，捉弄我们的不是生活，而是我们自己，当我们的内心总是对烦恼过分在意时，它就会一直跳跃在我们的眼前。"世上本无事，庸人自扰之"，一个人快乐与否是由自己决定的。

波姬尔·戴尔是一个近乎失明了50年之久的妇女，她写了一本书，名字是《我希望看见》。在书中她写道："我只有一只眼睛"，"而且眼睛上还满是疤痕，只能透过眼睛左边的一个小洞去看。看书的时候必须把书本贴近我的脸，而且不得不把我仅有的一只眼睛尽量往左边斜过去。"

戴尔的不幸从很小的时候就开始了。可是她不愿意接受别人的同情，不愿意让别人觉得自己与别人不同。小时候，她想和其他孩子一起玩跳房子，可是她无法看到地上的线，所以在其他孩子回家以后，她就趴在地上，仔细打量那些线条。她把伙伴们在游戏中跳过的每个地方都牢记在心，所以不久就成为玩这游戏的高手了。除了游戏之外，她还很喜欢读书，总是将脸埋在书页上，谨慎而小心地分辨着每一个字。成年后她先后得到了明尼苏达州立大学的学士学位和哥伦比亚大学硕士学位。

后来她到了村子里教书，由于成绩突出，被升为南德可塔州奥格塔那学院的新闻学和文学教授。她在那里教了13年，多次在电视上接受采访，还在电台主持过谈论书本的节目。她说："在我的脑海深处，常常怀着一种害怕完全失明的恐惧，为了要克服这种恐惧，我对生活采取了一种快活而近乎戏谑的态度。"到了1943年，也就是她52岁的时候，奇迹发生了。她在著名的梅育诊所施行了手术，这使她的视力比以前增强了40倍。

一个新鲜而令人热切期待的美丽世界展现在她的眼前。她觉得，即使是在厨房的水槽前洗碟子，也会让她觉得幸福。她在书中写道："我开始玩着洗碗盆里的肥皂泡沫，我把它们迎着光举起来。在每一个肥皂泡沫里，我都能看到一道美丽小巧的七色彩虹。"

波姬尔·戴尔的故事令我们感动，生活和她开了一个莫大的玩笑，但是她没有沉溺在痛苦之中，在她眼里，世界是美好的，她没有在幽怨中浪费自己的生命。

幸福处方：不要让烦恼带走幸福

既然生活中已经存在那么多的苦难，何必再给自己的内心增加烦恼和负担呢？我们应该做的不是在不幸中沉溺，而是想办法从痛苦中挣脱出来。向命运低头的人是不会拥有快乐的，快乐往往是经历生命考验之后的豁达和淡定。

1. 对未来充满希望

在遇到挫折的时候，很多时候不是我们没有能力应对和克服，而是我们对自己失去了希望，选择了放弃，其实只要再坚持一下，可能就成功了，只是因为自己的消极思想而使我们在生活的考验面前一败涂地。因此，不论什么时候，都要对未来充满希望，没有过不去的坎儿。

2. 坚强面对生活

栽了跟头，你要学会爬起来，告诉自己要坚强；受点儿小伤，叫自己不要喊疼，告诉自己要坚强；失恋很痛苦，让自己想开点儿，告诉自己要坚强。不管我们遇到什么样的事情，都要坚强地面对，让困难成为你的俘虏，而不要成为困难的奴隶。

心理专家话幸福

人生在世，总是免不了面对各种挫折和困难的考验，是迎难而上、笑对风雨，还是消极退却、自怨自艾，不同的选择会带来不同的境遇。让自己坚强一点儿，不要被生活的一点儿风雨所吓倒，阳光总在风雨后，坚持不放弃，等待你的将是灿烂的晴空。

八、放飞快乐的心灵

> 真正的快乐是内在的，它只有在人类的心灵里才能发现。
>
> ——【德】布雷默
>
> 快乐,是精神和肉体的朝气,是希望和信念,是对自己的现在和未来的信心,是一切都该如此进行的信心。
>
> ——【俄】果戈理

歌德夫人曾经说过："我之所以高兴，是因为我心中的明灯没有熄灭。道路虽然艰难，但我却不停地去求索我生命中细小的快乐。如果门太矮，我会弯下腰，如果我可以挪开前进道路上的绊脚石，我就会去动手挪开，如果石头太重，我可以换条路走。我在每天的生活中都可以找到高兴事儿，信仰使我能够以一种快乐的心态面对事物。"

快乐是人类最神圣的情感需求，每个人都应该尊重它，并且应该在生活的每时每处去发现它、创造它。当我们从生活的琐事中挣脱出来，身在更宽更光的天地中时，我们就会发现更多的快乐。

也许你每天只是往来于家庭和单位之间；也许你每天只是围着锅碗瓢盆转；也许你在一个城市待了两三年，却没有去游览过这个城市的名胜古迹，你总是把自己囚禁在一个小小的天地之中，怎么能感受到更多的精彩和快乐呢？只有放飞心灵，才会发现原来这个世界如此美好。除了工作，多和别人交流，说不定路上碰到的一个陌生人就会成为你的新朋友；多和邻居串串门，这样就可以减轻一个人的孤独感；逛街时，多看看热闹，也许你会发现一些曾经不知道的有趣的事情,你的快乐就会比原来多很多。

有很多小浪花整天待在一片小湖里,当它们把所有的游戏都玩遍了以后,再也找不到可以让自己快乐的事情,它们开始觉得生活很苦闷。

一天,小湖外面的一朵大浪花跳起来,看见湖里有一群小浪花个个愁眉苦脸,无精打采,就问:"喂,既然待在那么小的天地里,过得不快乐,何不出来和我一起要到沙滩去玩呢?那里有很多好玩的东西。"

小浪花们疑惑地问:"外面真的那么精彩吗?"

小湖外的大浪花说:"那当然,你们出来看看就知道了。快跟我走吧!"

小浪花们很激动,于是纷纷跳出小湖,跟着大浪花走了,它们想要看看外面的世界究竟是什么样子。它们跟着大浪花一起努力地向着沙滩冲去。

一朵小浪花走着走着遇到一片漂泊的海藻,小浪花决定给它找一个好的安身之处,在岸边跑了好远,把海藻留在了浅水的鹅卵石上。鹅卵石喊道:"谢谢你给我洗澡,真舒服呀!"小浪花很高兴,欢快地游走了。

另一个浪花遇到很多的贝壳,于是它抱了几个,轻轻地把它们推到沙滩上,一会儿,一个小男孩和妈妈来到海边,看见美丽的贝壳,高兴地捡起来玩,还说:"看那些小浪花真好,给我送来这么漂亮的礼物。"小浪花听了发出了愉快的笑声。

还有一个身材高大的浪花努力地冲上了岸边的一块巨岩,来到一个小池子里,碰见很多颜色各异的小鱼,于是就和小鱼玩了起来,临别时,鱼儿对小浪花说:"谢谢你为我们更换新鲜的海水,欢迎你下次再来。"

小浪花们在这片广阔的沙滩上忘情地玩耍,虽然很累,却很开心,因为它们看到了一个美妙的天地,交了很多的朋友,使自己的生活变得更有意义。

放飞心灵,你才会收获更多快乐。不要让狭隘的生活将你困禁,"海阔凭鱼跃,天高任鸟飞",快乐是靠自己寻找的,让自己充满激情,振翅高飞,在更广阔的天地里,让生活变得更加精彩。

幸福处方：心灵舒畅，自然幸福

很多女人终日奔忙于琐事之中，仿佛是人生棋盘上的一粒棋子，身不由己。挣扎在生活的夹缝里，面对纷繁芜杂的事务，很难给自己找到一个超然物外的窗口。生命有时虽然黯淡，但是我们不能因此放弃心中的追求，只要心中有梦，心灵就会感受到一抹光亮。给生命一个微笑，让心灵自由飞翔，扩展自己的天地，你将会收获更多的快乐与幸福。

1. 拓展自己的人际交往

很多人的交际圈很狭小，他们只认识有限的几个人，在情感上会感到孤独，只有和更多的人交往，才会得到更多的情感依靠和生活乐趣，朋友聚在一起、谈天说地、互诉衷情，会使自己获得心灵的安慰和满足。

2. 培养丰富的业余爱好

丰富的爱好会增加自己的生活情绪，如果一个人总是简单重复做一件事情，就会感到厌烦，生活和工作之余，去打打球、钓钓鱼、练练书法、游游泳等，不仅会减轻工作的压力，生活的烦恼，还有利于增强体质，有益身心，使自己在活动中结识更多的朋友，实现情感的愉悦。

心理专家话幸福

我们的心灵需要更加广阔的空间，如果总是把自己困在一个狭小的范围内，生命会因此失去光彩和乐趣。学会忘记薄暮如烟的惆怅，抖落满身的烟尘，给疲惫的身心装上翅膀，飞向更高更远的地方，脱离沉重，获得轻松。

第三章

做知足女人
——富有并非就是幸福

幸福的最大障碍就是期待过多的幸福。一个女人如果心中出现太多的贪婪或偏私,原本刚直的性格就会变得懦弱,原本聪明的资质就会变得昏庸无能,原本慈悲的心肠就会变得肮脏污浊。作为天生丽质、超凡脱俗的女性,千万不要让世俗的名利玷污了自己的美丽。学会知足,才会让生命绽放出清纯的花朵,才会享受到生命中更多的快乐。

一、少一些贪心，多一些幸福

> 有些人因为贪婪，想得更多的东西，却把现在所有的也失掉了。
>
> ——【古希腊】伊索
>
> 贪心好比一个套结，把人的心越套越紧，结果把理智闭塞了。
>
> ——【法】巴尔扎克

也许人类最大的缺点，便是贪心。总有那么一些人喜欢羡慕别人的生活，总爱抱怨自己的不足，对生活充满不满。其实，仔细想想我们现在的生活已经很富足，很美好了，可是人们还是这山看着那山高，不停地去追逐，也许他们拥有的在别人看来已经很多，但是其自身却不曾感到幸福，因为他们只是在不断地占有，却没有时间品味和享受。人类最可悲的便是看不见自己生命中的美，让太多的欢乐恍然逝去，留下无尽的遗憾。

不知足是让我们感到苦恼的根源所在。不知足的人心中似乎永远有火在烧，感到非常干渴、烦躁，不得安宁。这样的人总是羡慕别人的优越，却忽视自己原本拥有的快乐。不是有钱财的人，有权势的人就是最快乐的人，关键是要拥有心灵的满足和平静。

生活已经带给我们很多欢笑、很多快乐，我们应该感激生活，而不是一味地抱怨。我们应该庆幸，我们的身体是健康的，我们的生活是幸福的。或许只有当你躺进医院，才开始羡慕那些健康的人，知道健康的可贵。上天赐予我们的恩惠已经很多，不要让自己的贪心毁了它们。知足才能常乐，少一些贪心，才会多一些幸福。

　　王阿姨是某大学教授，本来一个很朴实乐观的人，日子过得倒也舒坦。但是最近她却被烦恼缠身，眼看着周围的朋友纷纷换车、换房，王阿姨心里也开始痒痒，对自己的生活产生不满，于是她决定换个更大些的房子。

　　趁着黄金周，王阿姨开始四处看房，结果是看了"复式"看"叠拼"、看了"联排"看"独栋"，胃口越吊越高，还不断比较谁谁都"叠拼"了，自己怎么也得要"联排"吧。最后回家数数钞票、算算利率，王阿姨开始着急，这要哪年才能挣到那栋房子啊？思忖着要不要增加点儿课时，寻个兼职，或者干脆改行。她心急火燎、坐立不安，心里一直为房子的事犯愁，晚上睡觉都不踏实。

　　就这样折腾了几月以后，王阿姨觉得实在没有意义，自己的房子不是挺好的吗？何必为了心中的贪念就给自己上这么大的一把枷锁呢？最后一刻王阿姨终于清醒过来，放弃了打乱自己生活的荒唐决定，安安稳稳地过起了自己的日子。

　　世界上的诱惑实在是太多了，永远有更好的生活在前面招手，让人寝食难安、心急火燎。幸福的标准是由自己的心态决定的，何必去眼红别人的"豪宅"，少一点儿贪心，就不至于把自己折腾得永无宁日。

　　学会知足并不是一件容易的事情，这需要我们有淡泊的心态，敢于放弃，将自己放在零的地位，珍惜拥有。我们原本就是赤条条来到人间，也必然是赤条条回归自然，因此，对于得失、有无，我们都不应该去强求，无所贪，反而会获得更多有价值的东西。

　　不必要感叹别人的富裕，嫉妒别人的权势，因为我们的生命中也有很多让别羡慕的精彩。抛开那些无休止的欲望，它只会令人徒增烦恼。知道自己幸福的人是最幸福的，以为自己不幸的人是最不幸的。懂得珍惜自己生命中的精彩和美好，才会体会到更多的幸福和快乐。

幸福处方：贪婪是吞噬幸福的魔鬼

在实现梦想的道路上，人们会对自己提出各种各样的要求，有的合理，有的不切实际。在实际的磨炼中，学会用理智控制自己的贪欲，就会渐渐地使自己的欲望趋于平静，人们对自己的苛求也就会渐渐减缓，从而在工作上但求"称职"，不求"卓越"；在生活上但求"舒适"，不求"奢侈"。这样不仅大大减少了精神上的压力，也让自己的心灵变得轻松而悠然。

1. 不盲目攀比心理

有些人原本也是淡泊之人，但是看到原来与自己境况差不多的同事、同学、战友、邻居、朋友、亲戚、下属，甚至原来那些比自己条件差得远的人都发了财，心里就不平衡了，觉得自己活得太冤枉，由此生出了贪婪的心。其实，这是错误的比较，我们一定要正确地认识自己，明确自己的位置和目标，不为攀比而放弃梦想，不为虚荣而放弃生活。

2. 自我鞭策和警示

贪婪并非遗传所致，是个人在后天社会环境中受病态文化的影响，形成自私、攫取、不满足的价值观，而出现的不正常的行为表现。若要改正，是可以自我调适的，时常告诫自己要做一个有理想的人，向高洁之人学习，不为名利而折腰，不贪羡别人，注重自身修养，从而消除贪婪的心理。

3. 多做自我反思

自己在纸上连续20次用笔回答"我喜欢……"这个问题。回答时应不加思索，限时20秒钟，待全部写下后，再逐一分析哪些是合理的欲望，哪些是超出能力的过分的欲望，这样就可明确贪婪的对象与范围，分析自己贪婪的原因是有攀比、补偿、侥幸的心理呢，还是缺乏正确的人生观、价值观。分析清楚后，便下决心，要堂堂正正做人，改掉贪婪的恶习。

心理专家话幸福

如果一个人不懂得什么是知足，总认为这个世界上所有的一切对他来说都是不公平的，都不能满足他的心愿，那么即使他占有再多，也不会体验到生活的乐趣。懂得珍惜眼前所拥有的一切，才会心生满足。生活的目的是体验和感悟而不是占有和攫取。少一些贪心，你就会体验到更多生活的快乐。

二、欲望越多，幸福越少

> 财富就像海水，饮得越多，渴得越厉害；名望实际上也是如此。
> ——【德】叔本华
>
> 各人有各人理想的乐园，有自己所乐于安享的世界，朝自己所乐于追求的方向去追求，就是你一生的道路，不必抱怨环境，也无须艳羡别人。
> ——【中】罗 兰

有人说过，生活中我们所拥有的快乐并不少，只是我们心中的欲望太多。这话是极有道理的。人们常常用"人心不足蛇吞象"来形容一个人的贪婪，试想一下：蛇吞象会是一种什么感受。蛇细细的喉咙里面，塞着大象这么一个庞然大物，咽不下，吐不出，会是如何痛苦，可想而知。

现实生活中，很多女人由于虚荣心的驱使，往往都有着很强的欲望，物质上的、精神上的，于是她们的心灵沉溺于对欲望的追求，名誉、金钱、地位等。但是当一个人的欲望没有得到满足的时候，极大的痛苦和烦恼便会随之产生。她们会觉得生活得很苦很累，失去了常人生活的乐趣。她们给自己带上了欲望的枷锁，失去了本该轻松拥有的快乐，也失去了对生命本真的追求。

深海里，一只小鲨鱼长大了，开始和妈妈一起学习觅食，它逐渐学会了如何捕捉食物。妈妈对它说："孩子，你长大了，应该离开我去独自生活。"鲨鱼是海底的王者，几乎没有任何生物能伤害它，妈妈虽然不在小鲨鱼的身边，但还是很放心。它相信，儿子凭借着优秀的捕食本领，一定能生活得很好。

几个月后，鲨鱼妈妈在一个小海沟里见到了小鲨鱼。小鲨鱼所在的海沟食物很丰富，它就是被鱼群吸引到这里的，小鲨鱼在这里应该变得强壮起来，可是它看上去却好像营养不良，很疲惫。

究竟出了什么问题呢？鲨鱼妈妈想。它正要过去问小鲨鱼，却看见一群大马哈鱼游了过来，而小鲨鱼也来了精神，正准备捕食。

鲨鱼妈妈躲在一边，看着小鲨鱼隐蔽起来，等着马哈鱼到自己能够攻击到的范围。一条马哈鱼先游过来，已经游到了小鲨鱼的嘴边，也丝毫没有感觉到危险。鲨鱼妈妈想，这下儿子一闭嘴就可以美餐一顿，可是出乎它意料的是，儿子连动也没有动。

两条、三条、四条，越来越多的马哈鱼游近了，可是小鲨鱼却还是没有动，盯着远处剩下不多的马哈鱼，这个时候小鲨鱼急躁起来，凶狠地扑了过去，可是距离太远，马哈鱼们轻松地摆脱了追击。

鲨鱼妈妈追上小鲨鱼问："为什么不在马哈鱼在你嘴边的时候吃掉它们？"小鲨鱼说："妈妈，你难道没有看到，我也许能得到更多。"

鲨鱼妈妈摇摇头说:"不是这样的,欲望是无法满足的,但机会却不是总有。贪婪不会让你得到更多,甚至连原来能得到的也会失去。"

其实人又何尝不是这样,有些时候,快乐幸福触手可及,可是因为自己的心放得太大,来不及收网,结果只能让眼前的幸福溜走。

生活的道路上,私心、贪婪、嫉妒等常常会把人绊倒,重重地跌在自己编织的"欲望"的网里。不可否认,这个世界对我们的诱惑太多,于是我们总希望得到我们所渴望中的一切。可是事实并不是都能如愿的,在不断地追逐中,我们常常会因为欲望得不到满足而郁闷和痛苦。而且事实证明,人的欲望越多,快乐就会越少。相反,只有那些淡泊之人,往往会感觉到生活的充实和幸福。

幸福处方:淡泊方能抓住幸福

英国的埃米尔·左拉曾经说过:"贪婪是奔向悬崖的失控野马,会把你人生的马车带入深渊;贪婪是欲望为自己挖掘的坟墓,将会埋葬你美好的前程。"在这个社会上,我们所拥有的并不少,只是我们的欲望太多,所以才导致了我们严重的心理贫穷,如果不懂得知足,就算给你全世界,恐怕你也不会幸福!

1. 弄清楚自己内心真实的想法

这是一种自问反思法。即自己在纸上写出自己最近的欲望,等到写完,再一条一条地分析哪些是合理的愿望,哪些是超出自己能力的欲望,这样就可以明确贪婪的对象和范围,然后自己做深层次的分析。

例如一个贪财的人在纸上写下"我想变成一个有钱人",或者是"我喜欢过有钱人的生活"……那么就要思考一下,自己对钱是否有一些过分的欲望,为什么很多的行动都与钱密切相关呢?再接着考虑一下,没有钱是万万不能的,但是钱不是万能的,要"君子爱财,取之有道",何况钱是身外之物,生不带来死不带去,何必为了钱而去增加自己不必要的负担呢?

2. 保持一颗淡泊之心

知足常乐，如果能够在光怪陆离、充满诱惑的社会里保持一颗淡泊之心，便往往会摆脱一些私欲的干扰，从平静中品味到幸福。有这么一个故事：

有一个人想要得到一块土地，地主就对他说："清早，你从这里往外跑，跑一段就插个旗杆，只要你在太阳落山前赶回来，插上旗杆的地就都归你。"于是那个人就拼命地跑，太阳已经偏西了还妄想再跑上一段路程，虽然已经精疲力竭。最后他不小心摔了个跟头，再也没有站起来。于是有人就在他倒下的地方，随便挖了个坑，把他给埋了。牧师在给他做祷告的时候说："一个人要多少土地呢，就这么大。"

正如《伊索寓言》所说："有些人因为贪婪，想得到更多的东西，却把现在所有的也失掉了。"

心理专家话幸福

每一个人都是赤裸裸地来到这个世界上，又赤裸裸地离开的。试想：当你煞费苦心将所得到的在自己离开这个世界之前拱手交给他人的时候，将会是一种怎样的心情？而反过来说，如果我们对已经拥有的东西感到满足，便会活得洒脱，活得自在，活得轻松，活得快乐。

三、不要被金钱所迷惑

> 如果你把金钱当成上帝,它便会像魔鬼一样折磨你。
> ——【英】菲尔丁
>
> 金钱能做很多事,但它不能做一切事。我们应该知道它的领域,并把它限制在那里;当它想进一步发展时,甚至要把它踢回去。
> ——【英】卡莱尔

在物欲横流的现代社会,人们把财富的内涵变得越来越狭隘了。财富原本指的是我们所拥有的有价值的、能够使我们感到幸福的东西,包括物质财富和精神财富,金钱是财富,知识、能力、人脉、情感、健康、理想、信念也是财富。而更多的人却抛弃了后者,认为只有金钱才是财富。在这样的价值观的指引下,人们的行动开始变得一切向"钱"看,只要能得到更多的钱,做什么都无所谓,甚至不惜超越道德底线和法律允许的范围。

金钱成了人们衡量一切的标准,人们在评价一个人的时候,往往总是惊叹人家的别墅多么豪华、私车多么高级、穿戴多么华丽,却不曾在意对方道德是否高尚、学识是否渊博、人品是否优良。

我们的生活是否幸福,其依据不单单是物质财富,物质财富是短暂的,而精神财富才是最持久、最可靠,也是最具生产力的财富。有人说金钱是万能的,有钱就会拥有一切。但是物质享受很难全部代替精神上的需求,有钱不一定就会幸福和快乐。

一个欧洲观光团来到非洲一个叫亚米尼亚的原始部落,部落里有位老者,正盘着腿安静地坐在菩提树下做草编。一位法国商人问:"这些草编多少钱一件?"老人微笑着回答:"10个比索。""我给你一百万比索,你给我做十万顶草帽。""对不起,那样的话,我就不做了。"商人简直不敢相信自己的耳朵,他几乎大喊着问:"为什么?"老者说:"如果让你做十万顶一模一样的草帽,你不会感到乏味吗?既然不快乐,要再多的钱又有什么用呢?"

在金钱之外,还有很多更有价值的东西,获得精神上的愉悦才是人生的真谛。如果现在有人问你:愿意坐在奔驰车里哭,还是骑在自行车上笑?我想很多人会选择后者。

有钱并不一定快乐,金钱不是万能的。钱可以买到美食,但买不到食欲;可以买到药物,但买不到健康;可以买到房屋,但买不到家庭;可以买到娱乐,但买不到快乐;可以买到纸笔,但买不到文思;可以买到书籍,但买不到智慧;可以买到服从,但买不到忠诚;可以买到谄媚,但买不到尊敬……钱可以买到许多东西,但是还是有许许多多的东西是用钱买不到的。

做人一定要有自己的理想和追求,要知道生命中最重要的东西不是金钱,而是自己价值的实现。唯利是图的人最终会被利所害。利欲熏心,人的良知往往会被蒙蔽,让人变得贪婪和冷漠。

也许我们没有太多的金钱,但是我们有不被利益束缚的自由思想、有健康的身体、温暖的亲情、温馨的友谊、真挚的爱情,这些都是无价之宝。不要只是一味地追逐金钱而舍弃了这些宝贵的东西。

我们对金钱要有正确的认识,保持正确的心态,不要被金钱所诱惑而走上错误的道路。正所谓"君子爱财,取之有道,用之有度"。只要能够保持我们内心的快乐和幸福,钱多钱少,其实是没有什么关系的。关键是做人要胸怀坦荡,问心无愧。

幸福处方：金钱不等于幸福

现代社会的女人都在努力地争取经济独立，这是一种自尊自立的表现，但是千万不要把金钱看得太重，坠入利益的陷阱中，更不要被利欲冲昏头脑，变成金钱的奴隶。

1. 注重精神享受

对金钱不要有太大的欲望，清清静静地享受生活才会感受到快乐和轻松。不一定非要扮演"女强人"的角色，注重心灵的体验，强调个人的修养和气质，比占有更多的金钱更容易让自己获得成功。

2. 消除虚荣心

有些女人过于爱慕虚荣，总是和别人比较，谁的化妆品更高档，谁的房子更豪华，谁的老公更有钱，结果为了追求这些而失去了自己原本拥有的幸福。因此，学会满足，明确自己所追求的目标，才能从生活中体验到更多的快乐。

心理专家话幸福

俗话说："知足常乐。"人们总是在疯狂地追逐利益的过程中，使自己曾经拥有的幸福一点点失去。物质的享受是暂时的，生活是为了实现精神上的愉悦，因此，保持身体的健康和内心的快乐是最重要的，而不是拼命地挣钱。金钱在一定程度上会给我们带来快乐，但只是一种手段而不是本质。因此，千万不要让自己被金钱所束缚。

四、放弃不切实际的追求

> 希望不能没有但不要太奢望。不要希望那些自己所够不上去希望的事。本分一点儿，知足一点儿，忧愁也就可以少一点儿了。
>
> ——【中】罗　兰
>
> 真正的幸福绝不定居于一处，探寻无着，又无往不在；金钱买不到，却又唾手可得。
>
> ——【英】波　普

每个人都有自己的追求和理想，能否实现它，就要看它是否切合实际，是否在自己的能力范围之内。否则，理想就会变成奢望，我们也会因此成为一个不切实际的人。

不管做什么事都要保持清醒和理智，从实际出发，行得通再付诸实践。如果只凭自己的想象和冲动，轻易做出决定，则可能因为条件不成熟、能力不够而导致失败。

女人大多喜欢幻想，但是千万不要把幻想付诸实践，否则终将会为自己的错误决定而付出沉重的代价。

小琳是一个美丽的女孩，从情窦初开的时候，她就幻想着自己要等待一份浪漫的、轰轰烈烈的爱情。而且在她的想象中，自己的男朋友应该是完美的，要像书中写的那样，英俊、有能力、懂得心疼自己、浪漫、有男子气概，而且彼此相遇的时候一定要是一种浪漫的邂逅。总之，在她的想象中，一切都应该是美好的、浪漫的、唯美的。但是现实却并不是这样的。

追求小琳的男孩很多，对她也是真心真意。但是小琳总是用自己想象中的标准来衡量他们，结果都不满意，换了一个又一个，总是发现他们的不完美，最终产生矛盾而不得不分开。

一晃十多年过去了，小琳苦苦等待的美好爱情和浪漫的"白马王子"却迟迟没有出现，而自己的年龄也不小了，在家人的一再要求下，小琳与一个男人匆匆结婚了。婚后的生活使她从幻想中跌回到现实，回想起自己之前谈过的男朋友都是很优秀的，而自己却没有珍惜，为了不切实际的幻想而浪费了自己的青春。

凡事都应该有一个合理的标准，我们不能总是死守成规，不懂变通。这样只会把自己逼进死角。固执于自己不切实际的追求，往往会使人在等待或者追寻中错过更好的机会。这就如同我们每个人都有爱美之心，都追求美丽，但是却不能把自己都变成西施或者杨贵妃。

比如，有的女性对自己的身材要求过于苛刻，利用各种方法疯狂地瘦身或者减肥，却可能损害自己的消化功能，导致自己体弱多病；有的女孩总觉得自己的脸部不够完美，对微笑时眼角出现的细小皱纹耿耿于怀，不惜花重金做整形。其实这些都是没有必要的，身体健康比什么都好。世界上没有谁是完美无瑕的，想要让自己更美丽，最好的办法是保持乐观的心态和愉悦的心情，只要自己每天都开开心心，为人善良友好，工作有能力，办事有分寸，不管美丑胖瘦，都会受到别人的喜欢和接受的。

放弃内心不切实际的奢望，脚踏实地地过好自己的每一天，以乐观的心态面对生活，就会减少很多不必要的烦恼和遗憾。

幸福处方：构筑幸福也需要根基

万丈高楼平地起，空中楼阁固然很美，但是却不能变成现实。因此不要耽于幻想，只有清醒地认识眼前的现实，一切从实际出发，认清人生的方向，不好高骛远、不心存侥幸，踏踏实实做事，认认真真做人，才会在实践中取得成绩，实现自己的理想。

1. 确定合理的目标

我们在给自己制定目标的时候，一定要根据自己的实际情况量身打造。许多人之所以屡屡遭受失败，不能达到目标，是因为他们对自己进行了错误的估计，目标定得太高太远，脱离实际，使之成为了自己的负担而不是奋斗的动力。只有和自己的实际情况相匹配的合理的目标，才能够使自己拥有奋斗的力量，才有获得成功的希望。

2. 甘做小事

塑造自我和取得成就的前提是甘做小事。任何伟大的成就都不是一蹴而就的，而是一个循序渐进的过程。这儿做一点，那儿改一下，不断地改进和提高自己，并在实践中确定自己的位置，明确自己的理想，终有一天会完成"长征"，获得胜利。

3. 不盲目羡慕别人

别人的幸福放到自己这里就不一定是幸福了，珍惜自己所拥有的才是最应该做的。每个人都有自己独特的生活，不要总是看到别人的优势，而看不见自己的精彩。盲目羡慕别人只会让你失去自我。

心理专家话幸福

坚持不懈是一种高贵的品质，但是前提是方向正确、目标合理，对于那些不切实际的奢望，"执著"就会变成顽固不化，使自己在执迷不悟之中浪费青春和生命。因此，此时的放弃是明智的，不要让自己耽于幻想，清醒地面对现实，我们才会走得更远。

五、不为打翻的牛奶哭泣

> 只要你不计较得失，人生还有什么不能想法子克服？
> ——【英】海明威
> 那些已经过去的美绩，一转眼间就会在人们的记忆里消失。只有继续不断地前进，才可以使英名永垂不朽。
> ——【英】莎士比亚

"我希望你们永远记住这个道理，牛奶已经淌光了，不论你怎么样后悔和抱怨，都没有办法取回一滴。你们要是事先想一想，加以预防，那瓶牛奶还可以保住，可是现在晚了，我们现在所能做到的，就是把它忘记，然后注意下一件事，不要为打翻的牛奶哭泣。"

这是一位教师的谆谆教导。它包含了英国一句古代的谚语，"不要为打翻的牛奶哭泣"，意即中文的覆水难收，包含了丰富深刻的哲理，过去的已经过去，不能重新开始，不能从头改写。为过去哀伤、为过去遗憾，除了劳心费神、分散精力，没有一点儿益处。所以，生活中我们不应该总是为失去感叹、抱怨，而应该改变思考的重心，把目光集中到一个新的起点之上。

朱倩已经是第八次面试失败了。前几个月公司破产，于是年过30的朱倩不得不加入找工作的大军。

回家的公交车上，人很多，不得不挤来挤去，这让朱倩本来就懊丧的心情变得更加糟糕，她觉得自己的生命好像已经走到了终点，活着没有任何信念和希望。朱倩的旁边坐着一个五六岁的小女孩，白白的皮肤，亮亮的眼睛，浑身上下都散发着孩子的乳香，一个和她年纪不相上下的女人坐在小女孩的背后，看样子是她的妈妈。

公交车慢慢悠悠地在一站停下来，再次启动时便报出下一站的名字，当朱倩听见说"下一站是终点站菊悠花园"时，思绪才从遥远的地方飘了过来，意识到自己该下车了。这时，一直沉默不语的小女孩突然用稚嫩的童音问了一句："妈妈，终点站是不是也是起点站啊？"

朱倩吃了一惊，终点站是不是也是起点站？孩子的妈妈显然也被这个问题问住了，她稍微愣了一会儿，说："是啊，宝贝。在每一个结束的地方其实都是一个新的开始。"然后若有所思地把头转向了窗外。

小女孩或许不会明白妈妈回答的是什么意思，但是一旁的朱倩却明白了。原来自己一直都在以一种拘泥的认识观来了解事物，所以处处碰壁，遇到挫折就悲观沮丧，并因此错过了生命中许多美好的东西。

之前，朱倩认为她每一次面试的失败都是一种结束，从来没有思考过自己失败的原因，只是一味地悲观厌世。其实，如果能够换一种角度，细心总结一下每次失败的经验和教训难道不是一个新的起点的要素吗？朱倩的心情突然变得豁然开朗，因为她找到了自己前行的方向。

感谢那个小女孩，感谢她用天使般的声音问了一句："终点站是不是也是起点站啊？"正是这句话让朱倩明白，每一次的失败都是下一次成功的开始。

当一个人处在失意的状态之下时，不仅自认为需求得不到满足，同时更是对自尊心的巨大挑战，尤其是女人，承受挫折的能力相对较低，可能会遇到非常大的压力，例如心理失衡、痛苦、情绪消沉低迷等。同时，一味地沉浸在失败的情绪之中，放弃了另外可以从事的努力，最终只会让自己丧失可能得到的其他人生际遇，导致机会成本的沉淀和人生价值的沦落。

幸福处方：失败打不倒幸福

生活中，失败和挫折是每个人都必须面对的问题。但是我们应该意识到，即使再困难的事情也一定可以找到解决的办法。事实上，许多具有丰功伟绩的人也都曾经历过失败，不同的是他们能够很快从失败和挫折中走出来，不为打翻的牛奶哭泣。也正是因为这一积极心态因素的作用，使得他们在挫折中逐渐成熟起来。如果一味地哀叹自己的失败与不幸，结果只会使自己一再处在失败和不幸的漩涡之中。

1. 转移生活的重心

既然牛奶已经打翻了，即便你想尽各种办法，也不能把牛奶重新盛进杯子，那么不妨转移自己生活的重心，努力想办法再寻求新的牛奶，这样不仅可以减少损失，还能够在生活中确立新的目标，并给自己以希望和动力。

2. 败不馁

寄存过行李包的人肯定不在少数，但恐怕很少有人寄存过失败。其实失败也是一件行李，有时候还是一件特别沉重的行李。总是在为打翻的牛奶哭泣的人不曾寄存过失败，他们非但没有寄存，反而会把失败紧紧负重在身上，让失败在浑然不觉中重压了自己的一生。

3. 调整认知

对于不同的人来说，不同的认知会得出不同的结论。悲观的人只会为已经打翻的牛奶哭泣，而乐观的人则努力去追求另一杯新的牛奶。所以，面对输赢得失，要学会接受自己，悦纳自己，全面地看待自己，不要专看已经失去的而不去看未来能够得到的。

心理专家话幸福

生活中很多人总是在为已经过去的事忧虑,为犯的过错和疏忽,为曾经失去的东西扼腕叹息,为一度错过的人和事忧心忡忡,却没想到这不过是在"为已经打翻的牛奶哭泣"。当心智变得渐渐成熟起来时你会发现,过去的那些让人无法释怀的林林总总的失败与不快,就如一杯洒落在地上或桌上的牛奶一样简单,既然无法收回杯中,不如轻轻擦拭,让它了无痕迹。

六、虚荣会让你得不偿失

> 虚荣心很难说是一种恶行,然而一切恶行都围绕虚荣心而生,都不过是满足虚荣心的手段。
> ——【法】柏格森
>
> 虚荣是一件无聊的骗人的东西,得到它的人,未必有什么功德,失去它的人,也未必有什么过失。
> ——【英】莎士比亚

每个人都有虚荣心,不管是谁,多多少少都会有点儿爱慕虚荣,男人大多追求名誉、地位、票子、车子等,女人更多的追求衣着、容貌、老公、房子。尤其当今社会经济发展突飞猛进，人们的需求已经不仅仅是为了生存，为了解决温饱，而是为了获得更高质量的生活，更多更好的享受。

虚荣是人们渴望得到别人的认可，体现自身价值的反映。较小程度的虚荣，有时可以激发人们积极向上，向着自己渴望的目标努力奋进。但是，如果虚荣心过重就会给人造成很多负面的影响。

过分染有虚荣心的人，总是从某种个人动机出发，追求一种暂时的、表面的、虚假的效果，甚至弄虚作假，欺诈骗取，完全失去了从行为的社会价值来评价自己行为的能力，其行为目的仅仅在于取得荣誉和引起普遍注意，得到周围人的赞赏和羡慕。这些人总是沉迷于名利之间，只图虚名，不求上进，凡事只为争名夺利而忘记了生命的真谛。

在虚荣心的驱使下，人们往往会一时糊涂，做出错误的决定，甚至让自己遗憾终身。作为女性，应该树立自己正确的价值观，真实地反观内心，不要为一时的名利而放弃生命中最珍贵的东西。

男孩和女孩是一对青梅竹马的恋人。有一天，男孩女孩牵着手去逛街。当经过一家首饰店时，女孩一眼看见了摆在玻璃柜里的那条心形的金项链。女孩心想：我的脖子这么白，配上这条项链一定好看。男孩看见了女孩那依依不舍的目光，他摸摸自己的钱包，脸红了，拉着女孩走开了。

几个月后，女孩22岁的生日到了。在女孩的生日宴会上，男孩喝了很多酒，才敢把给女孩的生日礼物拿出来，那正是女孩心仪的金项链。女孩高兴地当众吻了一下男孩的脸。过了半晌，男孩才憋红着脸，搓着手，嗫嚅地说："不过，这项链是……铜的……"男孩的声音很小，但客厅里所有的客人都听见了。女孩的脸蓦地涨得通红，把正准备戴到自己那白皙漂亮的脖子上的项链揉成一团随便放在了牛仔裤的口袋里。"来，喝酒！"女孩大声说，直到宴会结束，女孩再也没看男孩一眼。

不久后，一个男人闯进了女孩的生活。男人说，他什么也没有，只有钱。当他把闪闪发光的金首饰戴到女孩身上时，同时也俘虏了女孩那颗爱慕虚荣的心。他们很快便在外面租了一间房子同居了。男人对女孩百依百顺，女孩暗暗庆幸自己在男孩和男人之间的选择。对于女孩来说，那真是一段幸福的日子。但是好景不长，在女孩发现自己怀孕了的同时，也发现男人失踪了。当房东再一次来催她交房租时，她只得走进了当铺，把自己所有的金首饰摆在了柜台上。老板眯着眼睛看了看说："你拿这么多镀金首饰来干什么？"女孩一下子愣住了。接着老板的眼睛一亮，扒开一堆首饰，拿出最下面的那条项链说："嗯，这倒是一条真金项链，值一点儿钱。"女孩一看，这不正是男孩送她的那条假金项链吗？女孩心痛万分，后悔自己因为虚荣而选错了人，误了自己的一生。

男孩的"真情"是真金，永远不会贬值，而男人的"假意"只是镀金首饰，没有任何价值。真情永远比黄金更珍贵，不要贪图虚荣，而抛弃真爱。在这个花花世界里，一定不要让虚荣蒙蔽自己明智的心灵，名利固然有一定的诱惑，但是做人还是要遵从自己的内心，珍惜真情，不要让自己做出错误的选择，得不偿失。

幸福处方：虚荣一时，不幸一生

虚荣可以诱发各种不良的心理和行为，我们可以有虚荣心，但是却不能让自己被虚荣心所驱使，违背自己的真实意愿。生命的价值不是获得那些短暂的、虚假的满足，而是实现生命的绽放，摆脱虚荣，珍视拥有。

1. 做到自尊自重

做人起码要诚实、正直，绝不能为了一时的心理满足，不惜用人格来换取。有的少女为了满足物质的追求，牺牲自己最宝贵的贞操，是值得深思的。只有把握住自尊与自重，才不至于在外界的干扰下失去人格。

2. 树立正确的人生观

一个人的价值如何，不在于他的自我感觉，而在于他行为的社会意义。只要树立正确的人生观，具有远大的人生目标，就不会为一般的荣誉、地位和一时的虚荣所缠绕，而是为更高的价值努力奉献。

3. 正确对待舆论

我们生活在群体之中，总免不了别人的品头论足。但对于舆论，我们要提高辨别是非的能力，对于正确的应当接受，对于不正确的要给予纠正或分析判断，决不可凡事人云亦云，被舆论左右。

心理专家话幸福

虚荣心太强，从心理学角度看，它是一种追求虚荣的性格缺陷，是一种被扭曲了的自尊心。总是不切实际地和别人做对比，为了满足虚荣而去努力，得到的往往并不是自己真正想要的东西。只有抛开虚荣的牵绊，真实地面对自己的内心，才会做出正确的选择，实现生命的价值。

七、生活需要平淡的内心

> 做人凡事要静：静静地来，静静地去，静静努力，静静收获，切忌喧哗。
> ——【中】亦　舒
>
> 一个人快乐不是因为他拥有得多，而是因为计较得少。
> ——【中】牛根生

有这样一首老歌唱到："曾经在幽幽暗暗反反复复中追问，才知道平平淡淡从从容容才是真，再回首，恍然如梦，再回首，我心依旧，只有那无尽的长路伴着我……"

每个人都会从年轻走到年老，在此过程中，多少理想实现了，多少美梦破碎了，多少豪情消逝了。回首曾经的路，太多的少女情怀，太多的浪漫温馨，太多的痛苦忧伤，都已化作一个个平平淡淡的故事留在了记忆深处。人生本来就很平淡，即使曾经也有波澜澎湃的时候，但是风平浪静的时候还是占主要的。

不管你身居要职，还是平民百姓；不管你享受着山珍海味，还是吃着粗茶淡饭；不管你是在名山大川游历，还是在田间地头劳作；不管你居住在豪华别墅，还是生活在乡村茅舍，都要经历生活的坎坎坷坷、风风雨雨，最终走向生命的平淡。平平淡淡才是真，拥有一份淡泊、宁静、宽容、美好的心灵，我们才能笑对人生，感悟人生的真谛。

安于平淡是人的一种本性，平淡的人会把名利等外界的引诱看淡，不让那些不切实际的欲望左右自己。平淡绝非平庸,所有的一切在平平淡淡中变得真实,生活如此,工作如此,人与人之间的交往也如此。金钱也好,名利也好,不过分在意,就不会有太多的失望。内心平淡才会减少许多自寻的烦恼,才会活得潇洒快乐。

很多女性渴望着拥有轰轰烈烈的爱情,然而,再炽烈的爱也终会归于平淡,爱情不可能永远像当初一样激情热烈,炽热的爱情会让情侣彼此吸引,但是一辈子的相守,则需要相濡以沫的亲情,而这份感情是流转在锅碗瓢盆、油盐酱醋之间的。

让自己的心归于宁静,学会知足常乐。心理上知足才不会感觉物质上的匮乏。生活中,很多人的婚礼办得轰轰烈烈,而彼此的感情却不一定牢靠,有的人结婚虽然没有隆重的仪式,却可以白头到老、相守一生,感情永远比形式更重要,生活是过给自己的,而不是给别人看的。

小美是一个城里的姑娘,出生在一个警察之家,父亲是警察,两个哥哥也被培养成了人民警察,在她心里,总渴望嫁给一个像他们一样能够给人安全感的男子。

终于,在一次聚会上,她遇到了命里注定的那个男子,两人一拍即合,彼此欣赏。男子家庭情况不是很好,但却是个忠诚的、憨厚的老实人。两人谈了一段时间之后,男子便向她求婚,没有豪言壮语,也没有奢华的场面,他只是看似随便地问了句:"嫁给我做老婆,行吗?"而小美的回答更实际,"你有没有问过家人的意见?"于是男子抄起手中的电话就拨,然后直截了当问母亲:"我讨小美做老婆好吗?"那边响起的竟是一迭"满意"的笑声。

举办婚礼,通常别的朋友都兴师动众地大摆筵席,而小美没有做此要求,只是简单地和家人吃了个饭,就去民政局领证了。那天,两人的那句"我愿意"答得很不同。她的三个字轻如弱柳,实则有点儿心慌,想想就这么轻易嫁掉,不知道是不是算在冒险;而他的三个字亮如洪钟,想想答应求婚和领证到底不一样,如今有了法律保障,这才放下心中大石。领完证出来，他拍拍自行车的后座说："老婆，上车吧！"她顺从地跨上去，心中明白此生两人不会再分开。

山盟海誓的豪言比不了相濡以沫的真情，生活是一种责任，而不是游戏。遵从于内心的真实感受，只要自己快乐，以何种形式生活其实已经不重要了。

人在旅途要学会把事情看得平淡一些，能够做到心静如水，才能坦然面对一切事物。平淡者不会拘泥人言是非，平淡者不沉迷功名利禄，平淡者能脱离尘世喧嚣，不为名利权势所迷惑，不为悲欢荣辱所奴役，以一颗平常心直面人生，从而保持着心灵的自由和独立，使自己拥有一个坦然充实的人生。

幸福处方：平淡才是幸福的真谛

每一年，每一天，我们都会有一个新的开始。每一个新的开始，都始于平淡，归于平淡。人生这两个字，距离很短，中间却是一片开阔地。日子就在那里静静流过，人生就是一个平平淡淡的过程，需要我们拥有平淡的内心。

1. 学会顺其自然

生活是一种态度，千百个生命有千百种不同的人生，我们不能苛求自己的路和别人一样，生活不可能都是七彩阳光，也不可能都是灰色的天空，一切顺其自然，做自己的事，走自己的路，心中淡然，生命才会真实。过分地执著于不可得的事物，反而会陷入深深的痛苦。

2. 善于体悟生命的价值

世界上每一个人都是平凡的，体现自己的生命价值不一定必须建立丰功伟业，小草是平淡的，它却用自己轻柔的生命，铺就了绿色天涯；水流是平淡的，它坚持不懈，能把顽石击得百孔千疮。因此，相信自己的力量，不要妄自菲薄，平淡的生活也可以在自己的创造中变得绚丽多彩。

3. 凡事尽力即可

生活中许多的人我们无法了解，许多的事我们不能预料，许多的喜怒哀乐，我们无所适从。我们只需尽力而为，做我们应该做的，即使失败也不会后悔，保持内心的平淡，才能减少心灵的痛苦，"岂能尽如人意，但求无愧我心"，这才是最真实的生命。

心理专家话幸福

平平淡淡是一种态度，是一种高出世俗之上的超然。不是不思进取，也不是无所作为，亦不是没有追求，而是以一颗纯净的灵魂对待生活与人生。淡泊以明志，宁静以致远。生活中一些美好的细节，需要一颗平淡的心去体味，去享用。

八、接纳生活中的不公平

> 我们若已接受最坏的，就再没有什么损失。
> ——【美】卡耐基
> 为了不断地感到幸福，那就需要善于满足现状；很高兴地想到："事情原本可能更糟呢！"
> ——【俄】契诃夫

人生在世，谁不想享受成功的喜悦，谁不愿一帆风顺地驶向成功的彼岸，谁不想顺顺利利拥有幸福的生活？可是人生的道路并不平坦，在追求理想和成功的旅途中，我们难免会遇到这样或者那样的挫折和失败，看到别人的成功和欢喜，内心就会感叹命运的不公。也许，我们有着同样的智慧，付出了相同的血汗，可为什么命运的天平却倒向别人呢？面对生活的不公，有的人坚持到底、继续追寻，而有的人却选择了放弃。继续追寻的人终于迎来了属于自己的成功，而选择放弃的人却可能永远走在生命的低谷。

因此，面对生活中可能出现的种种不公平，我们应该做的不是怨天尤人，而应该学会理智地接纳。有时候失败告诉我们的启示要比成功多得多，很多经验教训都是从失败中得来的。我们经常会说"失败是成功之母"，失败不是上天对我们的虐待，而是命运赐给我们的体悟人生的机会。学会接纳才会从中获得更多的有价值的东西。

面对生活中的不公平，如果我们气急败坏、暴跳如雷、伤心欲绝或者自暴自弃，到最后受损失的还是我们自己。既然事情已经发生，再多的抱怨和不满都已无济于事，我们应该做的是接受现实，汲取经验，想方设法地弥补现状，改变自己的不利处境。

学会接纳，善于接纳，我们才能够更加茁壮地成长，在生命的天空中，不是只有阳光和雨露，还有严寒和风雪。不管是顺境还是逆境，不管是善待还是折磨，我们都应该心存感激，因为它们让你变得更加坚强、更加淡定、更加知足。

法国一个偏僻的小镇上有一眼神泉，据说特别灵验，可以为人们医治各种疾病，因此，每天到此求助的人络绎不绝。有一天，一个拄着拐杖，少了一条腿的退伍军人，一跛一跛地来到这里。旁边的镇民带着同情的口吻说："可怜的家伙，难道他要向上帝祈求再有一条腿吗？"这一句话被退伍的军人听到了，他转过身对他们说："我不是要向上帝祈求有一条新的腿，而是要祈求他帮助我，教会我没有一条腿后，也能够很好地过日子。"

也许在我们的生命中，会由于一些意外的灾难失去一些东西，但是这并不能作为我们放弃自我的理由，不管生活中遇到什么样的不幸，勇敢地生活下去才是对自己最好的回报。

在这个世界上，遭受着生活的严峻考验的人很多，也许他们承受着很大的不幸，但是正是因为他们善于接纳现实，不向命运屈服，才使自己的天空变得更加精彩。像我们熟知的海伦·凯勒、张海迪等都是这样的人。

作为女性，虽然身体上比较柔弱，但是在精神上却不能屈服于自己、屈服于现实。有的女性会嫉妒别人拥有苗条的身材和漂亮的容颜而自己却没有，会羡慕别人有温柔的老公和不错的工作而自己没有。不要让自己的心灵沉浸在抱怨和幽怨之中。每个人在自己的人生道路上都会遇到一些不幸的事情，学会接纳，坚强地面对，才会减轻自己的痛苦，使生命充满希望，让生活更加精彩。

幸福处方：抱怨中得不到幸福

在很多时候，压倒我们的不是生命中的不幸，而是自己的内心，因为我们总是无法接受现实，无法让自己的内心保持平静，因而只是生活在幽怨之中，看不见生命的希望，失去了生活的勇气。学会接纳，才会拥有面对不幸的勇气，让自己做一个坚强的人。

1. 化解消极心理

很多人在遭受失败和挫折之后，总是表现得过于消极，情绪长期处于低落的状态，这是不好的。凡事都有两面，积极地尝试寻找生活光明的一面，才使自己摆脱困境。

2. 减少抱怨

有人总是喜欢抱怨命运的不公，遭受一点点儿挫折就认为自己是世界上最不幸的人，从而使自己失去面对生活的勇气。在现实面前，抱怨是无济于事的，用实际行动来证明自己是坚强的，才会实现生命的价值。

3. 乐观地面对生活

爱迪生经过上千次的实验仍然没有找到合适的材料做灯丝，如若是别人也许早已放弃，而他却乐观地说："我虽然没有发现一种适合做灯丝的材料，但是却发现了上千种不适合做灯丝的材料，这也是一种极大的收获。"换种角度看问题，现实其实并没有那么糟糕。

心理专家话幸福

面对生活中的不公平，我们往往总是做出消极的认知，不愿意接受现实。这样反而让自己的内心更加痛苦。其实，很多问题不在于周围的人和环境，而在于我们自己。接纳不幸才是幸福的前提，转变一下自己的心态，勇于直面人生苦难，生活才会多一些淡定、多一些快乐。

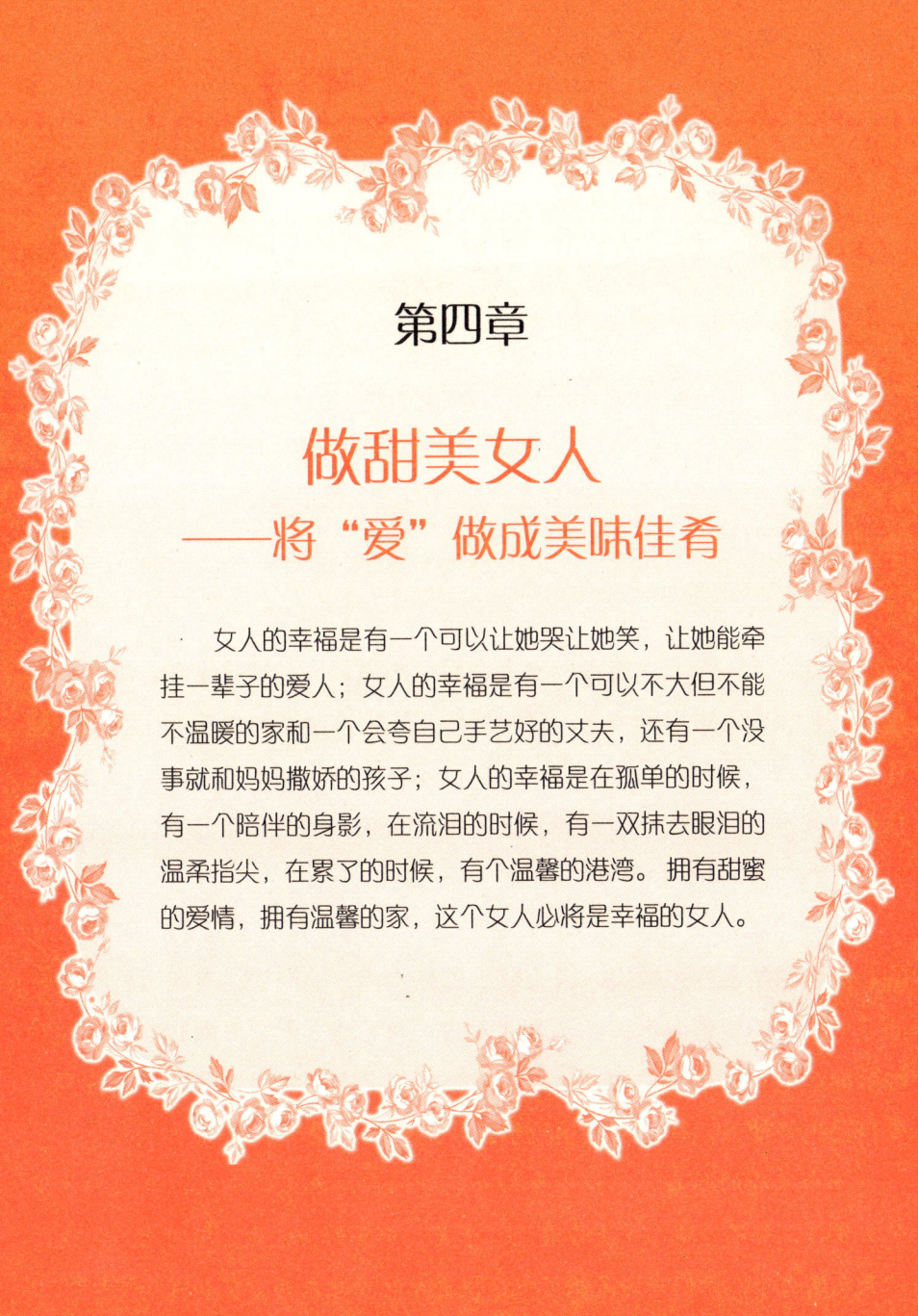

第四章

做甜美女人
——将"爱"做成美味佳肴

女人的幸福是有一个可以让她哭让她笑,让她能牵挂一辈子的爱人;女人的幸福是有一个可以不大但不能不温暖的家和一个会夸自己手艺好的丈夫,还有一个没事就和妈妈撒娇的孩子;女人的幸福是在孤单的时候,有一个陪伴的身影,在流泪的时候,有一双抹去眼泪的温柔指尖,在累了的时候,有个温馨的港湾。拥有甜蜜的爱情,拥有温馨的家,这个女人必将是幸福的女人。

一、幸福，就是心中有爱

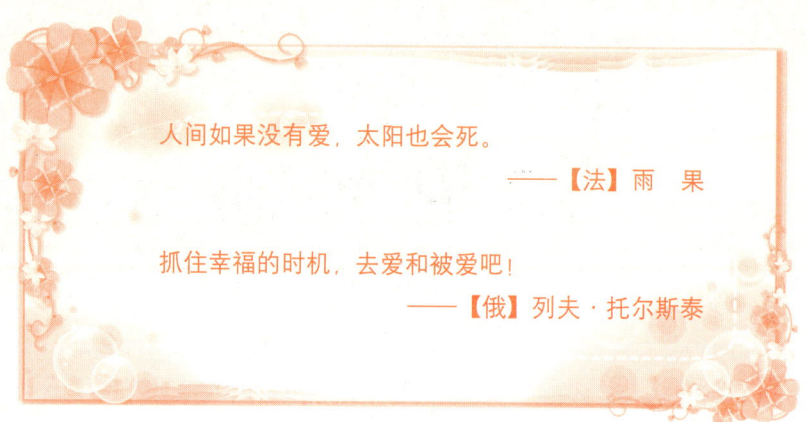

人间如果没有爱，太阳也会死。
——【法】雨 果

抓住幸福的时机，去爱和被爱吧！
——【俄】列夫·托尔斯泰

生活中，一个心中有爱的女人，总是充满朝气，情绪平和。她对人生保持一种乐观、进取的姿态，时时处处都让别人愿意与她接近。另外，她还具有强烈的自尊心与自信心，对自己要求严格，却乐于与他人相处，且往往表现得亲切、仁慈与关怀，因此善结人缘，也往往能够在自己需要的时候得到他人的帮助。

而一个缺乏爱心的女人，她往往是敏感的，是容易发怒、时常激动的；而且情绪多变、乖戾。因为缺少仁慈胸怀，她们往往表现出自私的一面，对别人的困苦漠不关心，对别人的求助无动于衷，周围的人也往往对她敬而远之，结果往往会生活在孤独和痛苦之中。其实，如果心中有爱，爱自己也爱他人，往往可以超越愁苦，感受到"爱"的幸福。

一个寒冷的冬日，一位中年妇女的家门前站着三位老人，老人们冻得瑟瑟发抖，都不停地向手上哈着气。于是，中年妇女便走上前对老人们说："天气这么冷，你们一定是饿了吧，快进屋吃点儿东西，暖和暖和吧！"

"可是，我们不能同时进屋，最多只能进去一个。"老人们说。

"为什么?"中年妇女非常不解地问道。

其中的一位老人指着同伴说:"他叫成功,他叫财富,我叫仁爱。你现在可以进屋和你的家人商量一下,看看需要我们当中的哪一位?"

中年妇女进屋和家人商量后决定把仁爱请进屋。她出来对三位老人说:"仁爱老人,欢迎你到我家来做客;对于财富和成功老人,我感到非常遗憾,以后有机会一定请你们来我家做客,这次实在是不好意思了。"

中年妇女没有想到的是,当仁爱老人转身向屋里走的时候,另外两位叫做成功和财富的老人也一起走了进来。于是,中年妇女忍不住问道:"你们不是不能同时进来吗?刚才我请的是仁爱老人,怎么现在你们一起进来了?"

"仁爱是我的兄长,兄长在,我们也必须在,因为哪里有仁爱,哪里就有财富和成功。"财富老人和成功老人一起回答说。

是的,哪里有仁爱,哪里就有财富和成功,从另一种意义上来说,其实也就代表哪里有仁爱,哪里就有一切,包括幸福。或许你会疑惑,爱真的这么重要?试想:如果人人心中都有爱,整个社会的道德风尚就会得到改善,人际关系也将会变得十分融洽,社会的凝聚力、亲和力就会愈强大。相对来说,我们每个人生活的环境也将变得十分和谐,而生活在这样一种和谐的环境中,难道不是一种幸福吗?

幸福处方:爱与被爱,都是一种幸福

俗话说得好:"投我以桃李,报之以琼瑶。"生活中,如果心中有爱,也往往会收获到别人回报的爱。爱与被爱,都是一种幸福。有时,你可能会因为你一点点儿的爱心,而收获满园春色。

1. 学会爱家人

要想心中有爱,可以先从爱家中的每一个人做起。比如,平时做到给长辈倒茶、盛饭、搬凳子;逢年过节给长辈买东西、送礼物等;平时关心孩子，对孩子说话总是温和、体贴；夫妻间也互相关心，互相帮助等；你便会从中感受到爱的魅力，而这种爱也将会进一步影响到你平常的人际交往。

2. 富有同情心

同情他人，是心中有爱的一种具体体现。如果生活中缺少同情心，只会关心自己，只顾自己的快乐，而无视别人的痛苦，甚至把自己的欢乐建立在别人的痛苦之上，这种人是极为可怕的；而有同情心的人往往会主动关爱他人、帮助他人。

3. 多进行人际交往

很多女人，总是喜欢呆在自己营造的世界里，不喜欢欣赏外面的风景，也拒绝别人探视自己的内心。长此以往，她们会在心理上产生障碍，甚至会导致自闭症。而人是社会的人，人际交往是必不可少的，只有在与他人的交往中，我们才可以建立自己的爱心。

心理专家话幸福

有个住在山上的孩子，有一天因为做错一件事被母亲责骂后，内心愤愤不平，为了发泄情绪，一个人跑到屋外，坐在山腰哭了一阵，然后大声喊道："我恨你！"山谷远方立刻传来同样的回声，他顿时被惊吓了，以为有人很凶恶地在和他对骂，又继续哭了起来。小孩快步跑回家，气急败坏地告诉母亲刚才的遭遇。母亲听了反而露出微笑，温柔地替儿子擦干眼泪，搀着他的手，又来到山崖边，要小孩大声喊："我爱你！"对面山谷也传来同样的回声，小孩破涕为笑。母亲拥着他，说："孩子，你给别人什么，你也会得到什么。"

二、爱情是女人生命的需要

> 人生最大的幸福莫如既有爱情，又洁白无瑕。
> ——【法】卢　梭
> 人人有享受人生幸福的权利，而获得爱情就是人生的一种幸福。
> ——【法】司汤达

爱情，一个美丽的字眼，给人带来的不仅仅是心灵的荡漾，也是情感的历练。从懵懵懂懂地知道这份感情以来，几乎所有的女孩就在心底开始了这份想象，这份渴望，这份追求！可以说它是女人生命的需要。

爱情是什么呢？或许很多人用一辈子也不能够感受到真正的爱情，但有的人却能够在很短的时间内悟出爱情的真谛。爱情是什么？一千个人或许会有一千种回答。有人说它是寂寞的替身，抑或是刻骨铭心的感受；有人说它是一种追求，只是每个人的追求都是各有各的版本；有人说它是一种感觉，这种感觉触碰到心底那个最柔软的角落，说不出，没人懂；有人说它是一种怀念，是一日不见恋人便感觉如隔三秋；有人说它是人类最珍贵的体验，源于最深刻的本能和绵绵不断的眷恋，给予生命的光彩。

曾经看到过这么一个故事，很受感动。

女孩终于鼓起勇气对男孩说："我们分手吧！"

男孩惊奇地问道："为什么？"

女孩淡淡地回答说:"倦了,就不需要理由了!"

整整一个晚上,男孩都闷闷地抽着烟,一句话不说。女孩的心开始变得越来越凉,她心想:"一个连挽留都不会表达的情人能给自己带来什么样的快乐呢?"过了很久,男孩终于说出了一句话:"要我怎么做你才能够留下来?"

女孩依旧淡淡地回答说:"回答我一个问题,如果你的答案与我心里的答案一致,那么我就选择留下。"男孩点了点头。

女孩说:"我非常喜欢悬崖上的一朵花,想要你去摘,而你摘的结果是百分之百的死亡。你会不会摘给我?"

男孩沉默了一会儿说:"我可以明天早上告诉你答案吗?"女孩的心彻底凉了下来。

早晨醒来,男孩已经不在。只有一张写满字的纸压在温热的牛奶杯下,女孩看了第一行就感觉自己的心凉透了,但是她还是坚持看完了。纸上这么写道:

亲爱的,我不会去摘,但容许我陈述不去摘的理由:你只会用电脑打字,却总把程序弄得一塌糊涂,然后对着键盘哭,我要留着手指给你整理程序;你出门总是忘记带钥匙,然后回家一个人无助地蹲在门口,我要留着双脚跑回来给你开门;酷爱旅游的你,在自己的城市里都常常迷路,我要留着眼睛给你带路;每月"好朋友"光临时你总是全身冰凉,还肚子疼,我要留着掌心温暖你的小腹;你不爱出门,我担心你会患上自闭症,我要留着嘴巴驱赶你的寂寞;你总是盯着电脑,眼睛已糟蹋得不是太好了,我要好好活着,等你老了,给你修剪指甲,帮你拔掉让你懊恼的白发,拉着你的手,在海边享受美好的阳光和柔软的沙滩,告诉你每一朵浪花的颜色都像你青春的脸……

所以在我不能确定有人比我更爱你之前,我不能去摘那朵花……

霎时,女孩泣不成声。

擦净眼泪,女孩继续往下看:

亲爱的，如果你已经看完了，答案还让你满意的话，请你开门吧！我正站在门外，手里提着你最喜欢吃的鲜奶面包……

女孩拉开门，看着他的脸，紧张得像个孩子。

什么才是真正的爱情，其实它与"我爱你"三个字无关，与金钱豪宅无关，与地位相貌无关，它只是孕育在朴实的生活中，是爱人每一个饱含深情的动作，每一抹充满柔情的眼神，每一次不动声色的关心。能够拥有这样的爱情，即便是与爱人一起吃苦受罪也将会是甜蜜的。

幸福处方：爱情是女人幸福的需要

"问世间情为何物，直教人生死相许"。爱情的力量是伟大的，它往往能够使恋爱中的两个人感受到生命的激情和快乐，并把平淡的日子调理得津津有味。对于女性来说，它更是生命中不可或缺的必需品，因为受到爱情滋润的女性常常会发现生活的美好，感受到生命的快乐。为此，如果遇到生命中真正的爱情，就应该努力把握，以免让它在你的不小心中走失。

1. 真爱需要相互尊重

真正的爱是需要双方相互尊重的。人，尤其是恋爱中的两个人，要想好好地相处，就应该学会尊重对方的感受，不要找种种理由去忽视或者冷漠对方。况且，恋爱是两个人的事情，只有相互尊重才能感受到彼此的价值和分量，也才会自然地理解对方、体谅对方。

2. 真爱需要相互包容

每个人都不是完美的，刚刚开始恋爱的人可能会因为"情人眼里出西施"，看到的处处是对方的优点和长处。但是时间久了，对方的缺点会一点儿一点儿地暴露出来，而且还有可能做一些错误的事情，此时你应该学会忍耐和包容，否则你们之间的爱情很可能就会因为你的暴怒而就此结束。

3. 真爱需要相互赞美

在平时人际交往的过程中，赞美往往能够使双方感觉良好，恋爱中的两个人交往更应该及时地给予对方赞美，这样往往会使对方精力充沛，对生活更有激情。而且，你真诚由衷的赞美往往会满足对方的自我期望，也使他内在的自我形象更佳。

心理专家话幸福

爱情，它可能波澜不惊，也未必轰轰烈烈；它只是一种生活，一种感觉，一种体验，一种感悟。有时候，它就是寒冷的冬日你回到家从爱人手里接到的一杯热茶；是你出差在外几天没有消息时爱人焦急的牵挂；是横过马路时斑马线上紧握的双手；是彼此在一起时体会出来的那种相偎相依的幸福感觉。

三、善待失恋就是善待幸福

> 爱情是生活中唯一美好的东西，但却往往因为我们对它提出过分的要求而被破坏了。
> ——【法】莫泊桑
>
> 如果我们生活的全部目的仅仅在于我们个人的幸福，而我们个人幸福又仅仅在于爱情，那么，生活就变成一个充满荒唐枯燥和破碎心灵的真正阴暗的荒原，炼成一座可怕的地狱。
> ——【俄】别林斯基

人的一生中，恋爱是人生中最美好也是最难忘的一段浪漫之旅。恋爱成功，喜结良缘，当然可喜可贺；恋爱失败，也不必反目成仇，相互伤害。毕竟，分手也是我们成长中的一段重要历程。

有人说，失恋就是一道填空题，如果爱的感觉已经走远，你愿意让什么留在心底。答案是能把恋人变成心底珍藏的朋友、恋情变成美妙的记忆。恋爱原本是一场伤心的冒险，在出发时就要想好了面临的困难和艰险，只要有信念就能找到出路。失恋后，不要恋恋不舍，不要丢弃了寻找幸福的执著，重新轻装上阵完成这冒险的旅途才是你最应该做的。

苏格拉底："孩子，为什么悲伤？"

失恋者："我失恋了。"

苏格拉底："哦，这很正常。如果失恋了没有悲伤，恋爱大概也就没有什么味道了。可是，姑娘，我怎么发现你对失恋的投入甚至比你对恋爱的投入还要倾心呢？"

失恋者："到手的葡萄给丢了，这份遗憾，这份失落，您非个中人，怎知其中的酸楚啊？"

苏格拉底："丢了就丢了，何不继续向前走去，鲜美的葡萄还有很多。"

失恋者："我要等到海枯石烂，直到他回心转意向我走来。"

苏格拉底："但这一天也许永远不会到来。"

失恋者："那我就用自杀来表示我的诚心。"

苏格拉底："如果这样，你不但失去了你的恋人，同时还失去了你自己，你会蒙受双倍的损失。"

失恋者："您说我该怎么办？我真的很爱他。"

苏格拉底："真的很爱他？那你当然希望你所爱的人幸福？"

失恋者："那是自然。"

苏格拉底："如果他认为离开你是一种幸福呢？"

失恋者："不会的！他曾经跟我说，只有跟我在一起的时候，他才感到幸福！"

苏格拉底："那是曾经，是过去，可他现在并不这么认为。"

失恋者："这就是说，他一直在骗我？"

苏格拉底："不，他一直对你很忠诚。当他爱你的时候，他和你在一起，现在他不爱你，他就离去了，世界上再也没有比这更大的忠诚。如果他不再爱你，却要装着对你很有感情，甚至跟你结婚、生子，那才是真正的欺骗呢。"

失恋者："可是，他现在不爱我了，我却还苦苦地爱着他，这是多么不公平啊！"

苏格拉底："的确不公平，我是说你对所爱的那个人不公平。本来，爱他是你的权利，但爱不爱你则是他的权利，而你想在自己行使权利的时候剥夺别人行使权利的自由，这是何等的不公平！"

失恋者："依您的说法，这一切倒成了我的错？"

苏格拉底:"是的,从一开始你就犯错。如果你能给他带来幸福,他是不会从你的生活中离开的,要知道,没有人会逃避幸福。"

失恋者:"可他连机会都不给我,您说可恶不可恶?"

苏格拉底:"当然可恶。好在你现在已经摆脱了这个可恶的人,你应该感到高兴,孩子。"

失恋者:"高兴?怎么可能呢,不过怎么说,我是被人给抛弃了。"

苏格拉底:"时间会抚平你心灵的创伤。"

失恋者:"但愿我也有这一天,可我第一步应该从哪里做起呢?"

苏格拉底:"去感谢那个抛弃你的人,为他祝福。"

失恋者:"为什么?"

苏格拉底:"因为他给了你忠诚,给了你寻找幸福的新机会。"

故事中失恋者的经历相信很多人都经历过,但是又有几个人能够感谢那个抛弃你的人呢,即便他给了你寻找幸福的机会。而善待失恋就是善待自己,善待已经分手的他,善待幸福。因为两个人的缘分已经走到了尽头,若再苦苦耗着也没有任何意义,所以不如分手。只有这样,彼此才有机会寻找属于自己将来的幸福。

幸福处方:失恋并非不幸的理由

失恋的痛楚源于对往事的沉溺和精神上的一时无所适从,但是时间会抚平你内心的伤楚。而善待失恋就是善待幸福,因为那个真正能够使你幸福的人可能正在不远的前边等着你。面对失恋,不要觉得自己失去了一切,不妨静下心来,努力使自己走出失恋的阴影。

1. 适当宣泄

失恋,这是谁也不想遇到的事情,尤其是女孩子,总感觉自己是这个过程中的受伤者。但千万别让悲痛、挫折感、愤怒一直啃食你的身心。要哭,可以尽情地哭;要叫,找个无人之处用力嘶喊;想倾诉,找知心好友好好谈一谈……或者，进行一次远途旅行，进行一些体育运动，在游乐场蹦蹦迪，坐一下过山车来消除忧伤。

2. 找回失去的友情

恋爱的时候你是不是在不知不觉中走进了两个人的小世界，"重色轻友"全然不问朋友死活，现在恢复"单身"了，还不趁此机会向老友们"自首忏悔"？有谁会像老朋友一样又了解你、又不怪你、又包容你、又疼惜你呢？跟她们在一起，你不用刻意地来掩饰内心的悲伤，可以做一个本色的自己。

3. 不做写故事的人

往事应当"入土为安"，所以最好不要记录以前的点点滴滴，同时扔掉一些有关你们记忆的东西。接受并认定这个事实，收起回顾的眼神，转过身来，向前看去。你把过去抛得越干净，将来幸福的可能性才越大。

4. 进行情感转移

可以试着站在对方的角度想一想自己到底错在哪里，吸取经验教训，以崭新的姿态去寻求新的爱。"天涯何处无芳草"，相信属于你的那个人一定会出现。

心理专家话幸福

人生当中，失恋的女子大有人在。只是有些坚强的女孩能够在很短的时间内恢复过来，重新开始自己新的生活；但有些女孩子则长期陷在失恋的阴影里，受着感情的煎熬。既然过去的都已经过去，何不尽快从感情的阴影中走出，成全两个人的快乐，并重新开始追逐幸福呢？

四、执子之手，与子偕老

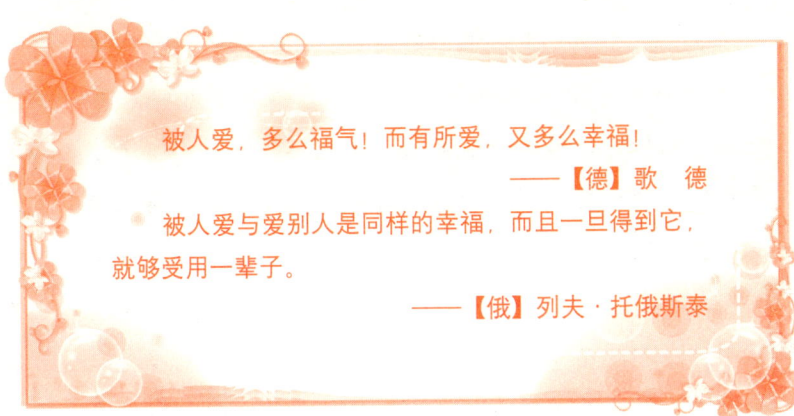

被人爱，多么福气！而有所爱，又多么幸福！
——【德】歌　德
被人爱与爱别人是同样的幸福，而且一旦得到它，就够受用一辈子。
——【俄】列夫·托俄斯泰

"生死契阔，与子成说。执子之手，与子偕老。"这是一种古老而坚定的承诺，是一个美丽而浪漫的传说。这种爱情，没有太多的花前月下、山盟海誓，没有太多的轰轰烈烈、惊天动地；有的只是一种像流水一样绵延不断的感觉，有的是相对无言、眼波如流的默契……

作为女人，应该珍惜这样的爱情，应该珍惜能够与你共患难、同甘苦的那个男人，因为这是他给你的一种幸福。虽然浪漫的爱情故事中，有各种各样的版本，但是能够与你肩并肩、坦坦然然走进围城，然后互相扶持着，把许许多多毫无生气的日子走成一串美丽的风景的那个人才是你爱情的归宿。执子之手，与子偕老，这是一种承诺，一种信念。而能够坚持这个承诺、这种信念的人才是最幸福的。

很早的时候，一个小男孩对一个小女孩说："如果我只有一碗粥，我会把一半给我的母亲，另一半给你。"那一刻，小女孩喜欢上了小男孩。那一年，小男孩12岁，小女孩10岁。

后来，他们村子被洪水淹没了，正直善良的他不停地救人。他救出的人中有熟悉的有陌生的，甚至有很多根本就没有见过面的，但是他唯独没有亲自去救女孩。后来，很多人问他说："你那么喜欢她，为什么不亲自去救她呢？难道你不担心她会死吗？"男孩子淡淡地说："正是因为我爱她，所以我才先去救别人，因为如果她死了，我一个人活着也没有什么意思了。"就在那一年的冬天，他们结婚了。那一年他22岁，她20岁。

1960年的时候，全国闹饥荒，他们家穷得揭不开锅。有一次，家里仅剩下一点儿面粉，只够做一碗面汤。她舍不得吃，留给辛辛苦苦干活的他；他看着眼前这个自从跟了他就吃苦受罪的女人，坚持让她吃。结果，六月的天气里，那碗面汤不到三天就发霉了。那一年，他42岁，她40岁。

文化大革命来了，因为他的祖父曾经是地主，于是他也不可避免地受到了批斗。在那段屈辱的岁月里，"组织上"再三劝说她跟他"划清界限、分清是非"。但是她宁愿带着高高的帽子和他一起站在批斗台上，走在游行的街上。她如是说："我不清楚谁真正是人民内部的敌人，但对我来说，他是难得的好人，而且我爱他，这就足够了。"于是，她甘愿陪他忍受着各种各样的屈辱。那一年，他52岁，她50岁。

之后又有很多年过去了，他们由乡村搬到了城里。一次出外旅行，在拥挤的公共汽车上，一位年轻人给他们让座时，他们都不愿意独自坐下而让对方站着。于是，两个人靠在一起抓着扶手，在晃悠悠的公交车上颠簸着，最后，整个公交车上的人竟然全部都站了起来。那一年，他72岁，她70岁。

或许很多女人都向往九千九百九十九朵玫瑰的浪漫，都喜欢听着在天愿做比翼鸟、在地愿为连理枝的忠贞……但是相信上面的故事会让我们每一个人感动，不为什么，就因为他们的不离不弃，平平淡淡。

幸福处方：幸福是一辈子都牵着你的手

执子之手，看起来是一句平淡无奇的话，但是其中却包含着爱的信心和勇气。因为执子之手，在坎坷曲折的道路上，需要走过生命中一道又一道的难关；需要在一个又一个的黑夜，走过一段又一段的暗暗长路……等到"与子偕老"之时，你便会发现，自己一直都在享受一份最真挚的幸福。

1. 相知相契，患难与共

大千世界，芸芸众生，每个人对爱情的体悟和理解都是不一样的。有很多爱情，在热恋之时会山盟海誓、永不变心，可是一旦恋爱的温度下降，便会"夫妻本是同林鸟，大难临头各自飞"，还有一种爱情，没有太多的缠绵，没有太多的誓言，没有过分的激情，但是却绵绵不断、刻骨铭心，这种爱情是两个人的相知相契，患难与共。

2. 白头偕老，不离不弃

有一对夫妻，妻子是精神病患者，披头散发，脸脏得很。一次在大街上，丈夫一直很温和地拉着妻子，叫妻子回家。可妻子执意不跟丈夫回家，对丈夫又打又骂，可丈夫一点儿脾气也没有。路人见了，说一个精神病人，不回去就算了。丈夫笑着说："她不发病的时候，对我和孩子都非常好，既然结婚了，就应该不离不弃。"于是，任凭妻子如何打骂他，他坚持要把妻子带回家。这就是婚姻，它不仅仅是爱情，还是包容，是原谅，是理解，是付出，是责任，是白头偕老、不离不弃。

心理专家话幸福

执子之手，与子偕老。因为双方的不离不弃，才最终相守到老。当爱情逐渐变成亲情，内心的责任感会改变许多东西。他们开始珍惜自己身边的伴侣，不再渴望轰轰烈烈、虚幻的爱情，也不会再刻意地寻找浪漫，更不会再拿现实的生活与幻想相比。因为他们知道，享受此时婚姻带来的幸福和平静才是最重要的。

五、幸福与家庭同行

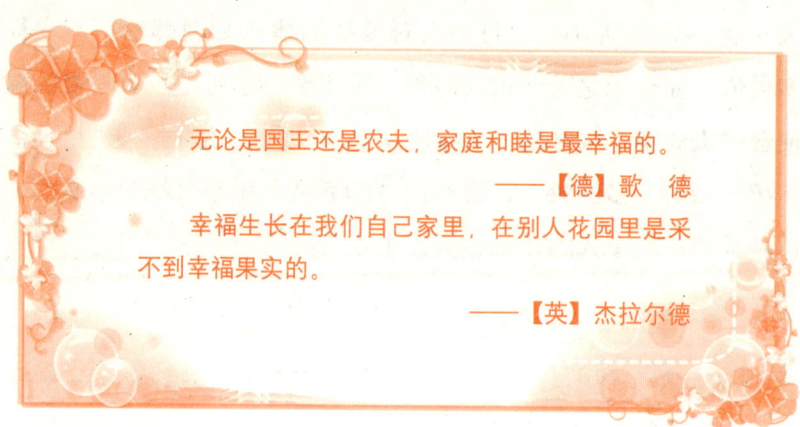

无论是国王还是农夫，家庭和睦是最幸福的。

——【德】歌 德

幸福生长在我们自己家里，在别人花园里是采不到幸福果实的。

——【英】杰拉尔德

有人说过，一个幸福的女人必有一个幸福的家庭，二者是互相影响的。这话是极有道理的。因为一个感觉幸福的女人会努力来营造一个幸福的家庭，而一个幸福的家庭也往往会把幸福传染给这个女人。因此，真正聪明的女人知道应该让幸福与家庭同行，她们懂得如何去营造一个幸福的家，如何让自己的幸福感染家庭中的每一个人，更知道如何从家中汲取幸福的养料。

文静是一家大型连锁超市的采购部经理，在别人看来，她是一个事业型的女强人。事实上，她的确是这么一个女子。如今，稍不留意便会被社会落在身后。文静也感觉到了社会竞争的残酷和激烈，她不断锻炼自己的能力，即使工作量再大也要坚持进修、培训、充电。在事业上，她一向目标清晰，眼界高远，敢于攻克一个又一个的难关。

但是，文静知道，不管工作多么忙碌，也不应该因此忽视自己的家庭。只要是在家中，她就提醒自己：我是一个妻子、一个母亲、一个女儿、一个儿媳。因此，她总是尽量做好自己在家中应尽的义务。她从不认为关心家人就会影响自己的事业。相反，因为家庭和睦，家人彼此关爱，相处得都非常愉快，她才能始终保持快乐、祥和、安定的心，才能使她有勇气和信心来面对工作中一个接一个的挑战。

对父母，她十分孝顺，每周都会挤出时间打电话或者亲自去看他们，看到父母身体健康，能够让他们安享晚年，她的心情便会十分开朗。对丈夫，她也是关心得无微不至，经常去外地出差的她，每到一个地方都会给丈夫带一些当地的特产或者是精心准备一份富有特色的礼物，看到丈夫甜蜜的样子，她内心也会充满感动。对孩子，她更是关怀备至，每次家长会，她都会尽量抽出时间去参加；加班回来晚了，她也会到儿子的小床前，看看他睡得是否安稳……

在文静看来，一个幸福的家庭是一个女人生命中最珍贵的财富。

故事中的文静曾经说过："最好的家庭不在于这个家的房子有多大，装修的有多豪华，而在于生活在这个家庭中的人是否能够感觉到幸福。"家，可以不是一个很大的地方，但是却可以让女人的灵魂在这里得到滋养，而一个幸福温馨的家庭，是女人幸福的根本要素之一。

幸福处方：从家庭中汲取幸福的能量

任何女人都渴望拥有一个幸福的家庭，都希望从家庭中汲取生命的能量，体会生活的快乐。但是，幸福的家庭不是随随便便就可以得到的，而是需要用心来经营。

1. 认清自己的角色

一个女人，在社会中往往承担着数种角色。但是，一旦走进家门就应该意识到自己是一个妻子、一个母亲。学会及时转换自己在生活中的角色，才能意识到自己在家庭中应该承担的责任和义务，并为家庭环境的营造出一份力。

2. 摆正家庭和事业的关系

作为一个女人，应该摆正家庭和事业的关系，在二者间找一个最佳的契合点。不可否认，女人应该有自己的事业，但是在关注事业的同时，也应该把目光更多地投向自己的家庭，和丈夫一起，共同营造自己的家。

3. 做个好妻子

一个女人，在家中首先应该是一个好妻子。她应该善于布置一个温暖的家，把家收拾得干净整洁，富有温馨、浪漫的气氛。同时做好丈夫的助手，失意时给他鼓励，落寞时给他支持；要力求培养出一个善良、勤快、事业有成的丈夫。

4. 做个好母亲

一个女人，如果不是一个成功的妻子，将会是人生的一大败笔，但如果不是一个成功的母亲，则会给自己的人生留下更大的遗憾。而要想做一个好母亲，就应该从小就培养孩子做一些简单的家务，培养孩子的自信心、责任心等，应该努力让孩子成为家庭中最了不起的一员。

5. 学会欣赏彼此的优点

在家庭生活中，应该学会欣赏每一个家庭成员身上的优点，并及时地给予赞美，同时还应该学会信任、包容、理解和支持。这样会使家庭成员之间的关系变得更加融洽与和谐。

心理专家话幸福

女人不仅要做一个好女人，还应该花费心思学会做一个好妻子、好母亲、好女儿、好媳妇，唯有如此，才能拥有一个幸福的家庭。幸福的家庭是女人避风的港湾，让她们有属于自己的心灵栖息地；同时能够给予她们力量，让她们在生活中轻松驾驭自己生活的脚步，享受幸福人生。

六、友情是一生的财富

> 有真正的朋友是提升生活满意度、保障健康的一个重要因素。
>
> ——【英】麦克·阿盖尔
>
> 缺乏真正的朋友乃是最纯粹最可怜的孤独,没有友谊则斯世不过是一片荒野。
>
> ——【英】培根

女人是充满灵性的动物,她们的情感细腻,内心丰富,不仅需要爱情的滋润,还需要友情的呵护。能够获得一段或者几段真正的友情,将会是她们一生的财富。朋友是幸福的种子,有了朋友便等于播种了幸福;朋友是情感的寄存空间,有了朋友便有了地方停泊自己的心灵;朋友是伞,能为游荡在愁风苦雨的你遮去几分风寒……

友情,是你一生的财富!很多时候,朋友甚至比恋人或者丈夫、家人在你一生中的影响还要大,甚至在你生命的重要时刻,朋友比你身边所有的人更有用。例如当你不在场而你的利益又受到侵害的时候,朋友会毫不犹豫地站起来帮你维权;当听到关于你的流言蜚语或者无耻谎言时,朋友会坚决地予以制止和反驳;他们会悲伤着你的悲伤,快乐着你的快乐,幸福着你的幸福,甚至当你的生命受到威胁的时候,他们会义无反顾地用自己的生命来交换……

这是发生在越南一家孤儿院的故事。那年,因为飞机的狂轰滥炸,一颗炸弹被扔进了这个孤儿院,顷刻之间,几个孩子和一名孤儿院工作人员就因为炸弹的袭击停止了呼吸。还有几个孩子都不同程度地受了伤,其中有一个小女孩失血过多,需要输血。

年轻的女医生很快对她进行了急救,但是临时的急救小组根本没有带来足够的血浆。于是,不得不选择就地取材,她给在场的所有人验了血,终于发现有几个孩子的血型和这个小女孩是一样的。可是,问题出现了,因为年轻的女医生和护士只会说一点点儿的越南语和英语,很难与在场的孤儿院的工作人员和孩子们进行沟通。

于是,女医生尽量用自己会的越南语加上一大堆的手势告诉那几个孩子说:"你们的小伙伴因为失血过多,急需输血,否则就会有生命危险,因此需要你们给她输血!"终于,孩子们点了点头,他们似乎是听懂了,但是眼里仍然藏着一丝恐惧!

但是,等了很久之后,孩子们都依旧沉默着,没有人举手表示自己愿意献血!女医生怎么也没有料到会是这样的结局!不仅一愣,为什么他们不肯献血来救自己的朋友呢?难道他们没有听懂自己刚才说的话吗?

在女医生百思不得其解的时候,一只小手慢慢地举了起来,但是犹犹豫豫地刚刚举到一半就又放下了,好一会儿才举了起来,这次再也没有放下!

这让女医生极为欣喜,马上把那个小男孩带到临时手术室,让他躺在床上。小男孩僵直地躺在床上,看着针管慢慢地插入自己细小的胳膊,看着自己的血液一点点儿地被抽走!眼泪不知不觉就顺着脸颊流了下来。女医生紧张地问是不是针管弄疼了他,他摇了摇头。但是眼泪还是没有止住。女医生开始有一点儿慌了,因为她总觉得有什么地方肯定弄错了,但是到底在哪里呢?她迷惑不解。

关键时候,一个越南的护士赶到了这个孤儿院。女医生把情况告诉了越南护士。越南护士忙低下身子,和床上的孩子交谈了一下,不久后,孩子竟然破涕为笑。

原来,那些孩子都误解了女医生的话,以为她要抽光一个人的血去救那个小女孩。一想到不久以后就要死了,所以小男孩才哭了出来!女医生终于明白为什么刚才没有人自愿出来献血了!但是她又有一件事不明白了:"既然以为献过血之后就要死了,为什么他还自愿出来献血呢?"女医生问越南护士。

于是越南护士用越南语问了一下小男孩,小男孩不假思索就回答了。回答很简单,只有几个字,但却感动了在场所有的人。

他说:"因为她是我最好的朋友!"

故事中的小男孩虽然幼稚,但是在他的思想里朋友是可以用生命来交换的。如果我们每个人的生命里都会出现这么一位或者几位朋友,难道不是莫大的幸福吗?古希腊哲学家伊壁鸠鲁曾经说过:"友谊是人的一生中最为宝贵的财富。"的确,这笔财富将会使你受用一生,它能够调节你的情感,增长你的智慧,完善你的人格。如果你的生命中没有友情,生活将会缺少美妙动听的乐音;心灵也将会如一片荒漠;而友情却是一个个跳动的音符,是大漠里的绿洲。

幸福处方:友谊是幸福必不可少的因素

马克思曾经说过:"人的生活离不开友谊,但得到真正的友谊是不容易的,友谊总需要用忠诚去播种,用友情去灌溉,用原则去培养,用谅解去护理。"生活中很多女人都遇到过这种情况,在自己最需要朋友的时候,却发现身边的朋友很少,而且寥寥的几个人中,却又没有一个人能够称得上知己。其实,只要用心,建立一段真挚的友谊并不是一件困难的事情。

1. 友谊不应该建立在利益之上

真正的友谊不是建立在利益之上的。友情的基础是互惠。商人之间友情的基础,是利益上的互惠;挚友之间友情的基础,是心灵上的互惠。而在我们的生活中,有的人却错误地认为把友情的基础建立在利益的互惠上,这样的人交友的目的在于对方能有什么利用价值,与之交往会给自己带来什么好处。当对方能满足自己的要求、为自己提供便利时,便形影不离,看似情深义重,而一旦对方没有了利用价值或者遇到麻烦,便推诿责任，退避三舍，甚至落井下石。这实在是一种自以为聪明的愚蠢。这样做的结果只能是让你身边的朋友变得越来越少。

2. 正确对待异性友谊

对于已经结婚的女人，不仅可以有闺中密友，同样可以有自己正常的异性朋友。此时，做你的知己，就是深爱在心里，但人非草木，日久可能因爱生情，这样珍贵的关系，需要理智来控制状态。异性之间要提倡进步、发展和无伤害的道德原则，努力做到男女交往不侵害公众的情绪，不损害他人的家庭，不侵犯身心健康，不侵犯隐私权，不应把自己的幸福建筑在别人的痛苦之上。

3. 在友情中学会付出

要想朋友怎么对待你，你必须以同样态度对待你的朋友。因此，在朋友相处的过程中，首先应该学会的就是付出，学会与朋友同甘苦、共患难。不要为了讨好朋友而露出虚伪的笑脸，也不应该认为付出就是为了回报，这样只会让你们之间的友谊冷漠和尴尬。

心理专家话幸福

朋友是你高兴时想见的人，烦恼时想找的人，得到对方帮助时不用说谢谢的人，打扰了不用说对不起的人，高升了不必改变称呼的人。朋友可以一起打着伞在雨中漫步，可以一起在海边沙滩上打个滚儿，可以一起沉溺于某种音乐遐思，可以一起徘徊于书海畅游，朋友有悲伤陪你一起掉眼泪，有欢乐和你一起傻傻地笑……这样的朋友，将是你一生中最珍贵的财富。

七、沟通中品味幸福

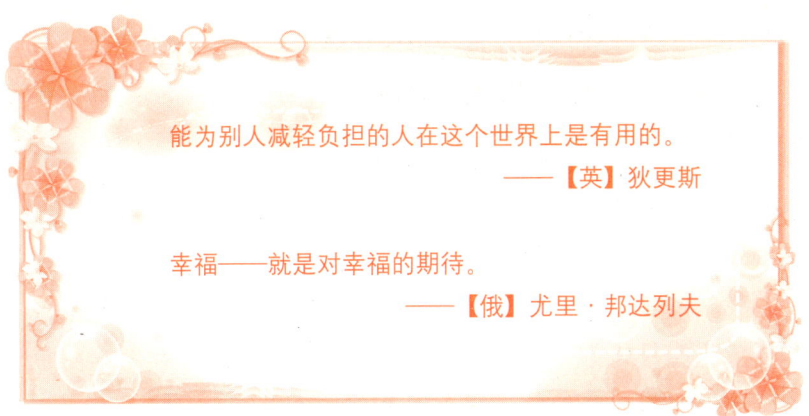

能为别人减轻负担的人在这个世界上是有用的。
——【英】狄更斯

幸福——就是对幸福的期待。
——【俄】尤里·邦达列夫

现实生活中，爱情和婚姻破裂的事件屡见不鲜，原因是什么呢？是他们不够相爱，还是有什么现实因素的阻挠？其实发生这类事情的一个很重要的原因就是恋人或者夫妻家人之间缺少交流沟通，从而使双方不能相互了解，导致误会重重，以致最后不得不选择分开。但如果能够每天留出一点儿时间，用来了解对方，你可能就会享受到爱情和婚姻带给你的更多幸福。

她是一个非常好的人，从结婚之日起就努力操持着家。她会在清晨五点钟起床，为一家老小做早饭，然后去单位上班。每天吃过晚饭，她总是弯着腰刷锅洗碗，家里的每一只碗都非常干净，没有一点儿污垢；然后，她蹲着认真地擦地板，把家里的地板收拾得比别人家的床还要干净。

她的丈夫也是一个非常好的人。他不抽烟，很少因为应酬而错过和家人共进晚餐的机会。此外，在单位里工作认真踏实，博得大家的一致好评，而且领导也非常器重；另外他还是个负责任的父亲，经常督促孩子们学习。

按理说，这样的好女人和好男人组成一个家庭应该是世界上最幸福的了。可是，他们却常常暗自抱怨自己的家不幸福，常常感慨"另一半"不理解自己。男人悄悄叹气，女人偷偷哭泣。

有时候，女人会想：也许是地板擦得不够干净，饭菜做得不够好吃。于是，她更加努力地擦地板，更加用心地做饭。男人有时也会想：或许是自己工作不够努力，挣钱不够多的原因吧，为什么妻子一直就没有对自己说过甜蜜的话呢？于是他拼命地工作，也挣到了大把大把的钱。然而他们还是没有感觉到幸福。

直到有一天，晚饭之后，女人正忙着擦地板，丈夫说："老婆，休息一下，来陪我下盘象棋吧。"女人本想说"我还有……事没做完呢"，可是话到嘴边突然停住了——她一下子悟到了世上所有"好女人"和"好男人"婚姻悲剧的根源。她忽然明白，丈夫要的是她本人，他只希望在婚姻中得到妻子的陪伴和分享。

刷锅、洗碗、擦地板难道要比陪伴自己的丈夫，与丈夫沟通更重要吗？于是，她停下手上的家务事，坐到丈夫身边，陪他下象棋。令女人吃惊的是，他们开始发现，这才是他们彼此真正的需要，以前他们都只是用自己的方式爱对方，而事实是，那些并不是对方真正需要的。

这就是家庭中夫妻沟通的重要性，有的时候，两个人都知道彼此在爱着对方，可是却不知道用什么方法来表达，其实，沟通就是最好的表达方式。家庭幸福的女人都知道沟通的重要性，在她们看来，地板脏一点儿不要紧，饭菜有些不可口也不重要，重要的是这个家的温馨，是家人真正的需要，而有了沟通，就能把握家人生命的命脉，让他们向往留恋这个家。所以爱的过程中一定要学会用沟通来调节家庭生活的氛围。

幸福处方：体谅他人，幸福自己

现代社会，通讯工具愈来愈多样化，从电话、传呼机到手机，再到多媒体电脑，人们在现代化的通讯网络中可以享受简捷、快速、高效的服务，可是在享受这些服务的同时，我们也往往生活在一个虚幻的世界里，从而忽略了身边的风景。每天少发几条短信，少玩一局游戏，把省出来的时间留给家人，你会发现幸福就在不经意间。

1. 体谅他人的行为

这其中包含"体谅对方"与"表达自我"两方面。所谓体谅是指设身处地为他人着想，并且体会对方的感受与需要。在经营"人"的事业过程中，当我们想对他人表示体谅与关心，唯有我们自己设身处地为对方着想，对方才能体谅你的立场与好意，进而做出积极而合适的回应。

2. 学会倾听和询问

面对想要与你沟通的对象行为退缩，默不作声或欲言又止的时候，你可用询问的方法引出对方真正的想法，了解对方的立场以及对方的需求、愿望等，并且运用积极倾听的方式，来诱导对方发表意见，进而对自己产生好感。

心理专家话幸福

每个人的心，都像上了锁的大门，任你再粗的铁棒也撬不开。唯有沟通，才能把自己变成一把细腻的钥匙，进入对方的内心，才能更好地去了解对方的思想和观念。夫妻之间尤是如此，所以每天给爱留出10分钟你会发现沟通带来的奇迹。

八、把快乐带回家

> 如果你生气了,请在面对爱人之前先面对镜子。看看自己,你喜欢这张脸吗?
>
> ——【美】皮尔索
>
> 幸福的宝塔并不是用钱堆起来的,人生真正的幸福和欢乐浸透在亲密无间的家庭关系中。
>
> ——【科威特】穆尼尔·纳素夫

  一个人所生活的环境最能够影响到他对幸福的感觉。而家庭在每个人的生命中都是至关重要的,如果能够生活在一个幸福愉悦的家庭环境中,个人也常常会受其感染,感觉自己整个人都是幸福的,反之,则会感染家中郁闷的情绪。作为家中的女主人,女人在家中占有举足轻重的地位,起着非常重要的作用,因此有责任也有义务去营造一个和谐幸福的家。

  去过素敏家里的人都知道,她家的房门上挂着一个小方木牌,上面写着这么一行字:进门请脱去烦恼,带着快乐回家。

  每个去她家做客的人看到这个小木牌都会停在门口,久久凝视,细细品味,然后不禁为这个创意感动。因为短短的两句话,却蕴含着极为深奥的家庭哲理。

  问及其中的缘由,素敏笑着说,这是她和丈夫共同的理念。

  她微笑着讲起了这几句话的由来:

  记得女儿上小学三年级的时候,有一次邀请小朋友来家里做功课,但是她的小朋友看到我的模样吓了一跳。那个时候我刚刚三十出头,因为工作的忙碌和不顺心,却有着一张疲惫灰暗的脸,眼睛也没有昔日的光彩……我刚刚招呼完女儿的小朋友，转身离开的时候听见她的小朋友问她："你的妈妈怎么那么老啊？"女儿没有吱声，但是我的心却好像被重重地敲了一下，意识到我让女儿在她的小朋友面前丢了面子。

我接着想，我这个模样差点把刚才的小朋友吓坏了，那么我的丈夫和女儿天天面对着我这张愁眉紧锁的脸会是一种什么心情。我想到了这些日子以来喜欢叽叽喳喳的女儿变得越来越沉默，一向疼爱我的丈夫变得越来越冷淡……终于我知道了事情的原因所在。

经过一夜的思索之后，我想到了这个点子，于是就和丈夫商量，竟然和他不谋而合。于是我们便在门口挂了那么一个牌子，提醒家中的每一个人在回家的时候一定要把烦恼放在门外，把快乐带回家。

如今，来我家的每一个朋友都说我们家变了一个样子，气氛越来越温馨。的确，把快乐带回家，让我们体味到了家中更多幸福的味道。

朋友们不禁感叹，这是何其聪明、何其幸福的一个女人啊！

把快乐带回家，多么简单的几个字，但是有很多人穷尽一生也无法体会其中的深意。其实，在回家之前，整理一下自己的情绪，留给家人最快乐的一面，不仅可以使家人感受到轻松，你也会从家人的欣慰中感受到幸福。

幸福处方：让幸福感染家人

很多人都说过，家是幸福的港湾。但是，你想过没有，你是否因为工作的不如意，或是朋友间的误会搞得自己情绪起伏不定，心情糟糕至极？最糟糕的是你是不是经常把这种坏情绪带回家？相信很多人都有过这样的经历。很多时候，我们只是哭丧着脸，一味地想要从家中索取一些安慰和鼓励，但是你考虑没有，你又为这个家带来多少快乐呢？家，应该是最舒服、最安全、最稳定的地方，但是，这样温馨的环境不是凭空就有的，而是需要家庭中的每一个成员来共同营造，首要的一点就是带快乐回家。

1. 回家之前先整理自己的情绪

如果因为工作中一些不顺心的事情，导致你情绪低落，就应该在回家之前整理一下自己的心情。例如可以在楼下的小区内散散步，或者在街头的咖啡店喝点儿咖啡等，等到情绪有所缓和了再回家。

2. 学会与家人沟通

沟通，对营造和谐的家庭氛围来说是极为重要的。遇到了什么事情可以坐下来和家人好好讲，这样家人才会知道你的想法，才能帮助你解决问题。千万不要整天阴沉着脸，将心中的怨气毫无道理地扔给其他人。

3. 多留一点儿时间给家人

现代社会，越来越多的女人已经不满足做全职太太，大都希望和男人一样奋斗在工作岗位上，工作占据了大部分的时间，她们留给家人的时间变得越来越少。不妨从现在开始，多留一点儿时间陪一陪自己的孩子、丈夫、父母、公婆，在享受家庭温馨的同时，你会从家中汲取更多的心灵营养。

心理专家话幸福

家是一个组合体，它需要其组成成员共同来努力营造和谐的氛围，如果每个人都带一些欢乐回家，家里自然就充满笑声。相对来讲，每个人都带着烦恼与不快回家，家里定是愁云惨雾。可以说，家就是一个"情感银行"，你把快乐"存"进去，收获的是带利息的欢乐，你如果把烦恼"存"进去，回报的自然也是更多的烦恼。

第五章

做善良女人
——送人玫瑰，手有余香

女性的善良如静水流深，是一种境界，是一种不假思索的天赋风情，是从骨子里散发出来的一种独特气质。善良的女性心思敏捷、玲珑剔透、知冷知热、知轻知重、善解人意、恰到好处；善良的女性知道感恩，懂得宽恕，深晓送人玫瑰，手有余香的道理，因此善良的女人往往能够从善良中品味到幸福。

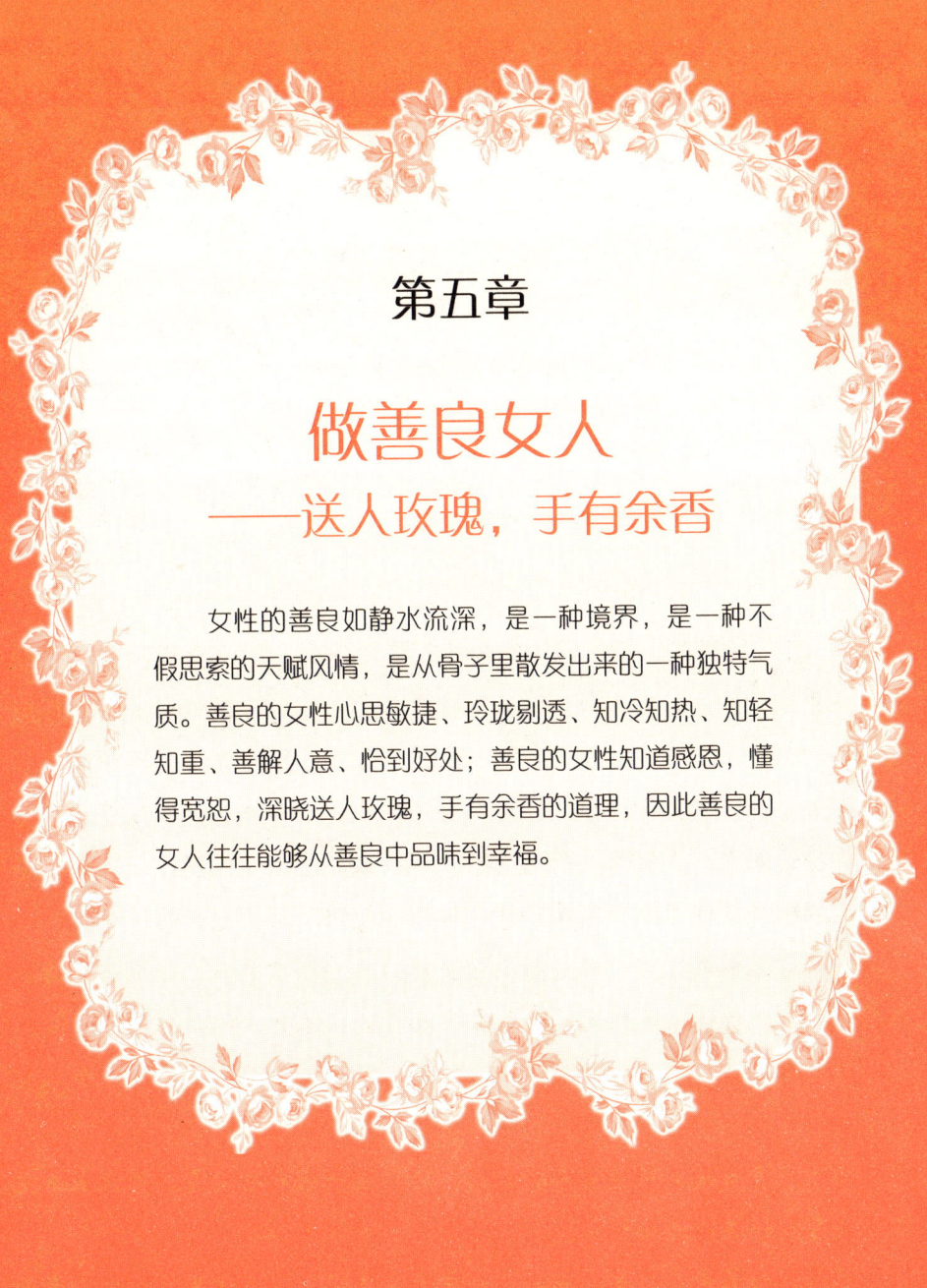

一、快乐要与人分享

> 如果你把快乐告诉你一个朋友,你将得到两个快乐;如果你把忧愁向一个朋友倾吐,你将被分掉一半忧愁。
> ——【英】培 根
>
> 人在幸福的时候愿意把他的快乐分给大家,这是人之常情,正像遭遇不幸的人需要向别人诉苦一样。
> ——【中】巴 金

有句话说得好:"如果把你的快乐与人分享,你将会得到双倍的快乐;如果把你的痛苦向人倾诉,你的痛苦就会减半。"的确如此,快乐就如同一枚鹅卵石突然掉入池塘中,激起一圈又一圈的涟漪,不断向外扩散。而如果你能够把你得到的快乐与身边的人进行分享,这种快乐往往会感染你身边的人,大家都会因为你的快乐而快乐。人生的道路上,快乐是人一生的精神支柱,而分享快乐往往也能够使快乐保持更长的时间。

一位犹太教的长老,酷爱打高尔夫球。在一个安息日,他觉得手痒,很想去挥杆,但犹太教规定,信徒在安息日必须休息,什么事都不能做。

这位长老却终于忍不住,决定偷偷去高尔夫球场,想着打九个洞就好了。

由于安息日犹太教徒都不会出门,球场上一个人也没有,因此长老觉得不会有人知道他违反规定。

然而,当长老在打第二洞时,却被天使发现了,天使生气地到上帝面前告状,说某某长老不守教义,居然在安息日出门打高尔夫球。

上帝听了，就跟天使说，要好好惩罚这个长老。

第三个洞开始，长老打出超完美的成绩，几乎都是一杆进洞。

长老兴奋莫名，到打第七个洞时，天使又跑去找上帝：上帝呀，你不是要惩罚长老吗？为何还不见有惩罚？

上帝说：我已经在惩罚他了。

直到打完第九个洞，长老都是一杆进洞。因为打得太神乎其技了，于是长老决定再打九个洞。

天使又去找上帝了：到底惩罚在哪里？

上帝只是笑而不答。

打完十八洞，成绩比任何一位世界级的高尔夫球手都优秀，把长老乐坏了。

天使很生气地问上帝：这就是你对长老的惩罚吗？

上帝说：正是，你想想，他有这么惊人的成绩，以及兴奋的心情，却不能跟任何人说，这不是最好的惩罚吗？

的确，生活需要伴侣，快乐和痛苦都要有人分享。没有人分享的人生，无论面对的是快乐还是痛苦，都将会是一种惩罚。我们知道，在这个世界上，人活着是一种心情，是一种心灵的淡定。但如果不能保持一种快乐的心境，所有的一切就都是没有任何意义的。

幸福处方：幸福，要学会与人分享

现实生活中，有很多人过分悲伤时，往往会主动找人倾诉，如果缺少倾诉往往会被这种悲伤困扰。但对于快乐，我们也应该主动与家人和朋友分享，让他们感受到自己的开心和兴奋，让他们分享自己的成就和业绩。同时，分享幸福往往会给我们带来更多的好处，因为我们会在这个分享的过程中得到肯定和赞赏，同时会使自信得到增长。如此一来，在以后成长的道路上，你会享受到更多的幸福。

1. 坦率表现自己的喜怒哀乐

生活中，要想与别人分享你的快乐，首先需要做的是要学会分享自己的快乐，例如工作中如果出色地完成了一个新的项目，可以先自己乐一番，把快乐写满脸上。

2. 学会分享别人的快乐

有很多人能够把自己的快乐拿出来与人分享，但却很少有人能够真正分享别人的快乐。就像所有的父母都愿意把自己宝贝的可爱讲给别人听，但却很少真正去感受别人的宝贝带给他父母的快乐。人更容易分享别人的痛苦，为别人的苦难叹息或流几滴同情泪。而当朋友的幸福快乐超过自己的时候，很少有人会由衷地为朋友高兴，大部分人会转为嫉妒或功利地阿谀。这是一种极不明智的做法。因此，我们不但应该学会让他人分享自己的快乐，也应该学会分享他人的快乐。

3. 拥有一颗真诚的心

在与人相处的时候，我们时时刻刻都应该保持一颗真诚的心。唯有如此，才能够与朋友真诚相交，坦诚相处，悲伤着彼此的悲伤，欢乐着彼此的欢乐。

心理专家话幸福

生活中，每个人都希望拥有更多的快乐而非痛苦，都希望拥有更多的幸福而非苦难……其实，获得快乐和幸福的方法很简单：在自己得到快乐的时候，要拿出来与他人分享；在他人得到快乐的时候，真诚地分享他人的快乐。

二、让感恩成为一种习惯

> 幸福生长在我们的火炉边,而不是从别人的花园里采得。
>
> ——【美】杰罗尔德
>
> 对所有存在感恩,感谢这个世界,感谢身边所有的生命、土地、植物和自己的际遇,因为这些让自己的存在充满意义。
>
> ——【中】李子勋

美国总统罗斯福的家曾经失窃,财务损失十分严重。朋友闻此消息,就写信过来安慰他,劝他不要把这件事情太放在心上。罗斯福总统很快就回信了,说道:"亲爱的朋友,谢谢你来信安慰我,我一切都很好,我想我应该感谢上帝,因为:第一,我损失的只是财物,而人却毫发未损;第二,我只是损失了一部分财物,并非所有;第三,最幸运的是,做小偷的是那个人,而不是我……"

对任何人来说,家中失窃并不是一件好事,但是,罗斯福总统却能够从中找到三个感恩的理由。从中,我们是否也该收获点什么呢?

人生在世,不可能事事顺利,面对各种突如其来的挫折和不幸,我们应该豁达大度,勇敢地面对,并想办法解决。面对困难,你是对生活懊恼抱怨、沮丧气馁、陷入绝望,还是对生活满怀感恩之心,从哪里跌倒就从哪里爬起来呢?英国著名作家威廉·萨克雷曾经说过:"生活是一面镜子,你对它笑,它也会对你笑,你对它哭,它也会对你哭。"如果对生活感恩,你的生命将会充满灿烂的阳光;如果一味怨恨,终将一无所获。

一家著名公司的公关部需要招聘一名女性办公室文员，前来应聘的人很多，经过层层筛选，最后只剩下6个人。公司告诉这6个人，聘用谁必须得有经理层会议讨论决定，结果会在一周之内通过电子邮件的形式告诉她们。

几天之后，其中一位姑娘收到了公司人事部发过来的一封电子邮件，内容是："经过公司研究决定，我们很遗憾地告诉您，您落聘了。虽然我们很欣赏你的才学、胆识和气质，但是名额实在有限，我们不得不忍痛割爱。不过以后公司如有招聘名额，必优先考虑您。您之前所递交的个人材料也将会很快还给您。另外，为感谢您对本公司的厚爱，还将随信寄去本公司产品的优惠券一份，祝您好运！"

看完电子邮件，姑娘知道自己落选了，心里很难过，但是她为这个公司的诚意而感动，便顺手写了一封简短的感谢信作为回复，信中她说："感谢贵公司给我一个展示自己的机会，不能成为贵公司的一员，我也深表遗憾。但也说明我自身还有许多缺点和不足，在以后的日子里我也会尽力弥补。再一次对贵公司表示感谢，祝贵公司发展越来越顺利，越来越壮大。"整个过程仅仅花费了她几分钟的时间。

没有想到的是，两天之后，她意外地接到公司公关部打来的电话，说是经过经理层会议讨论决定，她已经被本公司录用为正式职员。

对此，她十分不解。经过打听，最后才明白邮件其实是公司的最后一道考题。她之所以能够胜出，仅仅是因为比别人多花费了几分钟的时间去感谢而已。

仅仅是花费几分钟写了一封感谢信，这位女孩子就得到了她渴望许久的工作。生活中，如果时时事事能够抱有一颗感恩之心，则往往会带给对方愉悦，带给自己希望。

很多时候，也许对方并不期待你的回馈或者报答，但并不表示受惠的人就可以因此而忽略对方的付出。长期辜负别人的付出，其实是自己的损失。没有道谢，就无法体会彼此的好意在互动之间是多么的幸福，也很可能因而无法再继续得到对方的恩惠。其实，表达感恩是一件非常简单的事情，一句"谢谢"、一张贺卡、一封信、一个电话、一次拜访、一份礼物……都会因为彼此的真诚，而变成人间甘泉。

幸福处方：世界上不是缺少幸福，而是缺少感恩

所谓感恩，是一种积极向上的思考和谦卑的态度，它是一种自发性的行为。当一个人懂得感恩的时候，便会将感恩化作一种充满爱意的行动，并实践于生活之中。拥有一颗感恩的心，就是拥有一颗和平的种子，因为感恩不是简单的报恩，它是一种责任、自立、自尊和追求一种阳光人生的精神境界！感恩是一种处世哲学，感恩是一种生活智慧，感恩更是学会做人，成就幸福人生的支点。

1. 感恩没有固定的方式

很多时候，对于我们所要感恩的对象，我们可能碍于面子而不善于表达自己的情感。在很多人的意识里都是存在感恩之心的，但不知道怎么来表达。其实，表达感恩并没有固定的方式。例如，如果想要对父母或者朋友表达你的感恩之情，可以当面说一句感谢的话，也可以在一些具有重要意义的日子送上真诚的祝福。相信无论是小礼物还是暖心的话，都会让他们感动的。

2. 减少抱怨

要知道世界上没有十全十美的事物，也没有顺利畅通的人生。在遇到挫折和坎坷的时候，如果能够像故事中罗斯福总统一样换个角度看待这些坎坷和挫折，永远对生活充满感恩，才能时刻保持健康的心态，积极地生活，并保持完美的人格和不断进取的精神。

3. 让感恩成为一种习惯

有一则小故事，讲到一位辛苦持家的主妇，操劳了大半辈子，却从来没有从家人身上得到过任何感激。有一天，她问丈夫："如果我死了，你会不会买花向我哀悼？"她丈夫惊讶地说："当然会啊！不过，你在胡说些什么呀？"妇人一本正经地说："等到我死的时候，再多的鲜花都已经没有意义了，不如趁我还活着的时候，送我一朵花就够了！"生活中我们应该随身携带感恩，让它成为我们的一种习惯。而怀有感恩之情，就会对别人、对环境、对生活少一份挑剔，多一份欣赏和感激，也就会多一份幸福的感觉。

心理专家话幸福

有句话说得好：只有对生命充满感激，对生活充满热爱，珍惜所拥有的，幸福就能常伴左右。有时我们会抱怨自己不够幸运，不够幸福，难道就真的缺少运气，缺少幸福吗？也许我们缺少的是颗"感恩的心"。生活原本就不完美，我们总会遭遇各种失败、伤痛和挫折，正如"人有悲欢离合，月有阴晴圆缺，此事古难全"。请记住，常对生命怀有感恩之心，对生活充满热爱，幸福就能够常伴左右。

三、与人为善，与己为善

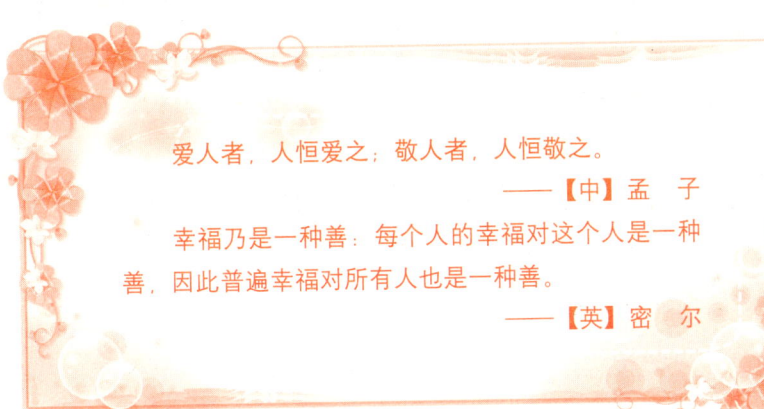

爱人者，人恒爱之；敬人者，人恒敬之。
——【中】孟　子
幸福乃是一种善：每个人的幸福对这个人是一种善，因此普遍幸福对所有人也是一种善。
——【英】密　尔

提起女人，很多人会感觉她是善良的代名词。因为善良，女人成为可爱的使者、美丽的化身；因为善良，女人逢山开路，逢河遇桥；因为善良，女人使许多事情峰回路转、柳暗花明，成就了一生孜孜以求的幸福。

可以说，善良是女人最基本的品质，也是最为平常的东西，但却经常可以打开一扇通往幸福的门。善良的女人，外表不一定出众，但是她的一举一动往往会显示出内心的丰富和深厚。善良的女人知道，帮助别人就是帮助自己，与人为善就是与己为善，别人幸福她也就会幸福。

一天，一个贫穷的小男孩儿为了攒够学费正挨家挨户地推销商品。劳累了一整天的他此时十分饥饿，但摸遍全身，却只有一角钱。怎么办呢？他决定向下一户人家讨口饭吃。当一位美丽的女孩儿打开房门的时候。这个小男孩儿却有点儿不知所措了，他没有要饭，只乞求给他一口水喝。这位女孩儿看到他饥饿的样子，就拿了一大杯牛奶给他。男孩儿慢慢地喝完牛奶，问道："我应该付多少钱？"女孩儿回答道："一分钱也不用付。妈妈教导我们，施以爱心，不图回报。"男孩儿说："那么，就请接受我由衷的感谢吧！"说完这句话男孩儿离开了。此时,他不仅感到自己浑身是劲儿,而且还看到上帝正朝他点头微笑。其实,男孩儿本来打算退学的,但他放弃了这个念头。

数年之后,那位美丽的女孩儿得了一种罕见的重病,当地的医生对此束手无策。最后,她被转到大城市医治,由专家会诊治疗。当年的那个小男孩儿如今已是大名鼎鼎的霍华德·凯利医生了,他也参与了医治方案的制订。当看到病历上所写的病人的来历时,一个熟悉的面孔霎时闪过他的脑际。他马上起身直奔病房。

来到病房,凯利医生一眼就认出床上躺着的病人就是那位曾帮助过他的恩人。他决心要竭尽所能来治好这个病人。经过艰辛努力,手术成功了。凯利医生要求把医药费通知单送到他那里,在通知单的旁边他签了字。

当医药费通知单送到这位特殊的病人的手中时,她不敢看,因为她确信,治疗的费用将会花去她的全部家当。最后,她还是鼓起勇气,翻开了医药费通知单,旁边的那行小字引起了她的注意,她不禁惊讶地读了出来:"医药费——一杯牛奶。霍华德·凯利医生。"

也许我们不会想到,当初曾经帮助过的人,在自己最需要帮助的时候会像天使一样降落。其实这是一个很简单的问题,一个人在帮助别人的时候可能没有意识到,他无形之中就已经运用了感情投资。而别人对于你的帮助会永远记在心中,只要一有机会,他们会主动报答的,当你得到他们报答的时候,难道会不认为帮助别人就是帮助自己?

与人为善,其实就是与己为善,真正有涵养的女人,在别人适逢痛苦或者遭遇不幸时,绝不会冷眼旁观,而是尽自己的力量尽可能给予同情和帮助。即使是再普通的关系也应该表现出一种友好和关爱,或许这种友好和关爱便可以成为你们友谊的起点,让你的生活之路又多了一条。

幸福处方:善良是幸福的源泉

善良,是一种博大而深邃的情怀,是人类的最高美德。它是一种气度,是一种对人对物的接纳和包容;它是一种品质,是精神的成熟,灵魂的丰盈；它是对别人的宽容，对自己的善待；它是一种从容，一种自信，一种超然，一种洒脱，一种积淀。

1. 留意对方的感受

与人相处时，不要总是以自我为中心。尤其是当你准备探访、帮助一个遭遇不幸的人时，你的目的是善意地帮助他、支持他。而这类人通常是非常敏感的，所以你要特别留意他的感受，而不要只照顾自己的心情。

2. 说话要真诚

由于所用语言或者说话态度与表情不同，往往会带来不同的效果。语言可以表现出一个人的人格。即使是一个语言笨拙的人，只要她是真诚关心别人的，其真诚自然就会在话语间流露出来。相反，如果根本没有丝毫善良的心意，即使使用再多华丽的语言，也会让别人看穿。

3. 主动提供具体的帮助

一个伤恸的人，往往会对日常生活中的琐碎小事不胜负荷。此时你可以尽你自己的能力去帮助他，如向他表示你非常乐意接他在幼儿园上学的可爱的女儿，也十分高兴能够帮助他做一些简单的工作。

心理专家话幸福

张爱玲曾经说过："因为慈悲，所以懂得。"讲的就是善良。善良是爱心的内核，它不是一种简单的情感，而是一种习以为常的美好的心境，一种良好的为人处世的态度。而善良是一个人获得幸福生活的秘方之一，因为善良，一个人的存在无论对自己，对他人，对社会都是一笔无形的财富。而善良的女人，往往是最富有，最真诚，最快乐，最幸福的。

四、懂得宽恕，其实就是善待自己

> 幸福常常是这样得来的：宽恕，永远宽恕所有的人，即使有人把你劈成两半，也要宽恕他。
> ——【西班牙】鲁维奥
>
> 宽恕和受宽恕是难以言喻的快乐，是连神明都会为之羡慕的极大乐事。
> ——【美】哈伯德

有这么一幅漫画，一个人手举一张白纸，用一支笔在中间画了一个黑点，然后问另外一个人："你看到了什么？"那个人不屑地说道："不就是一个黑点吗？大惊小怪的！"然后拿白纸的人又问道："为什么这么大一片白纸你看不到，而偏偏只看到这么一个黑点呢？"

其实，在这个五光十色、光怪陆离的世界上，我们往往只会看到别人的缺点，而对别人的优点却视而不见。原因有很多，可能是自私，也可能是嫉妒。然而宽容是治疗自私、嫉妒、心胸狭窄的最好的方法。

宽容是一种修养，宽容是一种境界，宽容是一种美德，是一种仁爱的光芒、无上的福分，是对别人的释怀，也是对自己的善待；是一种生存的智慧，生活的艺术，是看透了社会人生以后所获得的从容、自信和超然。

宽容的女人是美丽的。因为懂得宽容，才能得到别人的尊重。我们知道，女人不是因为漂亮而耀眼，而是因为美丽而动人。漂亮是与生俱来的，天生的，但美丽就不同了，她是靠后天的修养所得的一种独特的气质和涵养，这宽容就是一种高素质的修养。

第五章 做善良女人——送人玫瑰，手有余香

有两个小女孩儿，从小学到高中不仅在一个学校里，而且在同一个班里。两人情同手足，终日相处形影不离。她们两个都是独生女，而且聪明可爱，深得家人的娇宠。

一个星期天的清晨，她俩相约到距离家中不远的海滨玩耍。夏日的海滨，细细的白沙柔软而蓬松，蓝蓝的海水不断地轻轻亲吻着她们的脚背，吸引她们恨不得一下子投向大海的怀抱中。这对聪慧浪漫的女孩儿不由地向大海的深处游去。突然，风云骤变，暴风雨如同瀑布似的倾泻下来，狂怒的海水发出呼呼巨响。

身轻力薄的两个女孩子在滔天的白浪中与危险苦苦地搏斗着，她们刚刚游到一起，就被一个巨浪分开了。风越来越大，浪越来越高，一个女孩子高叫着同伴的名字，却怎么不见回音？她心急如焚，拼命向同伴那里游去。人不见了！她不顾一切地喊叫着，寻找着，直到凶猛的巨浪把她打昏。

当醒来时，她得到的第一个消息就是好友不幸溺水身亡，而她被人救起。后来，她伤愈出院了，但心中的内疚却与日俱增。因为是她主动找好友去玩耍的，是她没把好友抢救出来，想到这里，她就一直不能宽恕自己。失魂落魄的她终日在海边徘徊，向着一望无垠的大海轻轻呼唤着好友的名字，但是只有那阵阵涛声作答。

事后，她也来到好友家里，请求伯母的宽恕。那失去独生女儿的母亲悲痛欲绝，终日以泪洗面，看都不想看她一眼。她每次都怀着一颗负疚的心情悻悻而去。

这种痛苦的心绪一直伴随着她离开校门，走上社会。为亡友而产生的伤感也注满了她的新房，甚至在蜜月中也不时地影响到新婚的热烈气氛，这使帅气的丈夫惊诧不解、思绪万千。他看到妻子总爱在海边定睛伫立、魂不守舍，便生气地说："你总来海边，那你就去跟大海一块过日子吧！"一气之下，便离家而去。丈夫的离去，使她陷进了更大的苦恼之中，她实在不能原谅自己，在好友身亡之后又伤害了另外一个无辜的人。

一天，有人轻轻地敲她的房门。来了两个人，一位站在门外，另一位妇人进来，轻吻了她的额头，亲切地说："孩子，还认得我吗？"她抬头一看，来的正是她亡友的母亲。"伯母，想不到是您来了！"她惊喜地扑上

去。妇人亲切地抚摸着她的头发说:"我的孩子,过去的事情就让它过去吧!我曾经对你不够冷静,不够宽容,请你多多原谅!"说着,两行晶莹的泪水无声地流淌在她那苍白的面颊上。"伯母!我的好妈妈!"她再也忍不住了,痛悔和欢喜的泪水尽情地涌出。 然而,这已不再是难过的泪水,而是互相谅解,互相宽容的热泪。那位苍老的妈妈冷静了一下,说:"我今天来,是想对你说,我从你身上看到我的孩子还活着。你为她倾注了自己的哀思,我从你的情感中感受到人生的欢乐。让我们互相谅解,互相宽容吧,让我们如同一家人那样互相体恤。我从你丈夫那里了解了你的感情,我觉得你是可敬的。但是,他与你之间还缺乏谅解和宽容的精神。现在,我把他找来了,愿你们永远相互体谅,相互包容,白头偕老!"

姑娘再次喜极而泣。从此,她心头的忧虑消除了,夫妻俩和好如初,相亲相爱,他们还把亡友的母亲接来同住。而女孩儿也开始懂得宽容,对自己宽容,对他人宽容。同时她还知道宽容就是放松自己、善待自己,也唯有宽容,才能把握身边拥有的幸福。

故事中的母亲用数年岁月方才领悟了宽容的珍贵,当她拥有宽容之时,收获的是一份儿女之爱,是两个家庭的幸福;而之前他们所有的人都生活在痛苦中,两个家庭也几近崩溃。

故事中的女孩儿因为不懂得宽容自己,也是数年生活在痛苦之中,这种痛苦甚至波及他人。人非圣贤,孰能无过,人的一生中常常会有一些大大小小的失误。完全没有必要一味地自责,我们每个人都是在不断地犯错,和不断纠错中成长起来的。因此,面对别人的失误,我们应该大度一些、豁达一些、宽容一些,给他人一个改过的机会,也给自己一个轻松的机会;面对自己的失误,应该积极地补救而不是消极地自责,学会宽容自己,也就是给自己一个快乐的理由,一个幸福的入口。

幸福处方:宽恕中释放幸福

伟大的法国作家雨果曾经说过:"宽容就像清凉的甘露,浇灌了干涸的心灵;宽容就像温暖的壁炉,温暖了冰冷麻木的心;宽容就像不熄的火把，点燃了冰山下将要熄灭的火种；宽容就像一支魔笛，把沉睡在黑暗中的人叫醒。"宽恕，是人类的一种美德。宽恕的本身就是为了减轻他人和自己的痛苦。当我们懂得宽恕的时候，往往会得到真正的快乐。

1. 对自己宽容

只有懂得宽恕自己的人，才懂得宽恕别人。人的烦恼在很大程度上都来源于自己，即所谓画地为牢、作茧自缚。宽容地对待自己，就是心平气和地工作、生活。而唯有懂得宽恕自己，才能够容人之短，又能容人之长。

2. 理解别人

如果能够理解别人，就不会感到失望。所以，应该时不时地对自己的要求进行一下判断。因为这种要求不一定是合理的。

3. 做乐观之人

一个悲观的人很容易想到事物不好的一面，而且心情比较压抑和郁闷，所以总会对别人对自己不满或者生气，只有风平浪静的时候才比较开心。而乐观的人，往往能够看到事情的另一面，不管在什么时候都能够给自己希望，给自己信心。

心理专家话幸福

当你懂得宽恕的时候，最先释放的是你自己；你不懂得宽恕，首先被囚禁的也是你自己。就如同当你祝福别人的时候，也许那个祝福还在路上，而发出祝福的人首先是心灵受益。宽容是打造幸福的基本元素，也是快乐的出发点。

五、不要吝啬你的赞美

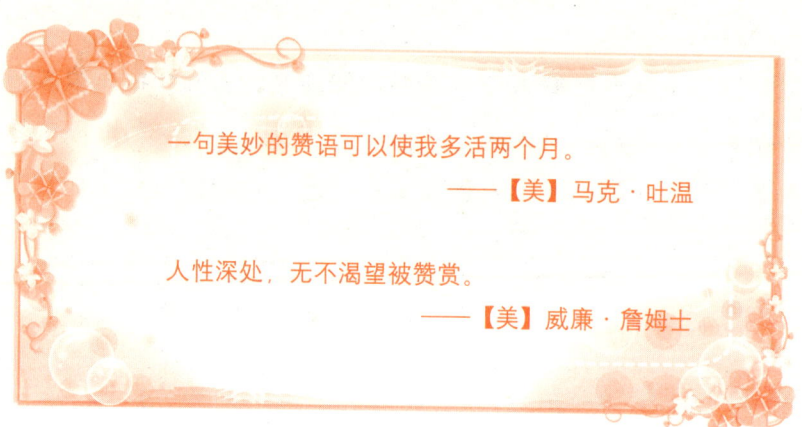

一句美妙的赞语可以使我多活两个月。

——【美】马克·吐温

人性深处，无不渴望被赞赏。

——【美】威廉·詹姆士

俗话说得好："良言一句三冬暖，恶语伤人六月寒。"赞美可以促人奋发向上，使人积极进取，一些适度的赞美，可使对方产生亲和心理，消除彼此间的戒备和冷漠，为生活创下良好的氛围。爱听赞美是人的共性，况且生活中每个人都有自己的长处，即使是最普通的人也绝不是"一无是处"，所以，聪明的女人总会在适当的时候给别人一些真诚的赞美，同时自己也会收获一份阳光的心情。

有个理发师带了个徒弟，徒弟学艺几个月后正式上岗了。

他给第一位顾客理完发，顾客照照镜子说："头发留得太长。"徒弟不语。师傅在一旁笑着解释说："头发长，使您显得含蓄，这叫深藏不露，很符合您的身份。"顾客听罢，高兴而去。

徒弟给第二位顾客理完发，顾客照照镜子说："头发剪得太短。"徒弟无言。师傅又笑着解释："头发短，使您显得利索、朴实、厚道，让人感到亲切。"顾客听了，满意而去。

徒弟给第三位顾客理完发，顾客笑着说："花得时间挺长的。"徒弟不知该怎么接话。师傅笑道:"为'首脑'多花点儿时间很有必要,您没听说'进门苍头秀士,出门白面书生'?"顾客听罢,大笑而去。

徒弟给第四位顾客理完发,顾客笑着说:"动作挺利索,15分钟就解决问题。"徒弟沉默不语。师傅笑着说:"如今,时间就是金钱,顶上功夫速战速决,为您赢得了宝贵的时间和金钱,您何乐而不为?"顾客听了,满意告辞。

晚上,徒弟问师傅:"师傅,您为什么处处替我说话?反过来,我没有一次做对了。"师傅笑道:"每一件事都包含了两重性,有对有错,有利有弊。我之所以在顾客面前鼓励你,作用有二:对你而言,既是鼓励又是鞭策,因为万事开头难,我希望你以后把活做得更加漂亮;对顾客来说,是讨人家喜欢,因为谁都喜欢听赞美的话。"

徒弟很受感动,从此越发刻苦学艺。一年又一年过去了,徒弟成为一个很有名气的理发师,但是他永远不能忘记的是上班第一天师傅赞美的话。

人,常常会在赞美中扬起生活的风帆,同时在赞美中享受成功的喜悦,又在赞美中创造生活的奇迹,这就是赞美的力量。

因此,聪明的女人应该抓住身边的每一个机会来赞美别人,例如当同事取得了好的成绩,就应该不失时机地表示祝贺,说:"你真棒!再接再厉哦!"面对丈夫做好的满桌佳肴,也不妨及时地说上一句:"真香啊,比饭馆里的强多了。"

甚至对于一同坐车的陌生人在适当的时候给一些赞美,例如:"您的衣服真漂亮,在哪里买的?""您皮肤真好,怎么保养的啊?"

幸福处方:赞美,让他人欢悦,给自己幸福

赞美别人,就如同是拿一支火把照亮别人的生活,同时也照亮自己的心田。而真诚的赞美往往能够促使人际关系更加和谐地发展,还有助于消除人际间的龃龉和怨恨。赞美是一件好事，但绝不是一件易事。赞美别人时如不审时度势，没有一定的赞美技巧，即使你是真诚的，也会变好事为坏事。所以，我们很有必要在开口赞美之前掌握以下技巧：

1. 雪中送炭

俗话说："患难见真情。"生活中，最需要赞美的不是那些功成名就的人，而是那些因被埋没而产生自卑感或身处逆境的人。此时他们正处于人生低谷，如果你能恰当地给予他赞美，也就等于给他奋发向上的力量。因此，最有实效的赞美不是"锦上添花"，而是"雪中送炭"。

2. 情真意切

不可否认，每个人都喜欢听到赞美的话，但是并非任何赞美都能使对方高兴。只有那些最真诚的赞美，才能达到赞美的效果。否则，你若无根无据、虚情假意地赞美别人，往往会给别人带来不悦，而且会降低你在他心目中的形象。

3. 合乎时宜

赞美的最佳效果是"美酒饮到微醉后，好花看到半开时"。例如当别人计划做一件有意义的事时，开头的赞扬能激励他下决心做出成绩，中间的赞扬有益于对方再接再厉，结尾的赞扬则可以肯定成绩，指出进一步的努力方向，从而达到"赞扬一个，激励一批"的效果。

4. 把握新意

赞美别人，最好能够掌握一定的新意。首先语言要有新意，因为赞美是所有声音中最美妙的一种，而新颖的语言具有很强的魅力和吸引力；其次赞美的角度要有新意，要用心发现一般人没有发现的"闪光点"和"兴趣点"，这样赞美会起到事半功倍的效果；最后，表达方式要有新意，赞美不一定要当面表达，也可以选择一种不露痕迹的表达方式，这样会显得含蓄，恰如春雨润物细无声，但是在被赞美者的心田里，已经因这种赞美而满足。

心理专家话幸福

赞美可以给平凡的工作带来温暖和快乐，可以给人们的心田带来雨露甘霖，赋予人们一种积极向上的力量。从这个意义上说，赞美不仅能增强人们的自信心，还能促进人际关系的和谐。而聪明的女人是深谙这个道理的。她们总会不失时机地将自己对他人的赞美表达出来，给别人带去愉悦，也给自己带来快乐。

六、保持一颗仁爱之心

> 你能真心诚意地帮助别人，别人也会来帮助你，这是我们人生中最好的一种报酬。
> ——【美】爱默生
>
> 爱和善其实就是真实和幸福，而且是世界上真实存在和唯一可能的幸福。
> ——【俄】列夫·托尔斯泰

源远流长的中国古代文化里，女性一直都是"仁爱"的代表，炼石补天，捏泥造人，将大爱留给人间的女娲娘娘是女性；东南沿海一带供奉的妈祖是女性；救苦救难的观音菩萨更是由堂堂男儿化作了女儿身，来解救苦难苍生……仁爱是不经意间流露出的人格，它和幸福是孪生姐妹。而懂得仁爱的女人，会让寒冷的风雪变得温存，会让阻路的荆棘低头让步，甚至死神也会在爱的面前生出怜悯之心……

有一个30岁出头的女人，丈夫因为车祸去世，她一个人带着儿子艰难地生活着。不幸的是，她所在的单位因为经营不善，宣告破产，一时间她变成了失业人员。

在去单位领最后一个月工资回来的路上，她发现了一个襁褓中的婴儿，孩子在哇哇大哭，路上有很多行人在围观，但没有一个人去抱。善良的女人上前把婴儿抱在怀里，不停地哄着，但是没有任何效果。围观的很多人都说：这孩子有病，肯定是爸妈遗弃的，您还是别管了。女人微微地笑了一下说："好歹也是一条生命啊！怎么能不管呢？"于是她在众人的议论声中，抱着孩子去了医院。

经过医生诊断发现，孩子脑中有一小处积水，治疗的话最少需要5万元钱。女人摸摸手中刚发的工资，不禁苦笑，5万元，她怎么能够拿得出。抱着孩子刚刚走出医院门口，发现一位衣衫褴褛的老者独自坐在医院的门口，面前的瓷碗里放着区区几个硬币。女人心想：既然身上的钱远远不够给孩子治病，何不先救助这位老人呢？况且孩子的病可以再慢慢想办法，或者可以把孩子送到福利院。想到这里，她就把工资的一部分留给了老人。她没有全给，毕竟她还要维持自己和儿子的生计。

意外的是，第二天，家中来了两位自称是某著名公司人事部的人，邀请她去公司工作，而且公司会负责孩子治病的全部费用。她不禁一怔，不知道自己怎么会遇到这么幸运的事情。后来了解到，昨天她救助的那位老人，其实是这家著名公司的总经理，他突然心血来潮，想体验一下乞丐的生活，结果整整一天的时间，没有任何人上前帮助他，在他快要绝望的时候，善良的女人出现了。他为女人的爱心所感动，于是决定帮助女人，邀请她成为公司的一员。

现代社会，有很多人有一副美丽的外表，让人看起来赏心悦目；但她们的内心却冷漠无情，那么空有一副美丽的外表又有何用呢？很多时候，一些家财万贯的人却为富不仁，他们罄尽一生也没有赢得别人的真情；有些朋友，只能存在于酒桌上，酒足饭饱之后，当你陷入困境时，你们已是形同陌路……但是如果在人际交往的过程中，如果你能够保持一颗仁爱之心，你必将一生都受到别人的尊重。而仁爱也会让你的形象灿烂生辉，让你的生活自在从容。

幸福处方：仁爱中提取幸福

生活中，如果人人都具有一颗仁爱之心，整个社会的道德风气就会变得温馨和谐，人际关系也会非常融洽。试想一下：生活在这么一种和谐的氛围之中，难道不是一件赏心悦目的事情吗？但是，想要拥有一颗真正的仁爱之心并不是一件容易的事情，它需要在平时的生活中多注意提高道德修养，历练人格，增进学识，陶冶情操。

1. 在弱者面前伸出双手

懂得仁爱的女人，她会关心自己身边的每一个人，会在弱者面前主动伸出自己的双手，尽最大的努力帮助他们；她会关心环境问题，会担心因为一片树林一块沼泽的毁坏而无家可归的小生命；她会为遭遇自然灾害和战争的人们祈求平安……虽然她没有能力去阻止自然灾害的发生，也无法拯救战争中流离失所的人们，但她能够尽自己最大的努力，用爱温暖着她周围需要关心的每一个人，让阳光洒满每一个需要阳光的角落。

2. 淡漠的日子里保持热情

斯普兰尼女士曾经说过："女性的内在价值是通过多个方面体现出来的。事业仅是价值的一部分，更多的是那种关心弱者的爱心。"现今社会，太多的物质欲望使人情变得越来越淡漠。但是懂得仁爱的女人往往能够在人情淡漠的日子里保持一份仁爱，她们总是用一种虚怀若谷的心态谦卑地对待身边的每一个人，在她们身上，我们看到的是充满爱心的举动。

3. 随时献出爱心

很多人总是想等自己赚足了钱，有能力帮助别人的时候再献出爱心。其实帮助别人不一定就是给予他们物质上的帮助，你的双手、双眼、爱心、思想等都能够提供给人一定意义上的精神支持，这种支持要远远比物质深刻得多。

心理专家话幸福

生活中，你是不是觉得自己缺少幸福的感觉。如果现在你还没有感受到，那么，请去拥抱你的家人、朋友吧，哪怕是流落街头、无依无靠的孩子，给他们一个会心的微笑、一声问候。爱没有你想象的那么复杂，幸福也没有你想象的那么难求，有时候仅是一个简单的动作，实质上就是爱的开始，就是幸福的开始。

七、真诚赢得信任

> 在各种孤独中间，人最怕精神上的孤独。
> ——【法】巴尔扎克
> 对人的信任，对人的热情，形象点儿说，是爱抚、温存的翅膀赖以飞翔的空气。
> ——【英】培根

真诚是爱的一种表现形式，是一种生命的感觉，也是一种高尚的情感，更是连接人与人之间的纽带。因为真诚，夫妻才会和谐相处，白头偕老；因为真诚，朋友才能坦诚相待，推心置腹；因为真诚，陌生人之间也能够传递爱的温度；因为真诚，人生会因此而开阔，生命会因此充满幸福的味道！生活中，女人对人对事都更应该保持一颗真诚之心，唯有如此，才能让你在婚姻生活、人际交往中减少猜疑和嫉妒，增添支持和信任。

快过年了，李女士和家人利用周六在家进行大扫除，干了整整一天，家里已基本干净，唯有一台抽油烟机花着"脸"，油腻腻的。李女士正为抽油烟机犯愁时，听到窗外有人操着地道的河南话吆喝："洗抽油烟机！洗抽油烟机！"一声紧似一声的，好像就在喊她，李女士赶紧探出头去叫："洗抽油烟机的，到我家来吧，我们家的油烟机需要清洗一下！"

来的是一男一女，40岁上下，男的穿橘红色棉衣，钻井工的旧工作服，很旧，洗得却很干净，破的地方被仔细地补过，一看就是有女人疼的男人，他没有带帽子，脸被零下30摄氏度的天气冻成了紫红色。女的穿淡蓝色旧羽绒服、黑裤子，干净利落，一条红围巾紧紧地包着头和脸，只留出一双眼睛,怯怯地站在门口,一直不开口说话。

看了看抽油烟机,男人说:"我们带回去洗吧,明天12点之前送回来。"她看这对男女长得周周正正,目光坦坦荡荡,没有丝毫邪念和不轨的样子,就什么也没问,让他们将抽油烟机带回去洗。

两人走后,丈夫问:"你留下他们的地址、电话了吗?你让他们写收条了吗?"她说:"没有,不过他们说了明天一定会送过来。"丈夫笑笑说:"傻瓜,你肯定被骗了,抽油烟机再也回不来了,不信走着瞧。"

李女士什么也没有说,但心里却泛起了一丝担忧。她淡淡地说:"这台抽油烟机咱们用了好几年了,送不回来再买新的,反正也值不了多少钱。"但内心她希望自己没看走眼,她不相信有如此坦诚目光的人会骗一台旧抽油烟机,她相信人与人之间是充满真诚和信任的。

那一夜她睡得很不安,那两双坦诚的眼睛总在梦里晃呀晃的。她不是一个为物所困的人,多次用自己的积蓄帮助朋友,这次却为一只旧抽油烟机耿耿于怀,为什么?她不知道。

第二天,天气依然很冷,但阳光很灿烂,因为那件事情的困扰,她什么也干不下去,只是坐在沙发上,看一些无聊的电视剧。她希望12点前门铃会响,那对陌生男女会准时出现。

马上到12点了,门铃没有响;12点时,门铃还是没响;1点了,门铃依然沉默。

时针已经指向3点,她决定忘记那台旧抽油烟机,忘记那双坦诚的双眼。正在这时,门铃响了,门外站着女人,吃力地抱着抽油烟机,羽绒服上有明显的污迹,头发有些乱,气喘吁吁的。

"对不起,对不起,本来应该在12点前送来,路滑,一辆中巴车拐弯,把我们骑的自行车撞了,他受伤了,在医院,我是跑着来的,忘记你家的门牌了,找了好久,给你洗干净了,30元。"女人并不进屋,只是将抽油烟机放进门内,上气不接下气地说着,接过她的30元钱转身就跑。

抽油烟机被擦洗得光亮如新,李女士感觉有股暖流流入心扉。于是她装了满满一大包礼物,拉着丈夫一起去医院,她不知道他们的名字,但她知道,她一定能在医院找到他们,那一对有着坦诚双眼的夫妻。

这就是真诚的力量,它能够给人带来信任,这份信任是发自心底的,是不由自主的。即便是在现在这个人人都有着很高警惕性的社会,一双真诚的眼睛也能够打开人的心扉。而真诚，来自灵魂深处，胜过金钱和武力，洗涤人的灵魂，给人以信心和力量。

幸福处方：被人信任是一种幸福

生活在这个世界上，每一个人都希望得到别人的信任，尤其是女人，她们总希望这个世界是单纯的，每一个角落都充满真诚。因为如果缺少真诚，生活便会多一分孤独，少一道彩虹；如果缺少真诚，人与人之间便会多一层芥蒂，少一分信任；如果缺少真诚，生活便会多一些痛苦，少一些幸福。

1. 永远都要保持真诚

任何时候都应该保持一颗真诚的心。不管遭遇到什么样的事情，恶意中伤也好，流言蜚语也罢，只要保持一颗真诚的心，一切都会好起来的。

2. 履行自己的诺言

日常生活中，在与人进行交往的过程中，有很多人总戴着一副虚伪的面具，说着一些客套的话，许诺着一些空头支票。可是假如你能将这些空头支票实现，就会给别人留下很好的印象，他们会认为你这个人有着很高的道德操守，如此一来便会赢得信任。

心理专家话幸福

人被信任是一种幸福，同样，被别人信任更是对自己人格的一种赞誉与肯定。朋友之间可以因为互相信任吐露心声，同事之间可以因为互相信任共同举杯，爱人之间可以因为互相信任减少好多争吵和矛盾。这样的生活，这样的人生，岂一个"幸福"了得。

八、尊重身边的每一个人

> 对人不尊重的人，首先就是对自己不尊重。
> ——【俄】陀思妥耶夫斯基
> 要尊重每一个人，不论他是何等的卑微与可笑。
> 要记住活在每个人身上的是和你我相同的性灵。
> ——【德】叔本华

幸福的首要条件是什么？其实很简单，就是尊重。聪明的女人总是懂得尊重自己身边的每一个人。在家里，她懂得如何尊重自己的男人，如何用尊重来让家充满温馨；她知道什么时候应该给男人留够充足的面子，也知道什么时候应该保留孩子说话的权利。在单位，她知道如何尊重领导和同事，知道什么时候该说什么样的话，什么时候该做什么样的事。在生活中，她们甚至懂得尊重生命中每一个陌生的生命。

或许大家都非常熟悉《女王敲门》的故事：阿尔贝托和妻子维多利亚女王感情和谐，但也曾有不愉快的时候。有一天晚上，王宫举行大宴，女王忙于接见王公贵族，却冷落了丈夫。阿尔贝托很生气，就悄悄回卧室去了。不久有人敲门，阿尔贝托很冷静地问："谁？"

"我是女王！"外面答道，语气有点儿生硬。

门没有开，房间里没有一点儿动静。女王悻悻地离开了，但她走了一半，又返回，再去敲门。

里面又问："谁？"女王和气地说："维多利亚。"可是门依然紧闭。维多利亚气极了，想不到以女王之尊竟然敲不开一扇房门。她带着愤愤的心情走开了，可走了一半，再次折返。于是又重新敲门。

阿尔贝托依然冷静地问："谁？"女王委婉温和地说："你可爱的妻子。"这一次，门开了。

女王也有吃闭门羹的时候，原因就在于屋里的人要的是平等和尊重。女王第一次敲门时是以尊贵者的姿态出现，居高临下，当然只能收获静默。女王第二次敲门，虽然语气有所缓和，但仍然是高高在上，所以阿尔贝托的心门依然紧闭。第三次女王终于找到了开启心门的钥匙——平等尊重。可见决定人与人之间和睦相处的不是身份的高贵，而是人格的平等。而人格的平等和尊重，丈夫也一样需要。所以说，如果你要获得爱，那就先要学会尊重，满怀爱心地去尊重你身边的每一个人，他们也就会向你敞开爱的大门。

幸福处方：人生最大的幸福就是受人尊重

笛卡儿曾经说过："尊重别人，才能让人尊敬。" 陀思妥耶夫斯基也说过："对人不尊重的人，首先就是对自己不尊重。"在生活中，我们要学会尊重，对于女人来说也是一样。尊重自己的爱人，你将会拥有一个温馨的家庭，一份不变的爱情；尊重自己的工作，你将会拥有事业上的成功；而尊重身边每一个熟悉的或者陌生的人，你也将会赢得别人的尊重。

1. 学会欣赏

欣赏是一种积极乐观的人生态度，是建立在善于发现和摒弃嫉妒、悲观厌世的不良心理的基础之上的优秀品质。我们要学会欣赏他人的貌美、体健、声清、骨秀、学厚、文博……欣赏少年人之天真烂漫，青年人之青春与活力，中年人之年富力强，老年人之经验丰富。总之，只要我们愿意欣赏，就总能找到欣赏的理由。而学会了欣赏，我们就学会了尊重。

2. 文明用语

人类的情感很大程度上是用语言传达的。因此，我们要学会使用文明用语。如 "您好"、"对不起"、"没关系"、"谢谢"等，这是对别人的一种尊重。一句"您好"表示了真诚的问候；一声"对不起"是对自己无意过失的挽回或对自己过错的真诚道歉，这不仅反映了你对别人的尊重，而且也表明了自己的坦诚；一声"没关系"是对别人过失的原谅与宽容，也表现了自己豁达的胸怀。

3. "三人行，必有我师"

在我们生活的周围，不乏学习的楷模。他人渊博的知识，敏捷的思维，善辩的口才，杰出的才华，精湛的艺术，完美的人格，丰富的爱心，奉献的精神等都是值得我们仰慕与学习的。我们要时时处处保持谦虚的态度，确立"三人行，必有我师"的处世哲学，虚心地向他人学习，取长补短，进而丰富和发展自己，使自己的人生充满艺术，也就会在自觉不自觉中开始懂得尊重。

心理专家话幸福

尊重身边的每一个人，是一个人素质的表现，也是做人最起码的美德。尤其是作为女性，懂得尊重才能显示出你的深刻而非浅薄，才能让人感觉出你的庄重而非轻浮。将心比心，凡事在为自己想的同时，也要替别人想，只有你懂得尊重别人，才能够得到别人的尊重。

第六章

做豁达女人
——放弃也是一种获得

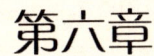

豁达是一种态度,一种精神,一种品格,一种境界,它可以让你抛弃许多烦恼,可以给你带来许多意想不到的精神愉悦……豁达的女人,拥有的东西不一定很多,而且深晓放弃也是一种获得,她知道只有坦然面对人生的得与失,才能捕捉生命中最美妙的快乐。也正是因为豁达,她在瞬间变得光彩耀人,或是淡雅高贵,而且,不管在任何场合,她都会成为最耀眼的焦点。

一、学会给予，享受幸福

> 我们能尽情享受的快乐是给予的快乐。
>
> ——【美】彼布纳克
>
> 我们在分给他人幸福的同时，也能正比例地增加自己的幸福。
>
> ——【英】边　沁

我们常常会说："送人玫瑰，手留余香。"可是很多时候，我们却不舍得付出，而是把一些好的东西死死抱在手中，不愿意和别人分享，更不愿意送给他人。那么，把所有东西都独自占有就会幸福吗？未必，幸福无非有两种类型：一种是为自己"索取"，一种是为他人"给予"。总是"索取"的人，看似幸福，其实却不尽然。有的人把拥有金钱视为幸福，于是使出浑身解数，拼命"捞钱"。腰缠万贯后却仍不能感到幸福，因为他们的心灵是空虚的；有的人把拥有权力视为幸福，于是挖空心思跑官要官，穿梭于仕途，有了官位之后，还是不幸福，毕竟权力总是有限的。况且还有很多时候是求之而不得的，这就更加增加了痛苦。相比而言，"给予"要比"索取"容易得多。无论你在什么时候，什么地点，只要自己愿意，真心留给别人一些美好的东西，你会因为自己的付出而感到满足，获得心灵的愉悦。

雨果说过："世界上最宽阔的东西是海洋，比海洋更宽阔的是天空，比天空更宽阔的是人的心灵"。"给予"者的心灵是博大的，无私的，诚挚的，他的幸福也会是无穷无尽的。"给予"是一种幸福。而一味"索取"的人，其内心是狭隘的、自私的、冷漠的，他们是无法体验到那种与人分享的快乐的。

给予是一种无私的付出，是冬日里一缕温暖的阳光，它让接受给予的人充满幸福，它更让给予者在给别人快乐的同时，也陶冶了自己的情操，滋润了自己的心灵。

从前有一个非常吝啬的人，虽然他拥有很多财富，却过得并不快乐。他从来都不肯送人东西，他认为把自己的东西给别人是莫大的损失。

佛陀知道了这件事后，就想去教化他。佛陀告诉他布施可以让自己内心获得快乐，一个人这辈子过得富有，生活得顺利，获得所有一切美好的事物，都跟上辈子的布施有关。

这个吝啬的人听了佛陀的教导之后很感动，可是他仍然布施不出去，他为此深感烦恼，便跑去找佛陀，对佛陀说："佛陀呀！我很想布施，但是做不到。"佛陀从地上抓了一把草，把草放在他的右手，然后要他张开左手，佛陀说："你把右手想成是自己，把左手想成是别人，然后把这把草交给别人。"这个吝啬的人急得满头大汗，却舍不得给出去，最后，他突然开悟："原来左手也是我自己的手。"就赶紧把草给出去，自己也为此深感欣慰。就这样一次又一次地练习，他在送出去的时候不再感到心疼和犹豫了。最后，佛陀对他说："你现在把这把草给别人吧。"他便毫不吝啬地把这把草给了别人。

经过不断的练习，这个有钱人心甘情愿地把财物布施给别人，在布施的过程中，他获得了前所未有的幸福。

阳光把万丈光芒和无限温暖给予大地，大地的生机勃勃对太阳来说何尝不是一种幸福；父母把无私的爱给了孩子，孩子灿烂的笑容，对父母来说又何尝不是一种幸福；我们把爱心分享给其他人，看到他们的快乐，我们也会感受到无限的幸福。

学会给予，才能让我们的人生更加美好。正因为有父母给予我们关心和爱护，正因为有老师给予我们知识和技能，正因为有朋友给予我们帮助和支持，我们才有了丰富多彩的日子，才有了灿烂如花的笑脸，才有了深邃的思想和独立的人格。在我们接受给予的同时，我们不应该学着去给予别人吗？

幸福处方：幸福是懂得给予

其实我们就生活在给予与接受之间，只有学会给予，才能品尝到付出的幸福。给予会让我们感受到自己人生的价值和意义，给予会让我们明白自己最大的财富就在于自己还能给别人帮助。学会给予，给予别人温暖，给予别人幸福，也让自己在给予时懂得幸福的真谛，把自己变成一个幸福的人！

1. 改变吝啬的习惯

吝啬是一种有能力资助他人却不肯伸出援助之手的心理。吝啬不仅会破坏人与人之间的关系，也会让个人的心灵变得冷漠和自私。因此我们一定要改掉吝啬的习惯，为自己的内心建设一座座人人都可以欣赏的美丽花园。只有慷慨地对待你周围的人，你才能得到更多。

2. 不做"守财奴"

生活中吝啬的人被称为"铁公鸡"，他们过分看重自己的财物，甚至可以为了蝇头小利而六亲不认。然而当他们抱着自己辛苦守下来的"财富"的时候，才发现原来自己很贫穷，因为自己失去了精神上的富足。吝啬会让人失去很多更有价值的东西，包括工作、事业，甚至家庭等。

3. 学会与人分享

人们在很多时候都不喜欢与人分享，然而自己独自承担却又了无兴趣。不妨把自己的快乐告诉大家，促进彼此的了解，多去帮助别人，即使只是尽了一点点儿力，也会受到别人的感激，会让自己的内心感到温暖和知足。

第六章 做豁达女人——放弃也是一种获得

心理专家话幸福

人性中最美丽的一面来自于互相关爱。记得善待你周围的人，不要吝啬对别人的一点点儿关心。也许你不经意间已经撒下了美丽的种子，在未来的某一天会给你的生活带来灿烂无比的笑容。奉献爱心，去爱每一个人，是每个人都很容易做到的事。一句话、一个微笑、一束花就够了，我们并不损失什么，却可能因此帮助被人走出困境，同时也美丽了自己的一生。

二、只有无争，才能无忧

> 所谓幸福，是在于认清一个人的限度而安于这个限度。
> ——【法】罗曼·罗兰
> 世上许多人，他们在无尽的财富中沉浮，只有甘于平静生活知道生存即幸福的人，才能真正进入天堂。
> ——【英】肖伯纳

"争"本是一个中性词语，现实生活中，如果为了正义的事情去争，是值得称道和赞扬的；但如果因为一己之私与人"争执"、"争夺"则往往为人不耻。但遗憾的是，提起"争"，很多人都比较热衷的往往是后一种，一部分女人也不乏如此。她们在工作中拼命努力去"争"得老板的器重和厚爱；在生活中也为名争，为利争……结果争来争去，除了徒添一些烦恼，其他似乎什么也没有得到。

事实上，只有不争才能无争。与人无争，才能亲近于人；与物无争，就能育抚万物；与名无争，名就自动到来；与利无争，利就聚集而来。祸患的到来，全是争的结果。而无争，也就无灾祸。唯有虚可以承受百实，唯有坦荡可以化解百怨。所以人贵在修养自己，以坦荡交游涉世。正所谓"君子坦荡荡，小人长戚戚"是也。

宋代的向敏中，是德高望重之人。宋太宗之时，他贵为名臣，真宗时晋升为右仆射，担当重任长达三十年，三十年当中，无人不顺从他。

《宋史》有这样的记载：向敏中，真宗年初（1017年），任吏部尚书，为应天院奉安太祖圣容礼仪使，又晋升为右仆射，兼任门下侍郎。

有一次，向敏中与翰林学士李宗谔相对入朝。真宗说道："自我即位以来，还从来没有任命过仆射。我现在任命向敏中为右仆射。"这在当时是非常高的职位，于是很多人都争相向他表示祝贺。徐贺向他道贺说："得知您今天晋升为右仆射，士大夫们都欢慰庆贺。"向敏中仅唯唯诺诺地应付着。又有人说："从皇上即位以来，还从没有封过这么高的官。如果不是因为您勋德隆重，功劳特殊，皇上怎么能让您担当如此重任呢？"向敏中还是唯唯诺诺地应付着。又有人历数前代身为仆射的人，都是德高望重，功勋卓著之人。向敏中依旧唯唯诺诺，没有说一句话。

第二天朝堂之上，真宗说道："向敏中是耐力非常大的官员。"的确如此，对待如此重任，向敏中无所动心，输赢得失都虚心接受，可以说是做到了老子所说的"宠辱不惊"的地步。朝中有人连续三次都向他致意恭贺，而他三次都勉强应付，不发一言，足见其自持的重量、超人的镇静。

诚如《易经》所言："正固足以干事。"在他任官的三十年中，他理政应事，待人接物，往往能够顺从天理、人情、国法，时时处处都安排得恰到好处，进退荣辱都能平静地接受。因此，人们对其极为尊重，在他任职期间没有丝毫怨言。

老子说过:"只有无争,才能无忧。"唯有利人者才会得人,利物者才会得物,利天下才能得到天下。现实生活中,从来没有听说过独特私利的人,能够取得大利。而善利万民的人,如同空气、阳光滋润万物而与万物无争,不求所得。所以,不争之争,才是上策。庸人不知,所以乐与相安;明白人知道,却也不怎么样。所以老子说:"只有不争,所以天下无有能与他相争的了。"

"处处绿杨堪系马,家家有路到长安",凡事斤斤计较、患得患失,只会让自己活得更累。同时,当你同别人争名夺利的时候,往往也会在生命中树敌颇多,给幸福埋下隐患。

幸福处方:凡事无争,自能幸福

有一渔夫和富翁的故事,大家耳熟能详:有一天,一个富翁在海边见到一个老渔夫在钓鱼,就对他说:"你真是浪费了这大好的光阴。为什么你不去努力挣钱,而在这钓鱼呢?"渔夫问他说:"挣到钱后干什么呢?"富翁说道:"等到老的时候你就可以舒舒服服地坐在海边钓鱼啊!"渔夫就回答说:"这不就是我现在正在做的事吗?"富翁和渔夫,看似走着两条截然不同的人生道路,但是,到老却是真正的殊途同归。可是,对于渔夫来说,他选择的是何其简单的一条路啊!其实,人生路上的诱惑很多,如果都想据为己有,都想"争"到手,反倒是自己受累。

1. 关键时刻,甘当配角

在生活中,一个处处争当主角的人,可能会给人一种朝气蓬勃、充满时代气息的感觉;但另一方面这样的人在别人看来往往不够成熟,虚荣轻浮。在社会竞争日益激烈的今天,的确需要一种"敢为天下先"的勇气和魄力,但同样需要一种"退一步海阔天空"的韧劲和智谋。所以,关键时刻,应该甘当配角。

2. 保持一种谦虚的态度

与人相处时，应该保持一种谦虚、合作的态度。例如刚到一个新的工作单位，一上来就猛打猛冲、凡事抢着干，同事就会对你抱有戒心，会担心你对他们的工作造成威胁。相反，如果抱有一种谦虚、合作的态度，则往往会从他们的身上学到很多东西，对将来的工作和生活带来意想不到的好处。"木秀于林，风必摧之"，事事争强好胜并不是强者本色，藏锋露拙、韬光养晦才能在社会中为自己找到一个适当的藏身点。

3. 不做过头之事

宋文潞公，一生虚怀若谷。在他辞官回归洛阳的时候，已经是80岁的高龄了。但是他鹤发红颜，一点儿也不像80岁之人，神宗问他是不是有什么养生之道。他淡淡地回答说："我没有任何养生之道，如果硬说有，我只不过是能随意自适，不以外物伤和气，不做过头的事情而已。"

心理专家话幸福

不争，自能保持心境开朗；
不争，自能减少生活烦恼；
不争，自能保持心情愉快；
不争，自能享受快乐幸福。

三、放下就是快乐

> 苦恼的最大根源是患得患失,人们常参不透,你要有所取,必须有所舍。
> ——【中】罗 兰
>
> 挣断伤害心灵的锁链,永远放弃忧郁的人有福了。
> ——【古罗马】奥维德

现实生活中,有很多人常常埋怨自己的生活中总是充满着这样那样的烦恼,常常是这儿也不如意,那儿也不开心,进而心情抑郁,感觉生活聊无生趣。其实,人们被当下太多的名缰利锁缠身,整天生活在你争我夺的境地,快乐何来之有?尤其是在当今社会,女性往往受不了各种美好事物的诱惑,内心充满了各种各样的欲望。如果欲望得不到满足,便整天心事重重,阴霾不开,也就更无从感受快乐的滋味。

有一个青年背着一个大包裹,千里迢迢跑来找无际大师。他痛苦地说:"大师,我是那样的孤独、痛苦、寂寞,长期的跋涉让我疲倦到极点。我的鞋子破了,荆棘刺破我的脚;手也受伤了,流血不止……可为什么我还是不能找到心中的太阳?不能找到快乐和幸福呢?"

大师问青年说:"你的包裹中装的是什么?"

青年答到:"是一些对我很重要的东西。它们是我每一次跌倒时的痛苦,每一次受伤后的哭泣,每一次孤寂时的烦恼……靠着它们的支撑,我才能走到您这儿来。"

无际大师听后，把青年带到一条河边，并与他一同坐船过了河。上岸后，大师对青年说："你扛上船赶路吧。"青年很惊讶地问道："船那么沉，我怎么能扛得动呢？"

大师微笑着对青年说："是的，你扛不动。你要明白，过河时，船是有用的。但过了河，我们就要放下船赶路。否则，它会变成我们的包袱。"

听罢此话，青年豁然开朗。

其实，人生的道路上，放下就是一味开心果，一粒解烦丹，一道欢喜禅。如果你的内心不被现实的种种不快所束缚，不为各种各样的欲望所拘禁，定会体味到轻松，感受到快乐。

很多人总是不开心，一直处于郁郁寡欢的状态，其实他们是把不该看重的事情看得太重，总是觉得什么都不能放下，什么也不舍得放下。对生活的期望值在一日一日中不断升高，结果最后除了烦恼什么也没有得到。其实，人生的兴奋与烦恼无非是衣食住行、功名利禄，说到底也就是一些不可遏制的欲望。如果能把这些欲望降低或者缩小，那么烦恼也就会随之缩小。

幸福处方：放下即是解脱，解脱即是幸福

人生的道路中，物质的富裕，精神的丰富等这些于我们的生命都是必不可少的，因为它们能够使我们的生命在经历中得到升华。也唯有经历过这些，我们的人生才变得更为深刻和丰富。但如果念念不忘，这些就成了人生的包袱。它会让我们前进的脚步沉沉，会让前行的道路障碍无数，甚至会让我们不视路边的风景，只见阴云不见阳光。

人生就是一段旅程，活着就是为了赶路。背着包袱是走，放下包袱也是走。所以，何不把肩上的包袱放下，让沉重的步伐变得轻松愉悦，让阴郁的心情变得明朗呢？

1. 正视物质财富

生活中，不要指望金钱能够买到快乐。事实上，人们赚取金钱的实际

数量对快乐与否并没有什么大的影响，关键是你对自己的生活是否感到满足。如果你的心不满足，即使拥有上千万，你也不会觉得自己富有；如果内心愉悦，对自己的拥有感到满足，即使粗茶淡饭，也能品味出山珍海味的味道来。

2. 降低自己的欲望

欲望如水，水能载舟，亦能覆舟。人的欲望是一把双刃剑，一旦欲望得不到控制，人往往就会被欲望牵着鼻子走。因此，生活中，我们应该懂得合理节制自己的欲望，用健康合理的生活方式来规范约束自己，以高尚的道德伦理标准来规范自己。唯有如此，我们才会懂得满足，才能感受到快乐。

3. 要经受得住外界的诱惑

现代社会，经济发展日益迅速，再加上各种新鲜事物层出不穷，外界对人类的诱惑变得越来越大。特别是现在的年轻人，他们在追求一种"高品质"的生活，并乐此不疲。但处理不好往往容易使自己走火入魔，陷入物质的圈套之中。

心理专家话幸福

人生在世，我们有太多的东西放不下。功名、金钱、爱情、事业……这些对于我们都是很重要的，但如果我们把这些看得过重，太过放不下，那它们就成为我们前进的负累和包袱，会压得我们喘不过气，直不起腰，以至于多了许多的烦忧、苦恼和不快，甚至觉得生命是如此沉重。而放下，则是一条解脱之道。

四、忘却也是一种幸福

> 没有别的痛苦比在苦难中回忆幸福的往日更痛苦。
> ——【英】霍尔特
>
> 心里存在"毒素"的人永远不会感觉生活美好，而排除"毒素"的最好方法就是学会遗忘。
> ——【瑞典】拉尔森

人的一生，经历是一笔巨大的财富，但是这笔财富需要一个积累的过程，在这个过程当中，忘记是必不可少的。很多时候，只有忘记过去经历的苦难，才能够轻松地前行；只有忘记过去经历的甜蜜和美好，才能坦然面对今天经历的不幸……如果一味地惦记着过去，等于是在重复中负重前行，日子久了，带来的只能是痛苦和烦恼。

我们知道，女性多是感性的，她们总是固执于过去生活的美好，却不肯接受现在的生活；殊不知只有忘记成功，才能从零开始，迈开今天前进的步伐；只有忘记失败，才能充满信心，勇敢地面对未来的挑战；只有忘记怨恨，才能摆脱报复的阴影，化干戈为玉帛，心平气和地善待他人；只有忘记痛苦，才能摆脱纠缠，让身心沉浸在悠闲无虑的宁静里；只有忘记遗憾，才能放下包袱，轻装上阵；只有忘记名利，才能知足常乐，活得更加潇洒。

有两位很要好的女士，她们从大学开始就是闺中密友。大学毕业之后，她们又生活在同一个城市，以后很多年的生活她们是幸福的，但是却有着相似的不幸。

说她们幸福，那是因为她们年轻时都找到了倾心相爱的伴侣，她们的爱情堪称经典，她们生活在这个世上，仿佛这个世界每一天都是爱的季节，空气中弥漫着情侣的味道。说她们不幸，是因为她们两人的丈夫都过早地离开了人世，给她们留下了太多的孤独和悲伤。

其中的一位，今年38岁。去年，她的丈夫因为患食道癌去世，从丈夫去世的那一天开始，她就生活在一种悲痛之中。一直以来，她都不愿意接受丈夫离去的事实，每次吃饭，她都会雷打不动地摆上丈夫的碗筷，会在每天晚上亮着灯等待丈夫回家，会一遍又一遍地翻看着恋爱时期丈夫写给她的情书，会不厌其烦地给别人讲着他们当年一见钟情的恋爱故事……因为爱情，他们婚后的生活是幸福的，这份幸福她精心地呵护着，生怕一不小心给失去了。如今，心爱的人离她而去，但她发誓一辈子为她守住心灵深处的那个位置，她可以为他痛苦一辈子，孤独一辈子。结果在之后不长的时间里，她竟然白发斑斑，昔日年轻的脸上平添了无数道痛苦的皱纹。

她的好朋友也与她有着相似的遭遇，在她45岁那年，丈夫因为一次车祸撒手人寰。丈夫走得太过突然，几乎让她没有时间来接受这个事实，为此她哭过，痛过，悲伤过，绝望过。但是不久，她又开始了新的生活，经人介绍她组建了新的家庭，又开始了新的人生旅程。她幸福地告诉身边的每一个人，他们一家生活得其乐融融，她的女儿又找到了久违的父爱。最初的时候朋友们觉得不可思议，甚至感觉有点儿苦涩，昔日的美好她怎么会忘得这么快啊！可是日子久了，觉得她没有错，既然丈夫已经去了，为什么不能从那些灰暗的日子里走出来，重新开始生活呢？把昔日的美好珍藏在心底，如今的家庭生活依然完完整整，快快乐乐，这难道不是最好的选择吗？

很多时候，忘却并不是一件坏事，更不是背叛，相反它可能是一种幸福。唯有在需要忘记的时候学会忘记，才有能力有勇气开始新的生活，捕获新的幸福。与其每天苦等亡夫，倒不如决绝地走出那段晦涩的日子，迎接新的生活，这对自己是一种解脱，对亡灵也是一种安慰。

幸福处方：忘却过去，幸福未来

有一位作家曾经说过："世界上最美好的事物莫过于怀念。"但是怀念是适当的怀念，凡事都有一个度，过犹不及。人真的是很奇怪的动物，生活在现在，但是总会有不断的回忆涌上心头，看到一个什么物件你都会回忆起相关的东西；甚至一个场景都会勾起你回忆的思绪；回忆也都是选择美好的东西去温习；所以你不断沉迷于回忆，不断地回忆……一直到最后，你永远也走不出你的回忆，请不要活在回忆里！更不要让过去成为一种负担。试着尝试忘却吧，可能会得到另一种幸福。

1. 要积极参与现实生活

如认真地读书、看报，了解并接受新事物，积极参与改革的实践活动，要学会从历史的高度看问题，顺应时代潮流，不能老是站在原地思考问题。

2. 在过去与现实之间寻找结合点

如果对新事物立刻接受有困难，可以在新旧事物之间找一个突破口，例如思考如何再立新功再造辉煌，不忘老朋友发展新朋友，继承传统厉行改革等。

3. 发挥怀旧心理的积极功能

正常的怀旧有一种寻找宁静、维持心灵平和、返璞归真的积极功能。这方面的功能多一些，病态的、消极的心态就会减少。因此，也不应对怀旧行为一概反对，正常的怀旧也是必需的。

4. 保持心理轻松

时常清理心中的尘土，减轻心中的负担，可以感觉到现实生活真的很美好，这样会减少对过去的留恋。

第六章 做豁达女人——放弃也是一种获得

心理专家话幸福

有人说：当人的生命走到尽头的时候，会去经历五谷轮回；当再世为人经过奈何桥的时候，会喝下一种叫孟婆汤的东西，忘记前世的记忆，今生也就变得快乐起来。可是，难道非要到那个时候才要学会忘却吗？平常的日子里，学会忘却，你会发现你苦苦追寻的幸福就在这忘却里。

五、知足方能常乐

> 宁静以致远，淡泊以明志。
> ——【中】诸葛亮
>
> 知足是人生在世最大的幸事。
> ——【美】爱迪生

生活中，很多女人，她们总是羡慕别人的生活，羡慕别人美丽的容颜，羡慕别人庞大的财富……其实，是她们忽略了自己所拥有的一切：安定的工作、和睦的家庭、健康的身体、知心的朋友，而这些也正是别人梦寐以求的。所以请珍惜你已经拥有的快乐和幸福，别让这种美好的生活从身边悄然溜掉，学着做个知足的女人吧！

知足方能常乐，所谓知足，是一种平和的境界；所谓常乐，是一种豁达的人生态度，是说这个人懂得取舍，也懂得放弃，更懂得适可而止，而不是说这个人安于现状，没有追求，没有目标。生活在这个世界上，恐怕没有比知足更应该让人珍惜的了，只是浮躁世界很少有人愿意体会知足常乐的意境了。如果你愿意尝试便会发现：知足方能常乐。

有一个女孩儿从高中一直到大学毕业都死心塌地地爱着一个男人。学生时代的她是大家公认的小女人，因为两个人总是一天到晚煲电话粥，什么杂七杂八的琐碎事情都能够聊出来，甚至在电话里侃最近对于油盐酱醋的物价变化的发现，反正无论大小都可以搅和半天。这让宿舍的姐妹们佩服得五体投地，认为这两个人到了这种地步，今生今世是再也分不开了。

然而，结果却出人意料，八年过去了，本以为毕业之后他们会理所当然地修成正果，哪知道，半年不到，传来了他们分手的消息。消息来得突然，所有的人中没一个人能够接受。然而谈及其中缘由，女孩儿只是淡淡地说："缘分没了，谁都强求不了。"但八年的感情就一个"缘分"能解释的了吗？是否真的如很多人说的，在一起太久，反而难走到一起。八年，因为八年太久了，所以就该分开吗？她的很多朋友都非常疑惑。

毕业之后，她找到了一份教师的工作，开心，满足也轻松，毕竟和学生打交道会简单许多。没几个月，她与一个在同一学校工作的男教师交往起来，也就是他现在的老公。从结婚到现在已经有两年的时间了，现在的她体会到的生活是除了幸福还是幸福，她说她很知足，过去的依然是一段温馨的回忆，毕竟属于成长的经历，但是现在所拥有的更值得她一辈子珍惜，因为这将是陪伴她一生的宝贝。

女孩儿闲暇时间最喜欢听的就是张学友的歌，专专心心地崇拜了张学友十多年，后来终于有机会去听一次张学友的演唱会，再加上老公的陪伴与支持，她更是感觉幸福得不得了。她说："以前一直都很喜欢张学友的《她来听我的演唱会》，总感觉是在讲述我自己的故事，而这次有老公的陪伴，感觉真的不一样，我知足了。"

女孩微笑着描述着自己的心情，眉宇间写满了幸福和快乐，这是一种知足的快乐，一种只要用心，每个人都可以品味到的快乐。只是，我们往往只知道抬头张望别人的星空，却总会错过自己这片独特的风景。

"知足者常乐"出自《论语》，意思是说对自己没有奢望，能够乐天知命，随遇而安，顺其自然。困境中知道寻求比上不足比下有余的平衡，从而满足自己的现状，珍惜自己所拥有的，远离欲望的烦恼，品味人生的快乐，并且保持精神愉快，情绪安定。

事实上，一切的名利皆如过眼烟云，都是生不带来死不带走的东西，我们不应该把它们看得太重。另外，世界上根本没有十全十美的人和事，凡事懂得知足，便可以让自己活得轻松，活得快乐。当然，知足并非阿Q精神，它是一种自我解脱，是调整情绪，取得心理平衡的安慰良药。拥有它，你就会变得豁达开朗，心胸宽阔，而快乐也将会常伴你的左右。

幸福处方：欲望中找不到幸福

有句话是这样讲的：欲望的尽头是什么？答案是：还是欲望。

生活中，我们应该明白这么一个道理，知足无价。说得再通俗一点儿，就是能够承认自己的现状，做到比上不足、比下有余，心里能坦然就行了。互联网上有这样一句话：我只看我所拥有的，不去看我没有的。虽然有点儿阿Q的意思在里面，面对无休止的欲望的时候我们不妨自嘲一下。当你回头望一望那些没有解决温饱问题的人，你就会觉得，我们现在这样活着、有饭吃、有班上，就已经很幸福了，不是吗？

1. 抛弃完美主义

世界上根本就不存在绝对的完美，一个人也不可能拥有世界上的一切。如果一味地抱着完美主义不放，那么只能够日复一日地抱怨他人，嫌弃自己，更无从去发掘人生的乐趣。所以说，与其空谈完美，不如脚踏实地地努力来做一些事情，抓住自己能够抓得到的东西。

2. 克服虚荣心理

在这个物欲横流的世界上，有很多你为之努力的东西最后却不能够拥有。但不管结果怎样，都应该保持自尊自重，绝不可以为了一时的心理满足，用自己的人格来换取一些华丽无用的东西。如果这样，即使物质生活富足了，也不会弥补心灵的空洞。

3. 不因失去而烦恼

有些东西，我们是需要放弃的，否则，负担太重，就永远没有喘气的机会。而对失去的东西，明知道它已无法挽回，就没有必要再耿耿于怀，大惊小怪了。人生中有很多亮丽的风景，如果一味地沉湎于过去，只会错过现在和未来。所以，调整心态，正确地看待过去，这样才会拥有更多。

4. 不要学着抱怨

试想：如果你面对的是一个愁眉苦脸、唠唠叨叨的女人，你能感觉到她的美丽吗？就算她有沉鱼落雁之容，闭月羞花之貌，恐怕你也认为这是一个让人生厌的女人。抱怨，能让青春亮丽的女孩提前衰老。所以在抱怨之前想一下，抱怨对自己有什么好处。其实牢骚再多也不能够解决你一丁点儿的麻烦，学学那些知足的女人是怎么做的吧！

心理专家话幸福

曾有这样一副对联"事能知足心常惬，人到无求品自高"，这也正是知足女人的真实写照。这样的女人内心宁静，闲适悠然。她不会被世俗所诱惑，也不会被欲望所羁绊，她永远怀有一颗感恩知足的心灵，拥有愉悦美满的生活。也正是因为她常常能感悟到生活中的乐趣，自然也就容易获得满足。

六、学会放弃，回到当下

> 苦苦地去做根本就不可能办到的事，会带来混乱和苦恼。
>
> ——【英】狄更斯
>
> 其实，抑郁的人不是没有快乐，而是内心失去了体验快乐的能力。
>
> ——【中】李子勋

世间有太多的美好的事，美好的物，美好的人。人们总想拥有，许多人一直在苦苦地向往与追求。为了获得，有的终其一生忙忙碌碌，有的得到了，有的得不到，有的在经历了许多之后还是一场空，甚至于有的成为终生遗憾。夕阳易逝的叹息，花开花落的烦恼，对于已经拥有的美好，又往往因为常常得而复失而存在一份忐忑与担心。

追求固然是可取的，但是有的时候学会放弃也是一种智慧，譬如放弃某个心仪已久却无缘分的朋友，放弃某种投入很多却无法收获的事业，放弃某种心灵的期望，放弃某种思想、某个观点。固然，放弃的时候会很心痛，但唯有放弃了才会获得新生，正如季节放弃了寒冬才迎来了飞花飘香的春天，放弃了美丽的春天和火热的夏天才能等到丰收的秋天一样。生命在不断放弃中得到延续，而快乐也往往能够在不断放弃中提炼出来。

下班回家，母亲满面笑容地告诉女儿说她得到了一个好消息：某一知名跨国公司正在招聘公关部经理，录用后待遇自然是丰厚的，因为这家公司很有发展潜力，近些年在国内外的竞争力和影响力也变得越来越大。女儿怔了一下,她自然是很想应聘的。可是去年她报了一个职业培训班,如果参加这次应聘,培训班就拿不到毕业证书,也就等于说她差不多一年的学习就算白费了。

于是,她犹豫地看着母亲,想从母亲那里得到一个建议。母亲笑了说:"我和你做个简单的游戏吧。"接下来,她把刚买的两个大西瓜并排放在女儿面前。让女儿先抱起一个,然后,要她再抱起另一个。女儿瞪着两只圆圆的大眼睛,一筹莫展,因为对她来说,那么大的西瓜抱一个就已经很吃力了,更不用说把两个都抱起来了。

"想个办法,把第二个也抱起来?"母亲看着女儿,很认真地说道。

女儿愣神了,她依旧不知道怎么才能把第二个也抱起来。母亲叹了口气说:"哎,我的傻孩子,你难道不能把手上的那个放下来,然后再抱第二个吗?"女儿似乎缓过神来,是呀,放下一个,不就能抱上另一个了吗?于是她这么做了。母亲接着提醒:这两个总得放弃一个,才能获得另一个,就看你自己怎么选择了。女儿顿悟,最终选择了应聘,放弃了培训。后来,她如愿以偿,成了那家跨国公司的公关部经理。

很多时候,鱼和熊掌是不能兼得的,有时放弃也是一种得到。经历过人生的风风雨雨,我们便会明白,很多东西还是放下了好,紧紧拽在手里或者一味地苦苦追求往往是徒劳的,最终受累的还是自己。所以不妨放弃一些人生中不必要的东西,所谓功名利禄,最后都只不过是过眼烟云,昙花一现。

幸福处方:懂得放弃,是通向幸福的捷径

一位登山队员参加攀登珠穆朗玛峰的活动,在海拔8000米的高度,他体力不支,停了下来,与队友打个招呼,便悠然地下山去了。后来当他讲起这段经历时,大家都替他惋惜,为何不再坚持一下呢?再攀高一点儿,再咬紧一下牙关,就可以到达顶峰了。"不!我最清楚,海拔8000米是我登山生涯的最高点。我一点儿都没有遗憾。"他说。现实生活中,只有像

这位登山运动员一样学会该放弃的时候放弃,才能穿越生命的临界点,抵达更高的层次。

1. 放弃得当

放弃是需要一定智慧的。放弃得当,是对束缚自己身心行李的一次整理,丢掉其中一些不值得随身携带的东西,拿走拖累自己的包袱,才可以轻轻松松、简简单单地上路。这样,人生的旅行才会更加轻松和愉快,才可以登得更高、看得更远。

2. 懂得变通

毫无疑问,在很多人看来,放弃常常是一种弱者的行为,因为成功和胜利往往孕育在再坚持一下的努力之中。例如很多人在前进的道路上,只要再多坚持一会儿,就可以取得成功,但却放弃了,结果与成功失之交臂。但是,在有的情况下,你已经付出了最大的努力,却未取得理想的结果。这就需要认真考虑一下:如果是自己选定的目标、方向同自己的才能不相匹配,就需要勇敢地选择放弃,另辟蹊径,没有必要在一棵树上吊死。这不是怯懦,而是智者所为。

心理专家话幸福

生命的历程中,既要有所追求,又要有所放弃,该得到的得到,心安理得;不该得到的,或得不到的则主动放弃,毫不足惜。学会放弃,你就会告别因求之不得而带来的诸多烦恼和苦闷,就会丢掉那些压得你喘不过气来的沉重包袱,就会轻装前进,活得潇洒和滋润。

七、坦然面对得与失

> 宠辱不惊，闲看庭前花开花落；去留无意，漫随天外云卷云舒。
>
> ——【中】洪应明
>
> 人生哪有只得不失的道理，要正确对待你的失去。失去才能得到，有时失去也就是一种获得。
>
> ——【俄】爱伦堡

人生在世，有些人得意，有些人失意；有一些东西我们不曾拥有，现在却正在享受，有一些东西我们曾经拥有，现在却离我们远去。人生得意时，感觉整个人就像浸泡在蜜汁当中，十分甜蜜；而失意的时候，却如同掉进了黄连缸里，苦不堪言。

女人是非常感性的动物，往往喜欢把喜怒哀乐都挂在脸上，总是会因为得失成败而心情大起大落，家庭或者工作中遇到一些挫折也往往不能够正确面对。其实，生活是由无数次的成败得失串起来的，痛苦并不会因为我们的悲观失望而减少，反而会在心中肆虐地扩大，蔓延成浓黑的乌云，遮住心灵的阳光。那么，为何不坦然微笑着面对生活中的得失，并积极地改变自己能够改变的一切呢？这样也许生活会回报一个明媚的微笑给你。

很久之前，在长城脚下，住着一个老头，他有个酷爱骑马的儿子。有一天，不知什么原因，他家的一匹马逃到了塞外的大草原。乡亲们都替他惋惜，怕他受不了，都来好言相劝："你丢失一匹骏马，这真是个大损失。但千万要想开点儿，保重身体要紧。"这时，老头却十分平静地说："没关系的，丢失好马虽然是一大损失，但谁知道这不会成为一件好事呢？"

过了一段时间，那匹马奇迹般地跑回来了，并且还带来一匹北方少数民族的良马。众乡亲闻讯，纷纷前来道贺。这时，老头又意味深长地说："谁知道这不会变成一件坏事呢？"家里又多了一匹良马，老头的儿子太高兴了，天天骑马出去玩，这下可闯大祸了。有一天，他骑得太快，一不小心从马上掉下来，把大腿骨摔断了。左邻右舍又来探望他，安慰他。这时站在一旁的老头不紧不慢地说："谁知道这不会成为一件好事呢？"众人听了都不明白这句话是什么意思。

过了一年光景，北方的部落大举入侵塞内，青年男子都被抓去当兵，这些被抓的人十有八九死于战场。而这个年轻人却因为跛脚未上前线，保全了一条性命。

我们的人生也是如此，是由连续的得失组合而成，这是一种规律，也是一种必然。而且人的一生中，肯定会经历无数次的失去，懂得为失去感恩，敢于承受失去的事实，是我们摆脱心理阴影、获得重生勇气的关键。很多时候，失去眼前的火把，远处的灯光会为我们的生命指路。

生命的历程中，我们一直都在为拥有而感恩，但很少有人能够真正读懂失去。面对失去，很多人总是不愿意相信更不愿意接受这一事实，所以只能一味地活在痛苦中。如果能够换一个角度，学着为失去感恩，你的人生历程中可能就会少一些盲目，多一些坦然。

幸福处方：失去可能是幸福的开始

"塞翁失马，焉知非福？"很多时候，我们正是因为失去才有了更大的收获。我们应该都还记得《千手观音》的舞者，因为失聪，她们反而能够按心灵的节拍起舞，手伸是海，手抬是山，手弯是路，手抖是光；每一次有韵律地手动，都会给予观众阳光般的感受。还有断臂的维纳斯，失明而有《二泉映月》的阿炳……他们都在告诉我们，对很多东西我们应该学会放手，因为在我们生命的历程中，没有什么东西是不可或缺的。

1. 为失去感恩

有位70岁的老先生，携一幅祖传名画参加电视台组织的鉴定活动。他对主持人说，父亲告诉他，这幅画可能价值数百万元，所以他总是战战兢兢地收藏着。由于自己不懂艺术，这次有这么好的机会，他便拿来请专家们鉴定。专家鉴定结果很快就出来了，这幅画是赝品。主持人问老先生："这个鉴定结果，一定会让您很失落吧？"老先生憨厚地笑了，说："这样也好啊，至少以后不会再担心有人来偷这幅画，我就可以放心地把它挂在客厅里了。"很多时候，我们应该为失去感恩，因为失去比拥有更轻松。

2. 品味得失之间的智慧

面对一些美好事物的失去，有很多人还是在一味地追逐，并为此而感叹和悲伤。如此，便会让内心无法坦然，对现实无法予以接受，也因此感受不到身边依然存在的幸福。因为没有感恩的心，人们的内心就容易变得狭隘，最终因无法复得而痛苦不堪。生活是有得有失的，人们正是在得失之间体验人生的，失去让你体会到珍贵，也让你懂得珍惜。只有用心品味得失之间的智慧，生活才会赐予你更多的福祉。

心理专家话幸福

感谢失去，是它让我们懂得什么是人生，什么是生活，什么是珍惜，并从所谓的潇洒和嚣张中转变过来，在不带任何目的和情绪的情况下，做一个温柔而平和的女人，获求一份宁静而又自在的生活！

八、吃亏是福

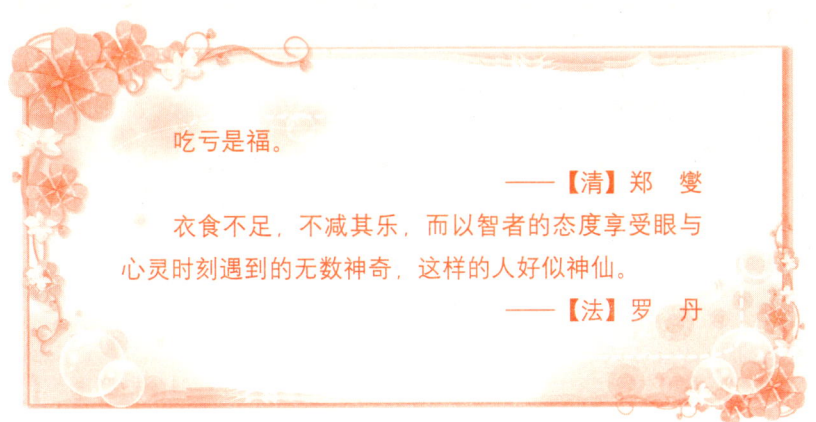

吃亏是福。
——【清】郑　燮

衣食不足，不减其乐，而以智者的态度享受眼与心灵时刻遇到的无数神奇，这样的人好似神仙。
——【法】罗　丹

你爱吃亏吗？对于这个问题，我想每个人的回答应该都相同，那就是"NO"。提到"吃亏"，谁都会避而远之，因为吃亏就意味着自己要遭受损失，是对自己不利的。于是，在现实生活中，我们看到的往往是互不相让、据理力争，生怕自己吃一点儿"亏"。人们总是认为不吃亏就是精明，其实不然，古人云："欺人是祸，饶人是福。"懂得谦让，必要时稍微吃点儿小亏，反而会获得更多的好处，这才是更加明智的选择。

吃亏是福，并不是阿Q式的精神自慰，而是一种糊涂处世的智慧。我们要学会正确地调整心态，坦然地面对吃亏，从而让我们能在人生路上走得踏踏实实，快快乐乐。

既然吃亏是福，那么"福"在哪里呢？我们可以这样理解：

1．当你真正把吃亏是福化为一种处世态度时，就开始有福了。

2．吃亏是福不在吃亏本身，而在于吃亏以后产生的影响。比如你请人吃饭办事，吃了200元的亏，可是别人帮你办事，可以产生1000元的福，你还是赚了。

3.吃亏和不吃亏所产生的结果是不同的。有时不吃亏,会产生更大的亏,例如你被人踩到脚,不想吃亏,与之争吵,甚至打了起来,不幸成为残废,这亏就吃大了,还不如当初吃点儿小亏呢。

4.正所谓"吃一堑、长一智",通过吃亏可以吸取教训,集中精力做事情,事情做好了,有所成就,不是最大的福吗?

吃亏是福关键在于内心的宽容,不去计较小小的得失。生活中,懂得吃亏的人才是真正的智者。每个人生活中都会有不顺心的时候,当你能够尽量忍让,不惹事端,多考虑对方的感受,多感谢他们平时对自己的帮助和支持,反而会因为自己的宽容和豁达,而受到大家的喜欢和帮助。

东汉时期,有一个名叫甄宇的在朝官吏,时任太学博士。他为人忠厚,遇事谦让。

有一次,皇上把一群外番进贡的活羊赐给了在朝的官吏,要他们每人得一只。

在分配活羊时,负责分羊的官吏犯了愁:这群羊大小不一,肥瘦不均,怎么分群臣才没有异议呢?

这时,大臣们纷纷献计献策:

有人说:"把羊全部杀掉吧,然后肥瘦搭配,人均一份。"

也有人说:"干脆抓阄分羊,好不好全凭运气。"

就在大家七嘴八舌争论不休时,甄宇站出来了,他说:"分只羊不是很简单吗?依我看,大家随便牵一只羊走不就可以了吗?"说着,他就牵了一只最瘦小的羊走了。

看到甄宇牵了最瘦小的羊走,其他的大臣也不好意思专牵最肥壮的羊,于是,大家都捡最小的羊牵,很快,羊都被牵光了。每个人都没有怨言。

后来,这事传到了光武帝耳中,甄宇因此得了"瘦羊博士"美誉,称颂朝野。

不久,在群臣的推举下,甄宇又得到了朝廷的提拔。

从表面上看，甄宇牵走了小羊吃了亏，但是，他却得到了群臣的拥戴，皇上的器重。实际上，甄宇是得了大便宜。因此，适当地吃点儿亏，反而是精明之举。因为吃小亏反而占了大便宜，何乐而不为呢？

华人首富李嘉诚说："有时看似是一件很吃亏的事，往往会变成非常有利的事。"这就是吃亏是福。如果总是为一时的利益而争来抢去，反而会因此失去长远的利益。

幸福处方：吃亏才能幸福多

吃亏是福！人都是在不断的吃亏中成长和能干起来，从而变得更加聪慧和睿智！乐于吃亏是一种境界，是一种自律和大度，是人格上的升华，在物质利益上不是锱铢必较而是宽宏大度，在名誉面前不先声夺人，而是先人后己，在人际交往中，不唯我独尊，而习惯于尊重他人。这样的人必然会受到别人的尊重和爱戴。

1. 放宽自己的心胸

世界上有三种人一点儿不肯吃亏。一种是肚量太差的人，吃了亏就想不开，茶不思饭不想，好像被剜了肉一样心疼。一种是火气太大的人，吃了亏就要暴跳如雷，轻则破口大骂，重则大打出手，把事情弄得不可收拾。还有一种人心眼太小，吃点儿亏就要睚眦必报，常常让别人怨声载道，让自己因小失大。这样的人往往会因为不肯吃亏而吃更大的亏。如果他能够平心静气地对待吃亏，表现出自己的豁达，往往能够获得他人的青睐，获得更多的利益。

2. 凡事不斤斤计较

世界上没有白吃的亏，有付出必然有回报，生活中有太多的这种事情，如果过于斤斤计较，往往得不到他人的支持。只有放开胸怀，从长远的角度思考问题，那么吃亏实际上就是一种投资，今后可能会获得意外的收益。

3. 不要总想着占便宜

工作中，如果大家都想占便宜，那肯定有许多事情就没有人去做，这样的结果是集体的利益受到影响，个人也会因此而受到损失。如果大家都不怕吃亏，有什么事情都抢着做，虽然自己会暂时吃一点儿亏，但是工作能够顺利完成，集体利益有了，大家感情融洽了，工作氛围好了，相比下来，虽然吃点儿小亏，还是收获了"福"。

朋友相处也是这样，如果都想着占别人的便宜，也许会得逞一两次，可是，时间久了，就会遭到对方的厌恶，如果凡事多想着朋友，反而会赢得坚固的友谊，得到一辈子的好友，这难道不是福吗？

对待家人也是同样道理，亲人心甘情愿地吃亏，做子女的也不能理所当然地占这个便宜，要体会亲人的这份真情，同时，你要能为家人吃亏，大家都能让上三分，就不会再有什么家庭矛盾了。

心理专家话幸福

俗话说："水至清则无鱼，人至察则无徒。"不要总是斤斤计较，不肯吃一点儿亏。吃亏没什么，付出一点点儿，可能会获得更大的回报，这是一种聪明的处世智慧。让自己的内心变得更豁达一点儿吧，心广，天地才会更宽。

第七章

做聪明女人
——灵活应变秀生活

一个女人，如果不够聪明，就如同绿叶缺少红花一般没有情趣。而一个聪明的女人，是智慧的，是美丽的，是善解人意的，因为聪明是一种优雅，一种风度，一种心灵状态，一种自我美育，一种文化品格，一种人生况味，一种生命的美丽和潇洒……做个聪明的女人，学会从容地应对人际交往，懂得什么时候该做什么事，说什么话，让自己永远成为舞台的主角，幸福的掌控者。

一、笑开福来

> 笑口常开者幸福如花。
>
> ——【德】叔本华
>
> 微笑，昂首阔步，做深呼吸，嘴里哼着歌。倘使你不会唱歌，吹吹口哨或者用鼻子哼一哼也可。如此一来，你想让自己烦恼都不可能。
>
> ——【美】卡耐基

古人云："笑开福来。"微笑因幸福而发，幸福伴喜悦而生，即"情动于中而形于外"。在生活中，如果能够时时超越自我情绪的困惑，保持轻松愉快的心境，你也会因此涌起幸福的微笑，并进而感染他人。

笑容是最迷人的表情，时常将笑容挂在脸上的女人，经常也会拥有迷人的风采、青春的容颜、美丽的心情。而且，笑着的女人是快乐的，也是幸福的。因为她能够做到从容地面对一切：厄运来临，她不会捶首顿足；喜从天降，她不会手舞足蹈；面对挫折，她不会一蹶不振；取得成就，她不会得意忘形；处于困境，她不会垂头丧气；生活优裕，她不会趾高气扬……面对所有的一切，她只是微微一笑。这微微一笑，所有的坦然和幸福便不言而喻。

有这样一对夫妻，男人是个瘸子，女人天生瞎了一只眼。很小的时候，男人因为一次车祸失去了一条腿，从此他的世界因为那失去的半条腿而变得日益狭隘，直到遇见了女人。女人生下来就瞎了一只眼，但是男人发现，女人不管什么时候脸上都挂着淡淡的笑容，这笑容让男人感觉到了久违的幸福和快乐。

闲暇的时候，女人会对男人说着她对生活的向往，会在男人的掌心里写满她对幸福的渴望。而男人把这一切都看在眼里，但是他不敢对女人承诺什么，他怕辜负了自己内心的感动，怕对不起女人的笑容。女人把一切都看在眼里，记在心上，她知道她所能做的就是给男人无尽的笑容。

没有任何人反对他们的婚礼，毕竟对于这样两个残缺的生命，他们的爱情是完整的。婚后的日子是恬静的，男人每天早上醒来的时候，看到女人的脸上都挂满微笑，即便是睡着的时候。平日里，女人尽心尽力地照顾着男人的一切，因为她记得男人说过，他希望找一个可以照顾他一日三餐的女人。于他这便是莫大的幸福。

婚后男人的压力又多了一层，因为很多工作他都不能够担任，他害怕失业，担心不能给女人一份完整的幸福。所以男人总生活在忧郁和焦虑之中。事实上，他是不会失业的，因为他虽然残疾但也是大学本科毕业生，而且这份工作是政府特意为他安排的。但是男人依旧觉得很可怕，怕这份来之不易的爱情会在现实中老去。

女人明白男人的心思，她很想对他说："亲爱的，你不要忧伤，我觉得老天对我们是眷顾的，我很感激，也很幸福"。她还想说："亲爱的，不管岁月如何变迁，我相信我们两个的感情是不变的，这才是最重要的。"可是她依旧什么都没有说出来。她认为对男人微笑，对身边所有的人微笑是最好的表达方式，而且她知道快乐是可以传播的。忧郁的日子里，男人再一次注意到了女人的微笑，于是他便也回应妻子一个微笑。此后，邻居们发现他们两个人的脸上天天都挂满了笑容，他们知道，男人和女人是幸福的。

有人跟男人说：眼睛会说话的女人是最美丽的。但是他的女人眼睛是不完整的，所以也不会说话。不过男人知道自己的女人是最美的，因为她的微笑使她魅力四射。

上帝是公平的，他让这对夫妇有着残缺不全的身体，但是却赐予了他们坦然的微笑，让他们在彼此的微笑中，幸福地走完一生。

作为女人，如果能够让笑容时刻绽放在脸上，让人感受到的是她心底的阳光。因为女人的微笑最能表现温柔，细眉弯成柳叶；女人的微笑最能表现深奥，酒窝里藏满神秘；女人的微笑最能表现旷达，甩甩头，长长的黑发似能倾泻千里；女人的微笑最能表现容纳，给人一种百川归海的感受。而微笑于女人是一种淡然，一种洒脱；是一种坚强，一种成熟；是一种自信，一种魅力；更是一种博爱智慧，一种坦然，一种幸福。

学会了对自己微笑，就意味着学会了热爱生活；学会了对别人微笑，则学会了珍惜美好；学会了对一切生命微笑，你的人生便处处充满阳光！

幸福处方：幸福是发自内心的笑

俗话说得好："当你微笑时，世界也在对你微笑。" 当整个世界都对你微笑的时候，你便会感觉生活中所有的抑郁和压抑都会离你远去，而且人与人之间的距离也会在瞬间拉近，相反，冷若冰霜只会让你和他人越来越远。

生活中，常保持微笑，不是为了利欲，也不是为了金钱，而是为了营造一个和谐的人际环境，为了召唤幸福。我们每个人的一生就如同在行走一样，有时候寸步难行，有时候路路畅通，这一路上无论遇到什么样的事情，只要用微笑填满生活，这就是一份幸福。因此，在生活中，我们最好能够让笑容写满脸上。

1. 多结交幽默、乐观的朋友

日常生活中，应该多和那些喜欢幽默，乐观开朗的朋友相处。在与这些人相处的过程中，幽默的话语会不绝入耳，一个又一个的笑话会让你心中充满欢悦，有时候还会从笑声中得到不少人生感悟。而且，他们乐观、豁达的人生态度会对你的生活产生极大影响，使你在以后的生活中能够坦然面对坎坷和挫折。

2. 多看娱乐节目

闲暇的时候应该多看一些欢快的演出或者是电视节目，如《欢乐总动员》、《快乐大本营》等，也可以收听广播中的《空中笑林》等笑话类广播。看着听着，郁闷会在不觉间烟消云散。

3. 给心灵"减负"

如果感觉心情不快的时候，可以找友人聊天，从他们的劝解中解疑释惑。也可以找个环境幽雅的地方，静下心来想一些逗乐的事情，或者听一段相声，也可以突发奇想，假设出一些让人发笑的事情，这样你就会在情不自禁中笑出声来。

心理专家话幸福

生命的历程中，人们在不停地寻觅着幸福，但幸福在哪里？其实，幸福就在我们的笑容里。我们知道，人生中时时会有冷风暴雨，如果能够让阳光照耀自己心中的天空，让笑容伴随自己的生命，你也就能够设计自己的幸福。

二、做个聪明的"傻女人"

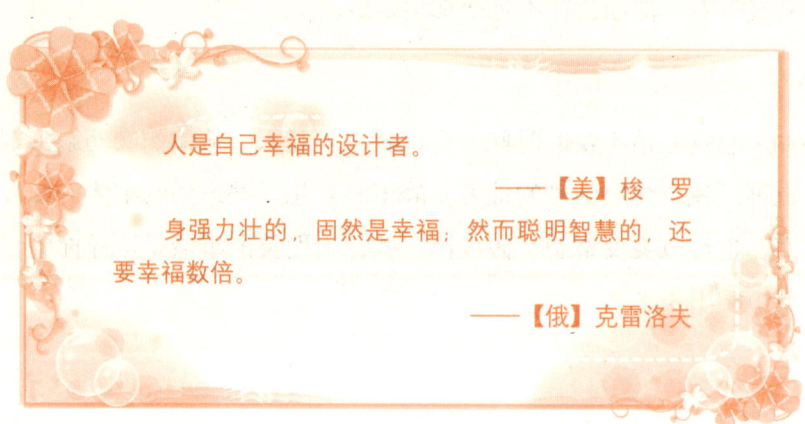

人是自己幸福的设计者。

——【美】梭 罗

身强力壮的，固然是幸福；然而聪明智慧的，还要幸福数倍。

——【俄】克雷洛夫

俗话说："聪明的女人人人爱。"但是现实生活中，聪明的女人并不见得有好人缘，因为她们过于聪明而失去了可爱。

一般来讲，聪明的女人往往能够洞察一切，在与人相处的过程中总能够一下子击中别人的要害，让人无所遁形。久而久之，身边的人会感觉她太有威胁性，和她在一起缺少安全感，于是便离她越来越远。试想：一个连朋友都没有的人又何有幸福可言呢？

有很多自以为聪明的女人，她们的说话和处事方式往往让人难以接受，例如：如果她们想要表达自己的观点或者是反驳别人的意见，总是口若悬河、滔滔不绝，完全不管别人怎么想；有时朋友之间随便闲聊的时候，如果中间谁犯了个知识性或者逻辑性小错误，她总是会毫不留情地当面指出，弄得别人很没有面子。这样的女人会让人觉得极不舒服，她即使有着漂亮的脸蛋，也只会让人敬而远之。

在婚姻生活中女人也应该如此，尤其是对自己的丈夫，如果自认为聪明地洞察一切。例如：经常问他今天做什么了，和什么人在一起？还偶尔会查他的电话单,奇怪为什么从头到尾都是一个号码,偏偏这个号码又不是自己的?有时候还会问他的QQ上怎么有那么多的小女生?其实,婚姻中该装傻的时候就装傻,反而会得到你追求已久的幸福。因为对于这些琐碎的事情,你是不会问出任何结果的,只会徒增烦恼。因此,不妨给他自由,这样他反而会倦鸟归巢,玩累了自然就会回到你的身边。你也就会从中发现,傻一点儿,人也舒坦,心也舒坦。

在朋友看来,小林在婚姻中就是一个特别"傻"的女人,因为她对自己的丈夫几乎是放任自流。丈夫外出,她几乎从没有打过电话问丈夫在哪,更不会去查丈夫的话单,对丈夫她是"绝对信任"的。

丈夫深夜应酬回家晚的时候,她不会像那些绝顶聪明的女人那样波澜不惊地打电话说:"该回家了!"也不会像傻女人那样憋着一肚子火不理不睬,或者是直截了当地挑起战火:"都几点了!知道回家吗?"而她往往会柔言细语地告诉丈夫说:"老公,不好意思,我忘拿钥匙了,现在在朋友家里。本来想早点儿给你打电话,可想到你才在外面玩了一会儿,所以等到现在才打。朋友瞌睡得上下眼皮直打架。我再不好意思赖在她家了!"丈夫听后,不但不会责怪她,还会急匆匆地赶到家里。

在丈夫的脑海里,一直都记着这么一件事:那次,几个朋友来家里小聚,小林一直静静地坐在一旁。其间,丈夫和几位朋友在一起抽烟,侃侃而谈,在他们聊得正欢时,小林默默地起身,打开窗户,让室内的空气流通。朋友问她:"你为什么不限制你丈夫抽烟呢?难道你不知道吸烟有害健康吗?"小林说:"我当然知道抽烟对身体不好,但抽烟能给他带来欢乐。如果能够让他快乐地生活六十年,我为什么要限制他的快乐,而让他不快乐地生活八十年呢,因此我宁愿让他少活二十年,也不愿他不快乐地活着。"丈夫听了小林傻傻的话,内心久久难以平静。从此以后,他把烟戒了。他说:"我妻子为了让我快乐地活着,宁愿让我少陪她二十年,也不愿我不快乐,我为什么不能为了她,多活二十年好好陪她,也让她快快乐乐的呢?"

"傻"就是这么一种平静和宽容。生活没有必要凡事都斤斤计较，想得太多，在乎得太多，自己就会被自己所束缚。只有抛开繁琐，避开纠缠，才会减轻心中的不快和烦恼。因此，与其把自己折腾得焦头烂额，不如糊涂一把，对生活中不必要的事情不再理会，则会在凡尘俗世中得到安宁，生活得悠闲自在，安然闲适。

幸福处方：糊涂是获取幸福的妙招

聪明的女人，三分流水二分尘，不会把所有的事探究个一清二楚，就算你天生有一双火眼金睛，世事洞明，到头来受伤的不仅仅是眼睛，还会连累到生活。所以，只要把握住生活的大方向，不偏离航线，不妨试试在小事上装一次傻，你可能会爱上"装傻"这种生活方式，因为，这种方式离幸福很近。

1. 适当"装傻"，"装傻"不傻

在与人相处的过程中，如果能将事情分析透彻，并能果断地做出决定时，不妨采用"装傻"手段，这样能够给自己和别人的生活添加美妙的佐料。但是在"装傻"的过程中一定要注意技巧，不可太过生硬，也不可矫揉造作。

2. 大事清楚，小事糊涂

"大事清楚，小事糊涂"，意即对原则性问题要清楚，处理时要坚持准则，而对生活中无原则性的小事，则不必认真计较。从心理学角度看，对无原则性的不中听的话或看不惯的事，装作没听见、没看见或随听、随看、随忘，这种小事糊涂的做法，不仅是处世的一种态度，而且对健康大有好处。

心理专家话幸福

做个聪明的"傻女人",何尝不是一种快乐。因为生活本来就是简单的,没必要搞复杂。做个"傻女人",也会品味到一种满足,能够愉快地接受所拥有的,常怀感恩的心面对周围的一切,不会自寻烦恼。做个"傻女人",从不用怀疑的眼光看待任何人,用真诚对待所有的人,干净而单纯。做个"傻女人",思想简单,凡事不多虑,总能快乐生活,对人生的感受就是幸福。

三、不要让嫉妒在心中扎根

其实,被人嫉妒既是痛苦的事,也是快乐的事。
——【中】李子勋

生活中的快乐原则和现实原则永远是矛盾对立的,只有接纳这种对立性,你才能找到内心的秩序和平衡。
——【中】李子勋

培根曾经说过:"在人类的情欲中,嫉妒之情恐怕是最顽强,最持久的了。"嫉妒属于一种病态心理,它是指嫉妒者觉得别人比自己强,或是在某些方面超过了自己,心里感觉不是滋味,并进而产生的一种掺杂着憎恨与羡慕、愤怒与怨恨、猜疑与失望、伤心与悲痛的复杂情感。在他们看来，自己办不成的事情别人也不能办成，自己得不到的东西别人也不应该拥有。

一般来讲，嫉妒心理往往不是促使人们进取的动力，而且受害者首先是自己，因为嫉妒者经常处于愤怒忌恨的情绪之中，看到别人快乐他会更加痛苦，由此便给自己的生活带来极大的负面影响，不但会冷冻自己的人际关系，也会毁掉自己的前途和幸福。

某著名大学曾经发生过这么一个故事：即将研究生毕业的外语系女生将自己的同学兼舍友推上了法院的被告席。

在研究生的几年生活中，原告和被告一直情同姐妹，关系极为亲密。此外她们还师从同一个导师，学习成绩也不相上下，因此彼此也常常暗中较劲。研三的时候，她们两个都报名参加了托福和GRE考试。结果原告成绩远远高于被告成绩，她随即向英国一所世界著名的大学提出留学申请，并获得全额奖学金。但是在原告忙碌和喜悦的同时，被告却生活在极度痛苦之中，她看到原告兴高采烈地忙忙碌碌，心中极为不快。结果，在嫉妒心的促使之下，她使出了一条毒计。

等到发通知的时候，原告左等右等，却没有等到通知书的到来。无奈，她托一个在英国的朋友去那所学校打听，结果却出乎她的意料。原来，校方接到一封自称是原告的E-mail，信中表示她拒绝来该校继续深造，建议校方把名额转给其他人。事后，原告经过一番调查发现，是自己的同学兼好友以她的名义在学校机房向英国的这所学校发了一封拒绝函。最后，原告一纸诉状把被告送上了法庭。

可以想象一下，就算不去英国读书，拥有高学历的被告也可以在国内拥有一份不错的工作，也会过得十分幸福。是什么害了这位有着美好前途的女孩儿呢？很显然，是嫉妒。正是因为嫉妒同学，她出此下策，没有想到却毁了自己美好的未来。

塞万提斯曾经说过："嫉妒是万恶的根源。"对于一个拥有嫉妒心的人来说，他不能够忍受别人比自己强，不管是才华美貌也好、功业名望也罢，在他的意识里，这些都会对他的生活产生直接的威胁。因此他很容易就此产生失落和恐惧感,这种失落和恐惧感进而会化成一种敌意投射到优胜者身上。

事实上,每一个专注于自己事业的人,是没有时间去嫉妒别人的。而爱嫉妒的人总是把精力投入到一些无聊的琐碎事情之上,他们喜欢在不断打击别人的过程中寻找自己的兴奋点,以求达到内心平衡,而他们的生活却是一塌糊涂,毫无幸福可言。

幸福处方:嫉妒他人,不幸自己

生活中,嫉妒往往来源于比较,一旦发现他人在某方面比自己强,某些人便心生嫉妒,然后想着如何来诋毁别人,于是根本无暇专注自己的事情,所有的时间和精力全部放在如何攻击别人的事情上来了。而那个被他所嫉妒的人就如同长在他心头的一颗毒草,扰乱了他正常的生活,使他心烦意乱,找不到人生的方向,更没有幸福可言。因此,在生活中,我们一定要及时浇灭自己心头的嫉妒之火。

1. 自我宣泄

面对生活和事业上的巨大落差,或社会的种种不公正现象,人难免会一时心理失衡和嫉妒。这时,要是实在无法化解的话,可以适当宣泄一下,例如找一个比较知心的朋友,痛痛快快地说个够,求得心理平衡。

2. 客观评价自己

嫉妒是一种突出自我的表现。无论什么事,首先考虑到的是自身的得失,因而引起一系列不良后果。所以当嫉妒心理萌发或是有一定表现时,要能够积极主动地调整自己的意识和行动,从而控制自己的动机和感情。这就需要冷静地分析自己的想法和行为,客观地评价自己,找出差距。

3. 消除虚荣心理

虚荣心是嫉妒产生的重要根源,它是一种扭曲了的自尊心。对于有嫉妒心理的人来说，他要的是面子，不愿意他人超过自己，往往通过贬低别人来抬高自己，这是虚荣心理的需要。虚荣心一经产生，就要立即把它打消掉，以免其作祟。这种方法，需要积极进取的精神，这样才能使生活充实起来，以期取得成功。

4. 寻找真正的快乐

如果一个人总是想：比起别人可能得到的欢乐，我的那一点儿快乐算得了什么呢？那么他就会永远陷于痛苦之中，陷于嫉妒之中。快乐是种情绪心理，嫉妒也是一种情绪心理。哪种情绪心理占据主导地位，主要靠自己来调整。如果我们能从帮助别人中，从娱乐休闲中，从自然美景中，从甜蜜爱情中，从家庭温暖中找到快乐的话，就不会把伤害别人所得到的暂时的满足看得那么重要了。

心理专家话幸福

"世上本无事，庸人自扰之。"生活中，请不要让嫉妒给自己制造烦恼、痛苦和思想包袱，更不要给自己树立生活中的敌人，打扰内心的平静。如果能够让自己的心胸变得宽阔一些，思想变得豁达一些，能够真诚地去欣赏别人，则会使生活增添许多快乐。

四、经营好自己的事业

> 幸福存在于生活之中,而生活存在于劳动之中。
> ——【俄】列夫·托尔斯泰
>
> 从工作里爱了生命,就是通彻了生命最深的秘密。
> ——【黎巴嫩】纪伯伦

在很多人的意识里,女人应该把所有的精力都放在家庭当中。实际上,作为现代女性,家庭和事业都是十分重要的,而且缺一不可。一位心理学大师曾经说过:"女人真正意义上的解放就是经济上的独立。"如果一个女人一生都依附在丈夫这棵大树上,没有自己的理想和追求,就不会得到真正意义上的解放和幸福。如果因为某些原因,这个依靠没有了,此时的她几乎就等于一无所有了。

作为现代女性,要想获得幸福,就应该向传统挑战,用自己的聪明和智慧打造一片属于自己的天空,创造出属于自己的事业。只有用自己的方式来主导自己的生活,发挥自身优势和特长,才能博取事业上的成功,赢得理想的实现,折射出现代女性的生活品味和独立意识。

有一个天生懒惰的女人,她不愿意做任何工作,为了不至于饿死,她只得在城市的天桥上面行乞。她每天看着来来往往、急急匆匆的行人,她觉得任何人都比她富有,都比她幸福。但是她不知道自己的幸福在哪里。

于是,她每天祷告,盼望天上掉馅儿饼,希望奇迹能够发生在自己的身上。终于有一天，当她祷告完毕时，一位和蔼的白发老人站在她的面前，并告诉她说自己可以帮助她实现三个愿望。

这个女人欣喜若狂，她毫不犹豫地许下了第一个愿望：希望自己变成世界上最美丽的女子。刹那间，她就觉得自己光彩照人，找来镜子一照，连她自己都不相信镜子中这个绝美的女子是她自己。

接着她许下了第二个愿望，希望自己成为有钱人，有一套漂亮的房子，有一辆名贵的车。不到一秒钟的工夫，她已经置身于一座豪华的别墅当中，而漂亮的轿车也在别墅的停车场里面。然后，她许下了第三个愿望：一辈子都不要工作，也不需要辉煌的事业。

老人微笑着点了点头，但是令女人意想不到的是，她刚才所要的一切忽然间都消失了。女人困惑地问："你不是说能帮我实现三个愿望吗？怎么一下就什么都没有了？"

一个声音从遥远的上空传来："姑娘，事业是上帝赐给人类的最大祝福，你怎么能够不要事业呢？如果你整天吃喝玩乐，无所事事，这将是一件很可怕的事情。因为只有投入工作你才能够变得年轻、美丽而富有，你的生命才有活力，你的人生才会幸福。现在，你把上帝给你的最大恩赐扔掉了，当然就一无所有了。"

有工作的女人在经济上有独立感，这种感觉能使她们的精神独立有相对坚实的地基。但不少女人在经济上仍依赖男人，这些女人肯定觉得自己不独立，很苦恼。而不少挣钱男人的确很自傲，把女人视为自己的私有财产，甚至轻视女人。经济基础决定上层建筑，这是真理，也是必然。所以，聪明的女人会懂得经营一份属于自己的事业，当从其他方面难以获得幸福时，至少事业还是最忠诚的。

幸福处方：事业是女人幸福的支柱

作为一个女人，当你把精神寄托在爱人、孩子、朋友等其他人身上时，你便被他人所左右，他们高兴，你也高兴；他们痛苦，你也痛苦。但这样你可能就失去了自我，不知道自己是谁。如此一来你的精神家园随时都有崩塌的可能。做好工作，争取精神和人格上的独立，才是立身之本，才是最好的精神寄托。

1. 不要依附任何人

女人当自立，不应该依附任何人，自己的人生应该自己来拼搏，来创造。这个过程可能是疲惫的，也可能是痛苦的，但这种疲惫，这种痛苦也是一种幸福。因为你有属于自己的尊严和独立的人格，不会再"委曲求全""唯唯诺诺"地过上一辈子。

2. 自尊自立

现代女性，不一定都能像杨澜那样在事业和家庭上出色优秀，但是起码必须具有自己养活自己的能力。要自尊，自立，不与这个节奏变化迅速的社会脱节。这很重要。不要相信女人天生是弱者，上帝造出女人也不仅仅是让她们传宗接代，也需要她们活出属于自己的精彩。

3. 要有梦想

要及时把握自己生命中的梦想，在想要开拓事业的时候，一定不要让自己的人生留下遗憾。如果梦想死亡，生命就如同一只羽翼受到重创的小鸟，无法飞翔。只有梦想存在，才能够充满奋斗的力量，才能够寻求超越。

心理专家话幸福

赤橙黄绿蓝靛紫，每个人的人生都是丰富多彩的。你应该毫无顾忌地向世人宣告你的才能，你的气度，你的风采，你的智慧，你的自立。不要总是跟着别人的脚步走，你应该有属于自己的事业，自己的世界；你能够掌控自己命运的航向，做自己生命的主宰，任何时候都不要依赖别人而生存，因为只有拥有自立，你才能够拥有成功，拥有幸福。

五、凡事留有余地

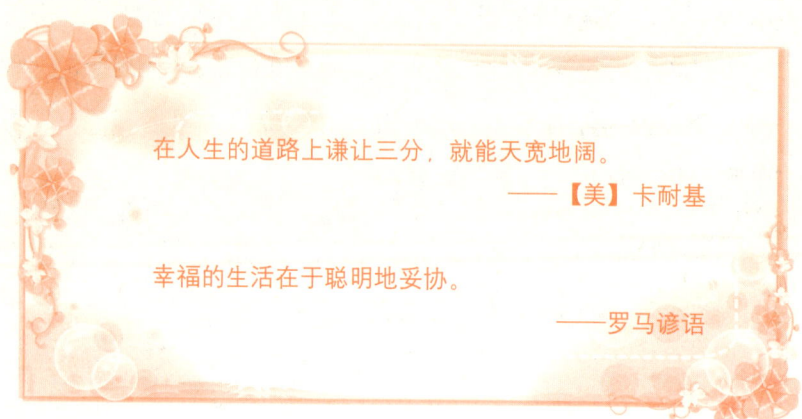

在人生的道路上谦让三分，就能天宽地阔。

——【美】卡耐基

幸福的生活在于聪明地妥协。

——罗马谚语

有句话是这样说的："利不可赚尽，福不可享尽，势不可用尽。"其意思就是说在为人处世的时候，应该学会给自己、给别人留有余地，唯有如此，才能够在这个充满风险、充满竞争的社会中轻松生存下去。

常言道："物极必反"，"水满则溢"。一根铁丝做成的弹簧是有弹性的，但是，如果我们不顾及弹簧弹性的最大承受力，过于用力拉拽它，最终弹性会减弱消失。同样，我们做事情时也应当考虑自己的能力所及，尽量做到量力而行，量体裁衣，留有空白，留有余地。与他人交谈，话里留下一点儿余地，不把话说死，给双方都留有余地回旋，求同存异，这样的交流富有弹性，符合人的理性，容易取得好的结果。

春秋时期，冯谖是齐国孟尝君门下一个非常有名的门客。有一次，他奉孟尝君之命到薛地去收税款。结果冯谖到了薛地以后，告诉薛地百姓说："你们之中，能交得起税款的百姓就把税款交上来，交不起的我可以当场免你们的税，借据也会当场烧掉。"老百姓听了冯谖的话之后，都非常高兴，齐呼"孟尝君万岁"，并且都向冯谖发誓说，以后不管出现什么状况，一定会为孟尝君效忠。

冯谖回来以后，如实向孟尝君禀报了事情的经过，并解释说他收回来的是老百姓的心，比税款要昂贵得多，希望孟尝君不要因为此事生气。孟尝君尽管不同意他的做法，但是事情已经发生了，木已成舟，只好作罢。

一年以后，因为某种原因，孟尝君被齐王罢免了职务。当他满怀失意地回到薛地时，薛地的老百姓竟然夹道欢迎他回来，他们的举动给了孟尝君极大的心灵安慰。此时，他终于懂得冯谖当初的免税之举是多么充满智慧。于是，他把冯谖叫到跟前，好好赞扬了他一番。

但是，令孟尝君不解的是，冯谖好像并不领情，而是说："公子不要高兴太早。现在，薛地已经成了你的根据地，但这远远不够。俗语说'狡兔三窟'才能保全性命。公子现在只有一个巢穴，应该尽快挖掘出另外两个才是上策。"接下来，冯谖又为孟尝君准备了几种方案，以防遭遇不测。孟尝君也意识到冯谖的见解十分有理，就派他前去办这件事情。

冯谖去晋见魏惠王，在魏惠王面前把孟尝君大肆吹嘘了一番说："如此杰出的人物，如果哪个国家能聘任他，一定能够马上繁荣起来。"魏惠王相信了冯谖的话，决定任命孟尝君做大将军。齐王听到消息后，感到不能让人才落到别人手里，立刻派使者把孟尝君请回来，任命他做宰相。

冯谖又劝孟尝君："现在请齐王把他祖先的宗庙建到薛地。"宗庙建好之后，冯谖高兴地对孟尝君说："公子现在拥有齐、魏、薛三个根据地，可以高枕无忧了。"事实证明冯谖所言完全正确，孟尝君一生果然都过着幸福安定的生活。

其实，我们又何尝不应该学习孟尝君和冯谖之举呢？只有为以后的道路做长远打算，未雨绸缪，留有余地，才能使自己的一生高枕无忧，如果只是一味地担忧，却什么也不去做，不幸就只能降临到你的头上。

而做事留有余地，则是未雨绸缪的明智之举。因为余地是润滑剂，是台阶，是缓冲器，更是推进器。"距离产生美"，便是这个道理。正如饭不要吃得太饱，话不要说得太满，橡皮筋不可用力过猛。说得体的话，做得体的事，天宽地阔，心高路远，凡事都应该留有余地，这是生活的智慧，智慧的结晶。

幸福处方：给他人一点儿余地，给幸福一条出路

建筑楼群，要留有一些空地给绿树、给花草、给阳光、给空气；书面"留白"，是给观赏者留下想象的余地；保守批评，是给人留下改过自新的余地；含蓄表扬，是给人留下继续进取的余地。而如何留有余地，使之有空间去思索、去领悟、去创新，则不仅是一种方法，更是一种艺术。

1. 给他人留条后路

俗话说："人活脸，树活皮。"这句话说出了人类的一个共有特点：爱面子。在人际交往过程中，我们不能只爱自己的面子，而忘记了给他人面子。因为每个人都有最后一道心理防线，如果你把这道心理防线给打破了，那么在以后的交往中，他也就不再会顾及你的面子。因此，在处事待人时，我们应该谨记一条原则：给别人留有余地。

2. 学会婉言相劝

历史上，人们总是把坦诚直言者视为君子，把"冒死进谏"者视为忠臣。当然，在特定的情况下，这的确是一种英雄壮举。但是现实生活中，"直言"往往弊多于利，且"直言者"往往会被碰得鼻青脸肿；相反，婉言相劝则避免了言辞过于尖锐、措辞过分激烈，而且会达到双方心照不宣的效果。

3. 吃点儿小亏也无妨

驱车上路，偶尔不小心被别人轻微地擦了一下车子，本来可以心平气和地商量解决，结果，你指责我，我骂你的错，互不相让，弄得交通阻

塞，非要交通警察出面解决才算了事。楼上浇花时不小心将水滴在了下面行人的头上，本来可以在一声"对不起"中解决问题，然而，谁都觉得没有错，于是，一场拳脚相争就开始了。其实，吃点儿小亏也无妨，这样就可以让彼此相安无事。

心理专家话幸福

俗语说："人情留一线，日后好相见。"意思是说与人相处，凡事不可做绝，要记得彼此留有余地，以后不管在什么场合见面，都不会难堪，不会尴尬。遇事穷追不舍，于人于己都没有好处，应当适当考虑别人的想法，留下回旋的余地。其实，给别人一点儿小小的空间，更是给自己一个广阔的空间。

六、学会运用感情投资

> 与其说人类的幸福来自偶尔发生的鸿运，不如说来自每天都有的小实惠。
>
> ——【美】富兰克林
>
> 把别人的幸福当作自己的幸福，把鲜花奉献给他人，把荆棘留给自己。
>
> ——【西班牙】巴尔德斯

在生活中，不少女性在办事的时候往往抱着"有事有人，无事无人"的态度，把对方看作自己受伤时的拐棍儿，用到的时候，拿过来，不用了，立马随手扔掉。时间一长，这样的人往往会被周围的人抛弃，尤其是当她再求人办事，或者是遭遇困境的时候，可能没有人再会帮助她。

人非草木，孰能无情？生活给我们的经验是：你必须在你的银行账户中储蓄足够的金额，这样在你遭遇困难的时候，你才能够从容地从银行中取出存款，以解燃眉之急；如果你不肯增加储蓄而只想大笔支取，这样的银行账户是不存在的。人与人之间的关系也是一个道理。事实上，每个人的心里都有一个感情账户，要想不断充实你的感情账户，要想使感情储蓄日益丰厚，你就必须不断把你对他人的真诚、关心、支持、帮助等存进这个账户。

某家服装公司的生产部门同时招聘了正副两个经理，且都是刚刚毕业的女研究生。她们两个人年龄相仿，经历相似，且都极富才华。不同的是，一位经理为人和善，善于与员工交流，日常工作中，对下属恩威并施，分寸得当。在业务上严格要求，从不放松，但如果下属偶尔出了什么差错，她却总是自己承担责任，为下属着想，每次出差回来，也不忘给下属带些小礼物、小玩意，如果哪位下属生病了，或者家里出了什么事，这位经理比他的亲人还着急，嘘寒问暖，让人感动。

而另一位经理则俨然一副女强人的样子，对下属严厉有余，温情不足，有时甚至还有点儿不通情达理，没有一点儿人情味。有一次，一位平时从不迟到的下属因为要送父亲去医院，结果迟到了。可这位女强人经理还是对他进行了严厉的批评，并把奖金全数扣掉了，让每一个同事看了都愤愤不平。

不久，公司内部要进行人事调整，富有人情味的女经理不但工作颇有业绩，而且口碑极好，被提拔为公司副总经理；而那位女强人尽管工作也干得不错，但人气不旺，仍旧待在原来的位置上，尽管如此，她还是没有意识到自己到底哪方面出了问题，最后的结果是下属对她敬而远之。不到半年，她就选择了辞职离开。

与她同时进来的那位经理，在副总的位置上，也没有摆出高姿态，而是一如既往地关心、爱护自己的部属，口碑也一直很好。在工作的过程中，下属总是很卖力地帮助她，她几乎从未感觉到累，虽然身居高职，生活依旧怡然自得。因为她知道，平时多多进行感情投资，终有一天会得到回报。

人都是有感情的动物，如果你能够不断增加你感情账户上的储蓄，以真诚的爱心去和别人打交道，就会建立良好的人际关系网。俗话说得好："一个篱笆三个桩，一个好汉三个帮。"在这个现实生活中，再有能力的人也是需要别人帮助的。所以在与人交往的过程中，不要一口一个"有事吗"，"你这次帮了我的忙，下次我一定帮你"。如此一来，忽视了情感的交流，则会让人兴味索然，体味不到交流的乐趣。如果对人际交往都失去兴趣了，试问，幸福何来？

幸福处方：幸福是"投资"受益

在与人交往时，应恰当利用感情投资，多为别人想一些，也多为自己想一下。也许正是因为现在你帮了别人一个微不足道的小忙，给了别人一种"润物细无声"的体贴，别人就可能会因此而记住你，当以后你再遇到困难的时候，他们可能就会"涌泉相报"。

1. 在别人需要的时候，帮助他们

在帮助他人的时候，不要为了获得别人感恩才去帮忙，要在他人正在人生低谷、需要别人帮忙的时候去拉他一把。也许这个你现在帮助的人就是你日后的贵人，能够给带来你意想不到的帮助。

2. 表现出大方、积极乐观的性格

在人际交往中，如果你时时刻刻都对人保持一种冷漠的态度，拒人于千里之外，你就不应该再奢望在你需要帮助的时候，有人会为你挺身而出。相反，一些积极乐观的人，在日常生活中往往能够与他人和睦相处，当自己遭遇困境的时候，也往往能够在他人的帮助下顺利走出困境。

3. 与活泼开朗的人合作

生活中，满腹牢骚的人往往是你追求幸福生活的一种障碍，因为在与他相处的过程中，你会不自觉地受他的影响，让自己的天空也充满了黯淡的色彩。相反，你往往能够从活泼开朗的人身上感受到生命的激情，而且你会非常奇怪这种激情怎么就能够赶走你的恶劣情绪。

4. 克制自己的情绪

与人相处，贵在和睦，如果因为个人的不良情绪使你们之间的气氛变得紧张起来，你可能就会失去这个朋友，也可能会使自己的生活少条路。因此，运用你的判断，而非任性，决定何时何地该不该闹情绪。

第七章 做聪明女人——灵活应变秀生活

心理专家话幸福

在工作中，在生意中，在人际交往时，如果能够合理利用感情投资，对身边的人多相知，多关心，多相助，当你的人生遭遇困境时，这些人可能就是你生命中的贵人，他们能够帮助你摆脱困境，达到幸福的彼岸。

七、敞开心中的门

最大的幸福在于我们的缺点得到纠正和我们的错误得到补救。

——【德】歌 德

把自己封闭起来，风雨是躲过去了，但阳光也照射不进来了。

——【英】凯恩·柯林斯

有姐妹二人，年龄不过四五岁，由于卧室的窗户整天都是紧闭着，她们认为屋内太阴暗，看见外面灿烂的阳光，觉得十分羡慕。姐妹俩就商量着说："我们一起把外面的阳光扫一点儿进来吧，这样就能够在屋子里也可以在阳光下面做游戏了。"于是，姐妹两个便拿起扫把和畚箕，到阳台去扫阳光。

等到她们把畚箕搬到房间时，里面的阳光就没有了。她们这样一而再再而三地扫了许多次，结果都是竹篮打水一场空，屋子里还是一点儿阳光都没有。正在厨房忙碌的妈妈看见她们奇怪的举动，好奇地问道："你们在干什么呢？"她们俩异口同声地回答说："我们扫一点儿阳光进来。"妈妈笑了，微笑着说："傻孩子，你们只要把窗户打开，阳光自然就会进来了，何必去扫呢？"

的确，在我们的生活当中，有多少人的心门也如同那扇窗一样是紧闭着的，又有多少人的心灵没有感觉到阳光的温暖呢？人生无常，不如意事常十之八九：工作不顺心，朋友闹别扭，夫妻有误会，孩子不争气，家人不理解，上司给脸色……在这些阴暗晦涩的日子里，人们的心门被关得严严实实，不要说阳光，就连家人和朋友的温暖也被无情地关在了门外，自己所能感受到的只剩下阴冷和孤独。

夏兰，30岁，是一家精品店的女主人。几个月之前，她去参加一位朋友的婚礼回来，突然感到莫名的恐惧，从此不敢外出见人，多方治疗无效，结果再也没有办法经营自己开的精品店。

后来她丈夫带她来到了心理诊所。她向医生做了以下叙述："几年前，我下了岗，后来在亲戚朋友的资助下开了这间精品店，生意一直不错。可是不久前，邻居家一位年轻漂亮的女孩也开了一家，而且就在我的店对面，可能漂亮也是一种资本，她的店不久就红火了起来。前几个月，我和她一起去参加一个朋友的婚礼。很多人都是同行，但是大家都围着她转个不停，和我说话的人却很少。从此我就开始了惶恐不安的日子，觉得自己在生意上绝对不可能超过她。刚开始的时候，我只是感觉和她在一起的时候很害怕，可是后来，我开始变得害怕每一个人，包括上门来的顾客，于是我的精品店不得不暂停经营。现在我只想安安静静地待在家里，什么人也不见。"

据她的丈夫介绍说，因为这种情况的出现，她经常会感觉到恐怖，现在基本上不见人，有时候家里来了客人她也非常紧张，甚至是战战兢兢的，身体健康也每况愈下。相比以前开朗乐观的夏兰来说，现在的夏兰不仅对生活失去了信心，而且做任何事情都是心灰意懒，精神恍惚。

一个人，如果长期陷入自闭之中，必然会导致心态失衡，而且长期的自闭会阻碍个人与他人以及社会的正常交往。处在封闭环境中的人，有时候感觉不到封闭，这就必然导致精神的萎靡、思维的僵滞。进而使人认知狭隘，情感淡漠，最终可能会导致人格异常和变态。

可以说，自闭是心灵的一剂毒药，是对自己融入群体的所有机会的封杀。自闭不仅会毁掉自己的一生，还会让家人和周围的朋友跟着一起忧伤。总之，自闭会毁掉一生的幸福。

幸福处方：打开心门，幸福才能进来

每个人都有追求，而且人生的历程总是得失相随，很难有让我们非常满意的时候，所以每个人都应该有一定的心灵承受能力。这样才能在遇到挫折或者打击之后，有效地将紧张和焦虑转移或者发泄出来。如果面对挫折和打击，将自己"封闭"起来，甚至是消极悲观，独居一隅，这样发展下去，只能独自忍受难以名状的孤独寂寞，快乐也就会越来越远。

1. 学会信任

如果你对自己的朋友和家人表现冷淡，往往意味着你对人的信任感和孩子般天真的直觉已经被自我封闭的重压给毁灭了。如果因为缺乏信任就不和他人交往，你将会失去和周围人相处的许多乐趣。所以你不妨试着来做：和朋友邻居见面的时候主动打个招呼；和经常去买东西的小商店里的售货员说上几句家常话；闲暇时候和家人或者朋友一起去爬山、游泳、郊游等。

2. 接受自己

生活并不像你想象的那样总是充满着烦恼和郁闷，而且所谓的痛苦和忧伤只不过是因为我们把它放大了而已。所以，学会对自己说"这没有关系"，如此一来，你的生活就会时时洋溢着欢声笑语。

3. 展示自我本色

和人的交往过程中，你应该展现一个最真实的自己，不需要伪装，不需要做作。例如，和朋友分离在即，就让眼泪大胆地流下来吧！如果实在不能压抑自己的感情，那就痛快地发泄。如果害怕别人的议论，而把自己身上最真实的一部分掩藏起来，这种做法是最愚蠢的。

4. 不计较过去的事情

不要为一件不必要的小事而耿耿于怀，更不必为某一次待人接物礼貌不够周全而自怨自艾……因为有很多事情根本不能按照你的想象来发展。如果凡事都追求万无一失，那么最后就会在不知不觉间把自己给封闭起来，所以一切都要学会顺其自然。

心理专家话幸福

境由心生，生活中，只要我们肯将心门打开，阳光定会照耀进来。洒满阳光的心一定能营造出一个温馨而甜美的环境，从而使生活在这个环境中的人成为充满生机、充满活力、积极向上的人。这样的一个人，怎么能够感受不到快乐呢？

八、保持自我，活出本色

> 一个人最糟的是不能成为自己，并且在身体与心灵中保持自我。
>
> ——【美】卡耐基
>
> 人之所以不幸，是因为他不知道自己是幸福的，仅此而已。
>
> ——【俄】陀思妥耶夫斯基

在这个世界上，没有完全相同的两片树叶，同样，每个人也都是独一无二的，你就是你，所以没有必要按照别人的眼光和标准来评判或者约束自己。生活中，我们也无须效仿别人，否则很难保持本色。一个人如果连自我都失去了，一生都活在他人的世界观里，这将会是多么悲哀的一件事情。要知道，我们每个人的生活状态都是由自己塑造的，学会接受自己，秉持本色，这正是一个人快乐幸福的要诀。

李莉在结婚之前是一个非常敏感羞怯的女孩儿。因为体型偏胖，特别是她还有着张大脸，这使她看起来比实际还要胖。她十分自卑，认为自己不管怎么打扮都不能掩盖自己的缺点，为此她很少参加同学或者同事聚会，更不喜欢参加体育运动。

后来，李莉嫁了一位稳重成熟的丈夫，而且他事业有成，家庭和睦。很长时间以来，李莉很想改变自己，想象丈夫家庭中的每一位成员一样，稳重而自信，但总是适得其反，甚至这种状况变得越来越严重。她越来越紧张易怒，害怕见到任何朋友，甚至一听到门铃声就会惊慌不已。但为了安慰丈夫和家人，她还是装出很快乐的样子。有时候丈夫工作中的应酬她不得不参加，她就在聚会中尽量掩饰自己的恐惧和担忧，装出开心的样子，甚至有时候会装得过头，而且之后的几天里她会感觉身心疲惫。事情越来越严重，最后李莉竟然想到了自杀，因为她觉得活着者也是一种折磨和痛苦。

但是，婆婆的一句话改变了李莉一生的命运。那次，她和婆婆就教育子女的问题进行交谈，婆婆告诉她说，她的几个孩子之所以都能够生活得开心快乐，包括她的丈夫，最重要的一点就是"无论遇到什么事情，我都会坚持让他们保持自我的本色。""保持自我本色"这几个字一刹那间让李莉豁然开朗，她终于发现自己不快乐的原因，因为她所有的不幸都源于硬把自己套入一个不属于自己的模式中。

几乎就在一瞬间，李莉决定开始保持自己的本色。于是她重新开始打量自己，研究自己的个性和气质，并从中找出自己的优缺点。此外，她开始学习怎么样配色与选择衣服样式，才能穿出自己的品味，而且也主动结交一些开朗乐观的朋友。经过一段时间的改变，她发现自己比以前所有的日子都快乐。后来，在教育自己的孩子时，她也谨记一条：不论发生什么事，永远保持自我本色。

其实，在我们的身边经常可以发现这么一类人，他们在学习工作生活中，处处模仿别人。追随别人，喜欢依照别人的足迹去走。尤其是女性，她们不仅模仿别人的装束打扮，甚至也模仿别人的思想和行为，特别在心灵上不能保持自我，一贯去迎合别人，结果失去了自己的格调，也失去了自己的本色。

幸福处方：幸福是属于自己的

我们生活在这个世界上，是为自己而活，应该保持自己的本色，大可不必去模仿追随别人。你在这世上是唯一的存在，以前没有和你一模一样的人，以后也不会有。而且人与人的生长环境，社会经历，个性气质都有很大的不同，如果一味地去效仿别人，不仅会失去自己的本色，也会使自己的生活变得越来越糟糕。为此，不管什么时候，我们都应该保持自我，活出本色，打造一个独一无二的自己。

1. 保持原本个性

你的经验、环境和遗传造就了你，不管怎样，你都应该努力经营属于自己的花园，里面是鲜花也好，是杂草也罢，都是属于自己的。我们每个人都是自己的，都是一个独特的个体——当你坚信这一点时，你就会比其他人至少少掉50%的烦恼。否则，你将永远不快乐。

2. 注意自身优势

在生活中，你应该时不时对自己进行审视，注意自己的优势，培养自己的优点，克服自身的缺点，不断使自己进步，学会欣赏自己，就如同欣赏别人一样。如果能做到这些，就会对自己产生信心，变得热爱生活，就会保持自我，展示本色了。

3. 不盲目追随他人

总有一些女性，今天看到街上流行某种颜色的鞋子，于是就毫不犹豫买了下来；明天看到别人的新发型十分漂亮，于是也想照做；甚至看到别人某种表情，也想效颦……结果在别人的流行中失去了自我。其实，适合别人的并不一定适合自己，任何时候，都应该保持自身特色。

心理专家话幸福

保持自己的本色，做最真实的自己，这样的女人最富有人情味与亲和力。在生命的历程中，如果你能够最大限度利用你的自身优势，保持好你的女人本色，你既能够生活得悠然闲适，又能够充分享受到作为女人的幸福与美满。

第八章

做轻松女人
——不要让自己活得太累

现代社会，很多女人为了追求生活之外的其他东西而四处奔波，她们总是对眼前的生活感到不满，但是又不知道自己真正需要的是什么，于是，日复一日中，她们越来越忙碌。往往，女人不是累在身体上，而是累在心计上。若一个女人一天到晚都生活在紧张之中，那肯定寻不到生活的乐趣。因此，匆忙生活中，不妨放慢生活的脚步，摆平自己的心态，化繁为简，忙中偷闲，寻找另一番乐趣。

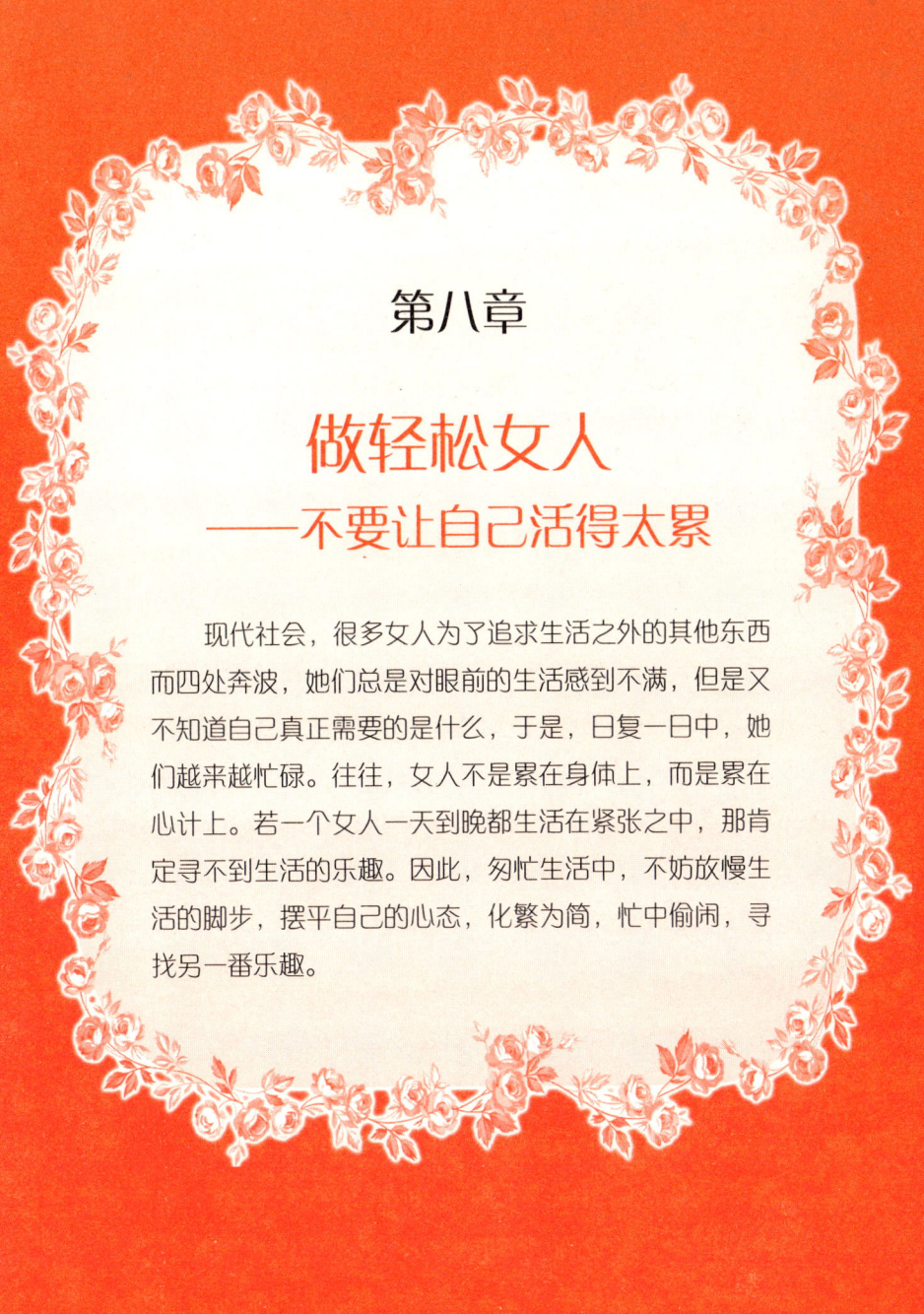

一、不做都市"郁女"

> 快乐就是健康，忧郁就是病魔。
>
> ——【美】哈里伯顿
>
> 在安详静谧的大自然里，确实还有些使人烦恼、怀疑、感到压迫的事情。请你看看蔚蓝的天空和闪烁的星星吧！你的心将会平静下来。
>
> ——【美】爱德瓦兹

随着社会经济活动的日益频繁和现代生活节奏的不断加快，近年来，社会各阶层人士越来越明显地体会到了生活压力给人们带来的心理之累。在这种社会的必然趋势之下，许多女性似乎也都在与快节奏的生活步调搏击，为此，她们特别容易受累于情绪、烦恼、压抑和失落。但几乎没有女人会每天给自己留出一点点儿时间来安静地思考一下如此忙碌的意义，或者是她们已经习惯了这种忙碌，又或者是对这种忙碌已经变得麻木不仁。

但是，忙碌的背后她们所能得到的又是什么呢？物质生活的提高，经济基础的稳固，社会地位的显赫……但恐怕更多的是"郁闷"。只要稍稍留意一下，就可以发现，现在很多人的口头禅是"郁闷"，"真是郁闷啊"等，再或者就是她们会无缘无故地发脾气，看什么都不顺眼，情绪极差。为此，她们很少会感觉到生活的轻松，更不要提快乐和幸福。

在一家设计精美的高级餐馆里，一位穿着名贵时装的太太正在和她的丈夫一起用餐。她皮肤很好，长相也不错，但是不知道什么原因她看起来

第八章 做轻松女人——不要让自己活得太累

一副很不高兴的样子，而且她几乎对任何事情都抱怨，一会儿说："这家餐厅实在没有传说中的好，窗户没有关，噪音也很大"，一会儿又大发牢骚："服务水准简直是太低了，而且饭菜怎么会这么难吃……"在吃饭的过程中，她一直絮絮叨叨，几乎就没有享用那些精美的食物。

不过，坐在他对面的丈夫却是另外一副样子，看上去和蔼可亲，温文尔雅。他对太太的举止言行似乎有一种难以应付而又无可奈何的感受，也似乎在后悔带她来用餐。

他礼貌地向周围一起用餐的人打了个招呼，和他们开始进行愉快的交谈，同时又做了一个简短的自我介绍。他说他是一名教师，然后笑着说："我的太太是一名制造商。"此时，他看着太太，诡秘地笑了一下。

听完他的话，一起在餐厅吃饭的人大都感到非常疑惑，因为他的太太看起来实在是缺少实业家的气质和生意人的精明。于是有个人非常疑惑地问道："不知道尊夫人从事的是哪个方面的制造业啊？"

"哦，'郁闷'方面的，"那位先生一本正经地说道："你们没有看到吗？从进这家餐厅开始，她就一直不停地在制造着'郁闷'。"他的这种脱口而出、幽默丰趣的话，立刻使餐桌上的气氛变得活跃起来，而他的妻子也因他的话而感到不好意思。事实上，这位先生很贴切地道出了他妻子身上所存在的实际情况。

其实，在现实生活中，很多女人，尤其是职位比较高、经验比较丰富、资历比较深，她们在女性生活中处于高层，生活水平和质量都比较高，而且在教育、晋升、婚姻、薪酬等方面她有着更多的机遇。在一般人的眼里，这样的女人应该享受着更多的幸福和快乐，但是事实却正好相反，她经常感觉的竟然是"郁闷"：

郁闷啊，怎么工作没完没了啊？

郁闷啊，这个周末又得加班了？

郁闷啊，天底下的好男人都在哪儿藏着呢？

郁闷啊，就为这点儿钱我天天累死累活的，结果还是没有升职的机会；

郁闷啊，上司怎么这么难对付，同事怎么这么难相处？
……

在她的世界里，好像什么都是灰色的，包括心情。于是，再好的物质生活也难以调动她生活的激情。而当一个人对生活没有激情的时候，所有的一切于她来说就都不再有意义。因为人生最劳累的事情，莫过于背着心灵的包袱走路了，而女人又天生想不开，所以只能生活在沉重的烦闷之中。

幸福处方：如果郁闷，怎么幸福

事实上，郁闷情绪的缓解与否，关键因素是人们对现实生活如何看待。据世界卫生组织报道，全球女性抑郁症患者要远远高于男性。而抑郁症多是由抑郁情绪引起的，它对人类的伤害是非常严重的，有人比喻说它是现代生活的杀手，心灵上的"流行感冒"。抑郁让你的情绪低落，思想消极，如此一来，便会形成一个持久而日益严重的恶性循环。为此，在日常生活中，我们应该注意避免抑郁情绪的产生。

1. 转移注意力

抽时间看一场精彩的体育比赛，看一场喜剧，读一本精彩而轻松的小说等，这样常常可以缓解暂时的郁闷，使心灵的压抑得到缓解。

2. 保持平常心

在忙碌的日子里，最需要做的是保持一颗平常心。忙碌时不心烦，挫折时不丧气，春风得意时不得意忘形。学会宠辱不惊，而不是看谁都不顺眼，有时倒不妨学学阿Q，来点儿自我安慰。

3. 合理宣泄

在心情不佳的时候，可以通过合理的方法来进行宣泄，例如大哭一场；上街给自己买点儿小玩意和吃的东西，即便是不买什么东西，也可以去商店随便逛逛，这样往往会使心情好起来。还可以做一下某件拖延很久的事情，或者是在家中搞搞家务。事情做完之后，你便会高兴一些。

4. 换个角度看问题

换个角度看问题其实并不是一件困难的事情，但是一般人往往难以做到。其实当工作忙碌的时候，你可以想一下这样会使你的生活更充实，也能够提升自己的工作经验，还能够避免空虚无聊。这样想可能就能缓解工作负担重给你带来的不快。

心理专家话幸福

经常听到很多人抱怨工作的繁琐，唠叨生活的琐杂，愤恨生活步调的迅速，并为此郁郁寡欢，对生活失去信心和激情。实际上，有时候空闲会带给心扉太多的思量的余地，导致心灵过分苍白。但如果换个角度想一下，假使用忙碌来替代空闲，根本没有更多时间去抱怨，根本没有更多的语言去唠叨，没有更多的感情要发泄。换个角度，会发现忙是外在的快乐，也是内在的幸福。

二、苛求完美也需要代价

> 世间的活动，缺点虽多，但仍是美好的。
> ——【法】罗丹
>
> 人是一种不断需求的动物，除短暂的时间外，极少达到完全满足的状况，人生本来就充满缺憾，完美人生并不存在于生活中，人生虽不完美，却是可以令人感到满意和快乐的。
> ——【美】马斯洛

完美是人生最美好的愿望，尤其是女人，都希望自己是世界上最美丽、最幸福的女子，有着幸福的家庭，可心的事业，富足的生活，悠闲的心灵。但完美往往只是人的主观愿望，缺憾常常是客观存在的现实。

但是上帝是公平的，很多时候，他不会把所有的幸运都降临在一个人身上。因此也就出现了有爱情的不一定有金钱，有金钱的不一定健康，有健康的不一定快乐。世界上没有绝对完美的事物，人生永远存在着缺憾。正如月儿无法永圆不缺是缺陷，花儿无法永开不败是缺陷，天空不能永远湛蓝亦是遗憾。但这种遗憾不是凋零，不是陨落，它是一种摄人心魄的美。

古时候，某国国王有七个女儿，这七位美丽的公主是国王的骄傲，特别是她们那乌黑亮丽的长发远近皆知。作为奖赏，国王送给她们每人一百个漂亮的发夹。

有一天早上，大公主醒来，一如既往地用发夹整理她的秀发，却发现少了一个发夹，于是她偷偷地到了二公主的房里，拿走了一个发夹。二公主发现少了一个发夹，便到三公主房里拿走一个发夹；三公主发现少了一个发夹，也偷偷地拿走四公主的一个发夹；四公主如法炮制拿走了五公主的发夹；五公主一样拿走六公主的发夹；六公主只好拿走七公主的发夹。结果，七公主的发夹只剩下九十九个。

隔天，邻国英俊的王子忽然来到皇宫，他对国王说："昨天我养的百灵鸟叼回了一个发夹，我想这一定是属于公主们的，而这也真是一种奇妙的缘分，不晓得是哪位公主掉了发夹？"公主们听到了这事，都在心里说："是我掉的，是我掉的。"可是头上明明完整地别着一百个发夹，所以都懊恼得很，却说不出。只有七公主走出来说："我掉了一个发夹。"话才说完，一头漂亮的长发全部披散了下来，王子不由得看呆了。

故事的结局，当然是王子与公主从此一起过着幸福快乐的日子。

为什么一有缺憾就拼命去补足？一百个发夹，就像是完美圆满的人生，少了一个发夹，这个圆满就有了缺憾；但正因缺憾，未来就有了无限的转机，无限的可能性，何尝不是一件值得高兴的事。人生不可避免的缺憾，你怎样面对呢？

其实，事事苛求完美无异于一种痛苦，而且背着如此沉重的精神包袱，抱着一种不正确的和不合逻辑的态度来对待生活和工作，会给人带来莫大的焦虑、沮丧和压抑。同时，苛求完美不仅能够阻碍事业上的成功，在个人的自尊心、家庭问题、人际关系等方面，也难以取得满意的效果。

幸福处方：幸福也有缺憾

人生在世，欲望无穷，追求无限。现今这个光怪陆离的世界给了我们太多的诱惑。当客观的现实不能满足我们主观愿望的时候，梦想与现实之间的距离就会带来极大的反差，就会使人产生缺憾的痛苦。古语云：甘瓜苦蒂，物不全美。正如世界上没有十全十美的东西一样，也根本不存在十全十美的人，因此我们应该正确看待现实和自身的不足，正视完美主义心态。

1. 正确估价自己

自己对自己要有一个正确的估计，既不要把自己的能力估计得太高，也不要过于自卑。在工作和生活中，有多大能力就做多少事情，不可事事追求完美，更不要在自己能力不足的方面去与人竞争，要在自己长处上培养起自尊、自豪和工作的兴趣。

2. 给自己一个方向

为自己确定一个短期目标，寻找一件自己完全有能力做好的事，然后去把它做好。这样你的心情就会轻松，行事也会有信心，同时会感到自己更有创造力和成效。目标切合实际的好处不仅于此，它还为你提供了一个新的起点，能使你循序渐进地去摘取事业上的桂冠。同时你的生活也会因此而丰实起来，变得富有色彩，充满了人情味。

3. 正确对待失败

人生的道路上，失败是一道不可或缺的风景。成功往往只能坚定我们的信念，而失败则是我们人生中一笔巨大的财富，因为它教给了我们独特的处世之道。也只有经受住失败的考验，才能到达成功的巅峰。所以，不必要为没有做好的事情耿耿于怀，学会吸取经验，再一次做得漂亮一些。

心理专家话幸福

在生命的历程中，我们每个人都在让自己尽量变得完美，但是在我们追求完美的过程中，当我们有所缺憾的时候反而是比较完美的。因为这样往往能够使我们在努力赶路的时候注意到路边的风景，或者偶尔停留一下，和朋友聚聚会，和家人聊聊天，喝喝茶，享受一下亲情的温馨，这种感觉肯定是幸福的。

三、忙碌中放平心态

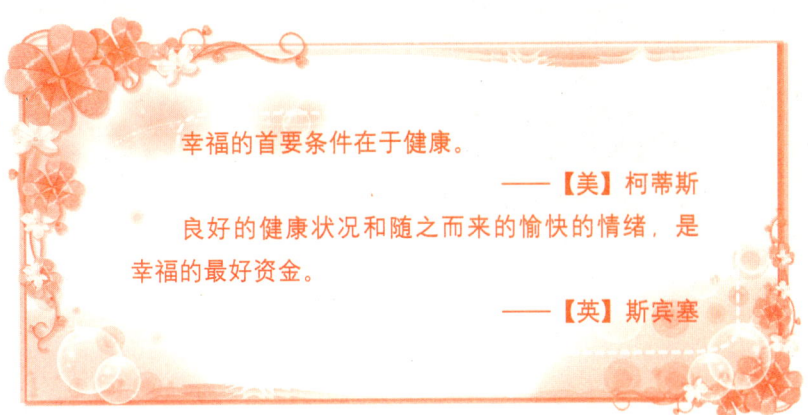

幸福的首要条件在于健康。
——【美】柯蒂斯
良好的健康状况和随之而来的愉快的情绪，是幸福的最好资金。
——【英】斯宾塞

现代社会，生活的节奏变得越来越快，许多身在职场的女人也不得不加快自己前进的步伐，结果却使自己心力交瘁，难以适应；她们渴望舒缓，以便享受久违的简单和闲适，却最终陷入欲"快"无力，欲"慢"不能的两难境地。结果，在内心的矛盾与挣扎中，既没有沉醉于工作的状态，也没有享受到生活的乐趣。其实，如果你能够找到生活的重心，认清人生的意义，珍惜拥有，就能在忙碌中保持放松的心态。

曾经有个年轻人，正处于充满幻想的阶段，他起草了一份被公认为人生的"幸福"的目录。如同别人有时会将他们所拥有的或想要拥有的财产列成表一样，它将构成幸福的必备之物列成表，其中包括健康、爱情、美丽、才智、权力、财富和功名等。

当他完成清单之后，自豪地将它交给一位睿智的长者。这位长者是很多人心目中的良师和精神楷模，在人们的眼中，他就是智者的化身。年轻人充满自信地把清单递给了他，并骄傲地说："这是人类幸福的总和。一个人如果能够拥有这些，就和神差不多了，而且肯定是世界上最幸福的人。"

长者看了后，深思熟虑地说："的确是一张很出色的清单，内容详细，记录顺序也十分合理。但是，我年轻的朋友，你好像忽略了一项最重要的要素。如果生活中缺少了这项要素，每项财产都可能会变为可怕的折磨。"

年轻人立即暴躁地逼问："那么，我遗漏的这个重要的要素到底是什么呢？"

智者用一小段铅笔划掉年轻人设计的整张表格。在一拳击碎了年轻人的少年美梦之后，他写下了三个字：心之静。"这是上帝为他特别的子民保留的礼物。"他说。

"他赐予了许多人才能和美丽。财富是平凡的，名望也不稀有，但心灵的宁静才是他允诺的最终赏赐，是他爱的最佳象征。他施予它的时候很谨慎，多数人从未享受过，有些人则等待了一生——是的，一直到高龄，才等到赏赐降临到他们身上。"

年轻人似有所悟，他向老人点了点头，感激地离去。

在追求幸福的过程中，很多人总是认为满足物质方面的欲望，享受高质量的生活方式便是幸福。为此，他们甘愿忙忙碌碌，常常会在自觉不自觉中，给自己的心灵上把锁，这把锁常常把幸福和快乐隔离在我们的生活之外，带给了我们太多的焦躁、压抑和困惑，常常使我们不能正确地看待生活的匆忙以及人生的得失，更难以保持心态的闲适、豁达和从容。如此一来，在快速的运转之中，人们渐渐开始不适应这种忙碌的生存状态，变得疲惫不堪、烦躁不安，幸福的感觉也慢慢地淡漠或者是消失了。

幸福处方：心态平和，才会幸福

在现实生活中，忙碌的生活使每个人都承受着巨大的压力，徘徊在烦恼和郁闷之中，生活得十分痛苦。这是因为我们给自己的心灵上了把枷锁，感受不到生活的自由和闲适。而如果能学会放慢心态，学会安于生活，我们才能够活得精彩。只有用平和的心态去面对人生的风风雨雨，心中就会充满了阳光。若将自己沉囿于浮躁和悲伤之中，再美丽的生活也会因此而黯然无光。

1. 保持一种慢心态

在忙碌的生活状态之下，应该保持一种慢的心理状态。慢不是简单的减速，不是停滞和放纵，而是一种豁达、平和、从容、淡泊，是对生活一种成熟的态度。在快节奏下，如果心态不能保持平衡和冷静，只会让生活更加手忙脚乱。因此慢的真谛就是快节奏下一种平衡的心态。做到心不杂，心不急，心不乱，心不冷，心不贪。在这个时间飞逝、心浮气躁的时代，如果能够保持心态的舒缓，去除物欲横流之下的狂躁，生活就会有条不紊，雅致闲适。

2. 对时间进行规划

规划你的生活计划和过程，充分利用有限的时间，这是高效做事和有条不紊生活的有效方法。时间规划一般分为长期规划和短期规划，一般可以在年初制定本年计划，月初制定月计划，周一制定周计划。每天的计划一般也要预先制定。由于生活、工作内容的复杂性以及临时随机任务，也需要灵活处理时间，但切记不可偏离总的目标。

心理专家话幸福

心灵是自己做主的地方，瞬间它可能会把地狱变成天堂，也可能会把天堂变成地狱。现实社会中，人心很容易被种种烦恼和欲望所捆绑，稍不留神便会被自己营造的心灵监狱所监禁。而心狱是残害我们心灵的杀手，它在使心灵凋零的同时又严重地影响了我们的幸福。

四、给自己的生活松松绑

> 人类的幸福只有在身体健康和精神安宁的基础上，才能建立起来。
>
> ——【英】欧 文
>
> 当我们正在为生活疲于奔命的时候，生活已经离我们而去。
>
> ——【英】约翰·列侬

现代社会，很多女人为了追求事业上的成功和家庭的幸福，整日像机器一样运转，为此她们舍弃了很多兴趣和爱好，甚至为了工作也舍弃了很多次与家人共享天伦之乐的机会，更别提与闺中密友闲聚。

不可否认，现代社会生活的节奏在加快，人们总会感觉生活中很多的事情还没有来得及做时间就过完了。我们常常会听到"时间太少"、"日子过得太快"的抱怨声。于是很多人开始和时间赛跑，恨不得把一天当两天来用。的确如此，日复一日的忙碌中，很多人的生活好像只能用"忙"和"累"来形容了。

在这种"忙"和"累"中，人们经常感受到的是心"忙"、"心"累，尤其是女性，承担着家庭和社会的双重责任，压力更是多了一层。但是，在这种"忙"和"累"中，更应该保持一种恬淡的心情，保持一种笑对一切的心态，让心灵感觉到轻松和自由。这样才能活出一份自在，活出一份轻松，活出一种幸福。

第八章 做轻松女人——不要让自己活得太累

小洁是一所重点高中的班主任，工作压力很大，很长时间以来，她会无缘无故地在班里和家中发脾气。为此，丈夫抱怨她，说她的脸每天都绷得紧紧的，好像是谁欠了她几百块钱一样；孩子更是不愿意与她靠近，说她像恐怖片里面的僵尸。而最痛苦的是她自己，虽然从他人的角度来看，她的生活应该是很幸福的，丈夫事业有成，又非常顾家；孩子身体健康，聪明可爱；她自己又在工作上小有成就。但是于她自己来说，她觉得现在的生活很没意思，因为太"累"了。

有一天，当她又紧绷神经，心里想着"幸福"到底是什么的时候，她看到了一个镜头：一个两腿俱残的人正在吃力地"走"着，他坐在装有滑轮的小木台上，两手握着小木棍，抵住地面滚动前进。这个镜头引起了小洁极大的兴趣，于是小洁一直用同情的眼光看着他；当四目相对的一刹那，那位残疾人脸上露出了灿烂的微笑，用轻松的语气对小洁打招呼说："早安，今天天气不错哦，应该有个好心情！"

这一镜头顿时使小洁所有的烦恼都烟消云散，她觉得是该给自己心灵松绑的时候了。因为相比这位残疾人来说，她觉得自己实在是幸运不过。最起码她是一个健康的人，还有一份自己喜欢的工作，有一个爱她的丈夫，一个聪明可爱的孩子。难道这还不够吗？即便是生活忙了一点，这也在常理之中，因为班里的那帮孩子马上就要高考了。

想到这里，小洁的心情立马放松了下来，她突然意识到生活原来是这样幸福。回到学校后，她笑着和办公室的每一个老师打招呼，对每一个前来找她的学生和颜悦色；回到家里，当丈夫看到她哼着小曲在厨房里忙碌时，忍不住上前去拥抱了她；还有她的宝贝儿子，也给了她一个甜甜的吻。这时，小洁感受到了生活中从来没有过的幸福。

回味生活，很多时候，令人筋疲力尽的并不是要做的事本身，而是事前事后患得患失的心态，是我们对欲望的追求。如果心灵安详了，一切痛苦都将会荡然无存，但安详的心灵需要我们自己来创造，也只有在放松的状态下，我们才能够拥有。所以，在忙忙碌碌的日子里，我们要学会给自己的心灵松绑，做到工作再忙心不忙，生活再累心不累。

幸福处方：留一点时间给幸福

忙碌不是生活的全部，生命中还有许多事物等着我们去珍惜和呵护。我们不仅要在劳动中获得充实，也应该给我们的心灵松松绑，学会在休闲中享受快乐，在与家人的相伴中感受亲情。放慢脚步、松绑心灵，亲近自然、热爱生活，让自己在愉悦的心情中享受幸福。

1. 做好自己分内的事

工作的时候，不要一味地贪多求快，须知贪多嚼不烂，慢工出细活。更无需去大包大揽一些自己能力、职责范围之外的工作；更不要幻想一步到位，因为欲速则不达。我们首先需要做的是制定一个工作计划，然后认真、踏实地去完成任务，才能使自己在工作中更加从容，才能协调好生活和工作的关系。

2. 享受闲情

"因过竹院逢僧话，偷得浮生半日闲。"对于现代人而言，悠然的闲情似乎早已经被人们放在了计划的最后一项，但终日都在奔波着，闲情往往不能实现，心情有时也会糟糕到极点。

因此，在制定下一次的计划时，把享受闲情放在前几位，这样你会使自己的心情在享受闲情中得到放松。例如：躲到浴池里泡上半个小时，到茶馆里待上一个下午。也可以在家里营造一个闲淡的气氛，置身其中，可以忘忧。

3. 品味爱情

现在的年轻人，因为生活忙碌，没空恋爱的大有人在。也许他们是想趁年轻先打拼自己的事业，但当青春不再时，孤独落寞时，彷徨失意时……，伤痛向谁诉说？而爱情的力量是巨大的，到年龄了就恋爱，你会发现爱情如此美妙，拥有它是如此幸福。

4. 感悟亲情

想一下：你有多长时间没有和孩子打打闹闹了？你有多长时间没有和爱人一起外出旅游了？你有多长时间没有去看望年迈的父母了？你也许会大吃一惊，突然发现距离上一次做这件事情已经很长时间了。抽个时间，去做上面的任何一件事，尽情去享受亲情的温暖。你会发现，原来享受亲情是如此快乐的一件事情。

5. 体验友情

你多久没有和你的闺中密友团聚了，是不是这段时间连电话都很少打。回忆一下，当初你们在一起的日子无忧无虑，多么快乐。因此不妨和朋友们来个小聚，回味一下当年的趣事，倾诉一下现在的苦闷，烦恼也就会在你们的交谈和欢笑声中随风而逝。

心理专家话幸福

在生活中，如果能够拥有轻松愉快的心情，就等于拥有了幸福。只有在放松的状态中，我们的身心才能从忙碌和烦恼中解脱出来，变得轻松愉快。好心情是愉快生活的前提，在忙碌的日子里失去心情的人，往往会充满烦恼，看什么都不顺眼，做什么都不满意，这样的日子当然会失去幸福的色彩。

五、生活在此时

> 昨天是张过期的支票，明天是张信用卡，只有今天才是现金，要善加利用。
>
> ——【美】利　昂
>
> 生活的内容，既不能寄托于未来，也不可能埋怨于旧日。我们所有的生活，只发生于"今天"。
>
> ——【中】鲍吉尔·原野

有位女作家曾经这样写道："20岁，应该是谈恋爱的时候，我错过了；后来年纪稍长，再谈恋爱，却怎么也揣摩不出20岁的恋人，会有什么样的心情，20岁的男女孩会说什么话，会做什么事呢？一个人到了30、40岁，才第一次谈恋爱，恐怕永远也不会知道自己那年轻纯情的一面。为何没有在20岁时去谈恋爱？我的一生，就此留下一个无法追回的遗憾。"

的确，在现实生活当中，从很大程度上来说我们总是不能生活在此时此刻。其实不论昨日或者去年发生了什么，也不管将来会发生什么，此刻才是我们的真正所在——并且始终都是。

诚然，许多人把生命耗费在焦虑之中，同时对一连串的事情担忧，因此而导致的神经过敏几乎成了一种我们熟稔的艺术。对过去的困惑和对未来的忧虑占据了我们当前的每时每刻。于是，我们每日忧心忡忡，灰心丧气，情绪低落，甚至悲观绝望。另一方面，我们不断推延让自己获得满足感的时间，推延应当优先考虑的事情，退后自己的满足感，并常用最有力的理由来说服自己，"有一天"将会比今天更加美好。遗憾的是，如此期待未来的精神安慰只会周而复始地重复。所以,"有一天"永远都不会真正到来。约翰·列侬曾经说过:"生活就是我们忙于制定其他计划时所发生的一切。"很多时候,当我们正制定其他计划时,我们的梦想开始渐渐消逝。总之,我们正失去生活。

很多人总是沉迷于对未来的幻想中。现在的生活对他们而言,就像是未来生活的彩排。然而生活绝非如此。事实上,任何人都不能够保证自己明天仍存在于世间。此刻是我们拥有的唯一时间,也是唯一能控制的时间。当我们将注意力集中于此刻时,便会把所有的都抛诸脑后,开心幸福地过好此时此刻。

有个小和尚,每天早上负责清扫寺院里的落叶。清晨起床扫落叶实在是一件苦差事,尤其在秋冬之际,树叶总会不断随风落下,所以小和尚每次都要花许多时间,这让他头痛不已,一直想找个办法让自己轻松些。

后来,老和尚告诉他:"明天打扫之前,你先用力摇树,把落叶统统摇下来,这样后天就可以不用扫了。"小和尚觉得这是个好办法,于是第二天他起了个大早,使劲地摇树,以为这样就可以把两天的落叶一次扫干净了。

转天一大早,小和尚兴冲冲地跑到院子里,可他一看就傻了眼:院子里依然满地落叶。这时老和尚走了过来,笑着对他说:"傻孩子,你现在知道了吧,无论你今天怎么用力,明天的落叶还是会飘下来。"

很多时候,我们应该找个时间坐下来好好地思考一下,自己如此担忧明天、怀念昨天到底是为了什么?可能很多人都会说,为了生活。因为要想在这个竞争激烈的社会生存下去,就不得不在今天考虑明天、考虑未来的事情。

可是,难道这就是我们所想要追求的生活?曾有这么一个故事:佛祖问一个很有修行的蜘蛛什么东西是最珍贵的,蜘蛛回答说:"是得不到和已失去。"若干年以后,当这只蜘蛛走了一遭历经沧桑之后,它才明白,在这个世界上最珍贵的不是得不到和已失去,而是当下所拥有的幸福。

幸福处方：幸福是此刻的感觉

人生的旅途中，不应该停留在今天或者是明天，唯有活在当下才能使自己过得轻松。活在当下，生活在此时此刻，做当下该做的事情，不要再沉湎于昨天的一切，不要再幻想着明天的种种。回忆的昨天已经默默消失，企盼的明天还在悄悄沉睡。生命的日子里，不应该过多地回忆昨天的一切，也不要一味设想明天的蓝图。好好地生活在当下，把握住此时此刻，才能得到你想要的幸福。

1. 保持一颗清静之心

在做事情之前，应该先让自己静下心来，整理一下思想，适应现在的情况，做好当前的每一件事。至于将来有什么烦恼，我们今天是无法解决的，所以也不要花费心思想着怎么解决，最重要的是好好地活在当下。

2. 该做什么的时候就做什么

人生苦短，我们应该在有限的时间内该做什么就做什么，例如一个女人20岁左右的时候该谈恋爱，30岁左右的时候该生孩子，真正没有遗憾的人生，是每一个年龄，就该做那一个年龄该做的事。如果不该在做某件事情的时机就想要去做，这样只会徒增烦恼而已。

3. 不为明天的事情烦恼

《圣经》中有一句话："不要烦恼明天的事，因为你还有今天的事要烦恼。"这是一句隐含着大智慧的话，但是却没有几个人能够真正做到。其实，我们可以这样想，明天的事情还在未来，结果会怎么样或者会发生什么样的变化都是一个未知数，今天担心明天的事情，对明天事情的发生和改变是起不到任何作用的，纯粹是庸人自扰，自找烦恼而已。

心理专家话幸福

幸福不是伤感的回忆和无奈的感叹，而是此时此刻内心的拥有。不要给自己的生命中留下太多的遗憾，珍惜眼前，把握眼前，享受眼前，做自己想做的和喜欢做的事情，使生活充满色彩，使内心获得满足。这样的女人，心灵才不会被烦恼牵绊，幸福也不会距离自己太远。

六、化繁为简，轻松生活

> 在我看来，幸福来源于"简单生活"。
> ——【美】丽莎·普兰特
>
> 假如生活欺骗了你，不要忧郁，也不要愤慨！不顺心的时候暂且容忍：相信吧，快乐的日子就会到来。
> ——【俄】普希金

现代社会，很多女人的感觉就是累，总是感觉不到生命的精彩。其实，很多时候，累是自我增负的结果。例如，一件本来很简单的事情，他往往被复杂化，因而处理起来也变得琐屑，结果弄得情绪变化无常，心情起伏不定，逐渐步入繁杂生活的误区。

其实，幸福是很简单的。有位哲人曾经说过：世间的一切事物既是从简单开始的，又是从复杂归于简单的。生活也是如此，如果能够归于简单、归于平凡，便往往能够捕捉到生命中瞬间的幸福。可以说，化繁为简是一种明智，是生活中最朴实的智慧和哲学，也是人生的一种境界。

又到了可以休假的时间了，工作了将近一年的小王终于可以去旅游了。其实，在很早之前她就开始为这次的旅游在做计划了。比如带什么东西、选择哪个路线等。为此她列了一个单子，总是反复考虑，力求不漏掉每样有用的东西和好玩的景点。当她忽然想起了哪样东西时，就把它补充在这个单子上。

到了出发前夕，她开始着手去买自己单子上准备的东西了，等她拿出来一看顿时傻眼了，没想到这个单子竟然长达5页，上面密密麻麻的几乎全是要买的东西。买这些东西不仅要花很长时间，而且也需要一大笔钱，小王为此很头疼，休假的热情也减了不少。

这时，和她一同获得休假的小李来看她了，看到小王愁眉苦脸的样子，便问她为什么不高兴。小王说出了自己的烦恼，小李听后，呵呵一笑，说道："你看看你开的这个单子，花钱、花时间不说，要是都买来，你能扛得动吗？其实，出去旅行带一样东西就够了，那就是你的心。只有用心才能感受到自然风光的美好和生活的美妙。"

人生，其实也就是一场旅行，只有化繁为简，轻装出发，才能走得更远、更轻松。然而有些人不是"化繁为简"，而是"变简为繁"。把宝贵的时间和精力都投入到了追逐虚荣和形式上，致使原本简单的事情复杂化了。这些人不仅不能享受生活，反而是在经受生活的折磨。

其实，轻松、精彩的生活在于简单。这正如一位哲人所言："生命如果以一种简单的方式来经历，连上帝都会嫉妒。"因此，没必要把什么都看得过于复杂，也不可能什么事都办得十全十美。生活中，让自己随意一点、简单一点，便能够融入幸福的生活，让轻松伴随自己的每一天，我们的心里便充满阳光，从而感受到生活的精彩！

简单既是对纷繁复杂人生价值的提炼与升华，也是对多彩社会生活的打磨与创造。饮食因简单而健康，旅游因行装简单而轻松，人际关系因简单而舒畅，工作因简化不必要的手续而提高效率，人生因无名利包袱而幸福，这是一种简朴、单纯、真诚、和谐、成熟、智慧，充满追求和成就感的生活，更是至纯至美的人生境界。

简单生活能让你卸下沉重的包袱，让心拥有更多的空间，可以用最宝贵的时间做最有用的事，用最善良而真诚的心去感知这个世界的美，用最珍贵的自由演绎短暂多彩的生命。

幸福处方：幸福源于简单

幸福是很简单的一件事情，如果能够换繁为简，抛去形式和伪装，便能够用简朴换取内心的幸福。化繁为简是一种生活的艺术和哲学。提倡简单生活的目的是为了让你抛下不必要的重负，以轻松的心态去享受生活。

1. 推掉不必要的应酬

平日里的那些"忙"和"累"，实际上很多是可以避免的。比如应酬，不必要逢酒必喝，逢场必去，重要的一定去，但可去可不去的就爽快地推掉。在诸多可有可无的应酬中学会偷点懒，腾出更多的时间做点令自己愉悦的事。

2. 过有节制的生活

简单的生活绝不是懒懒散散，而是应有所节制。合理的时间安排，不但不至于身心疲惫，而且能提高工作效率。因此，工作时要干好自己的事，不要偷懒，而工作之余，不妨放松放松，让压力、烦恼都离自己而去。

3. 追求一种人性的和谐

做自己喜欢做的事,但也要给自己一定约束,按时上下班,坐在属于自己的办公室为生活而工作,对于别人的事、对于权力的争斗,只做旁观者。虽然这样的生活没有政治场中的权力、没有好单位的奢华,甚至许多时候还非常清苦,但这样的生活却问心无愧,心安理得。

4. 简化身边不必要的物品

其实很多时候我们真正需要的东西就那么几件,但有些人却抱着宁滥毋缺、有备无患的心态,必须使自己拥有各种物品才心满意足,尤其是女人,各种各样有用无用的物品总是充斥在生活的各个角落。岂不知,这样会使人越来越疲惫,因为你在照料这些物品的同时,会耗费大量的时间和精力,会扰乱自己的心绪和正常生活。所以,轻装上阵,简单生活才是最理想的状态。

心理专家话幸福

在现代社会中,每个人都感到时间有限,因而拼命地往前赶,殊不知精神、体力、智慧有限,如果早早挥霍一空,那以后的路还怎么走?倒不如把心放慢,不要急于求成,凡事从简单入手,学会化繁为简,让生活和工作都更简单,更有效率。

七、保持从容的心灵优势

> 能把自己生命的终点和起点接起来的人是最幸福的人。
>
> ——【德】歌　德
>
> 一个人能够在自己的地位发生变化的时候毅然抛弃那种地位，不顾命运的摆布而立身做人，才说得上是幸福的。
>
> ——【法】卢　梭

明代养身学家吕坤在《呻吟语》中曾提出这么一个观点："天地万物之理，皆始于从容，而卒于急促。"并认为"事从容则有余味，人从容则有余年"。从容之重，令人明镜在心。从容，即舒缓、平和、朴素、泰然、大度、恬淡之总和。可以说，它是世间一种难得的境界和气度。尤其是在现代社会，当人们的生活节奏变得越来越快，人们的心灵变得越来越浮躁的时候，从容更是难能可贵。

一个从容的人，他为人做事不急不慢、不躁不乱、不慌不忙、井然有序。面对外界环境的各种变化不愠不怒、不惊不惧、不自暴自弃。虽遭挫折而不沮丧，虽获成功而不狂喜，虽忙碌而不烦躁。

李敏是一位成功的职场白领。当她的许多老同学都还在为自己的饭碗苦苦挣扎，自身难保时，她已经是公司一名薪水颇高的白领了，而且事业、金钱、家庭一样不少。然而，更让朋友们羡慕的是，她并没有像朋友们一样牺牲自己的健康和情绪去孜孜以求，而是从容淡定、轻轻松松就拥有这一切了。

朋友们甚是不解，问及其中奥妙。李敏淡淡地说："其实其中没有什么奥秘，这本是一件非常简单的事情。因为换来这份从容也就是半小时的事情。"

李敏娓娓道来，她说刚参加工作的时候，她也和许多人一样，总感觉手头有做不完的事情，并因此放弃了很多自己喜欢的业余爱好，甚至很少和家人朋友团聚。结果到最后人疲乏到了极点，几乎还是一无所获。

看到李敏天天把自己搞得疲惫不堪，有着多年工作经验的爸爸对她说："从明天开始，你能不能每天早出门半个小时。"李敏不解地看了父亲一眼，她并不能完全理解父亲的话，但无奈之下，她决定从明天开始试一下。

第二天，她开始比正常时间早半个小时出门。当她走到公共汽车站时，发现等车的人不多，上到车上，又发现有许多空位，比平时惬意多了。而且，由于还没到上班高峰期，路上的交通也没出现堵塞，很快就到了公司。离上班还有一段时间，同事们都还没来，她一面悠闲地听着音乐，一面整理了一下办公桌，并准备了一下今天要做的工作。

之后，当同事们匆匆忙忙地打卡、手忙脚乱地开抽屉时，她已经泡好了一杯热茶，准备好了工作所需要的资料。自然，接下来的工作是井然有序的，而且工作效率极高，还不到下班的时间，她就完成了全部的工作。于是，她也有了充足的时间去享受一下丰盛的午餐。

下午下班的时候，她已经做完了一天所有的工作，而且还有时间查看有没有遗漏的或者做得不好的地方。而此时的同事，有些人还在手忙脚乱地忙乎，有些人疲惫不堪地打着哈欠，只有她神清气爽，淡定悠然。

李敏没有想到，早出门半个小时能够让自己一天都这么从容，她实在是十分感激自己的父亲，是她教会了自己如何掌握时间和命运的主动权，用半个小时换来一天从容。

从容，不仅能够反映一个人的气度、修养、性格和行为方式，而且是一种符合人的生理、心理需要的有节律的、和谐、健康、文明的精神状态和生活方式。

在现代忙碌的生活中,从容是对生活节奏的把握,是紧张时加一把劲儿,休闲时踏歌而行。从容是一种坦然,是把磨难当作机遇的大度。从容是"泰山崩于前而面不改色"的镇定,是失败面前的从头再来,是对理想和信念的执著追求。

当然,从容不是安于现状,不问世事;不是得过且过,消极颓废;更不是今朝有酒今朝醉的挥霍。从容是一种平和的心态,是一种心灵的优势!从容,是一种理性,一种坚忍,一种气度,一种风范。只有从容,才能临危不乱;只有从容,才能举止若定;只有从容,才能化险为夷;只有从容,才能宠辱不惊;只有从容,才能幸福在握……

幸福处方:多一点儿从容,多一些幸福

匆忙的生活中我们需要一种从容的心态,不以物喜,不以己悲,遇事不慌,闻过不怒,坦然地生活。人的一生,要面对很多事情,比如事业、情感,比如挫折、成功。只有做到从容面对,不惊不惧,才能不躁不乱、从容不迫地应对好这些事情,才能保持心态平衡,处理好面临的各种境遇。

1. 多一些自信和淡然

有时因为工作紧张而让我们疲惫不堪,甚至会出现各种这样那样避免不了的错误。即使如此,我们也应该保持一份自信和淡然,不要心情郁闷,怨天尤人,无精打采,唉声叹气。要调整心态,学会从容,找回自我。在工作中积极主动,与同事和睦相处,彻底放下思想包袱,以良好的心态投入到新的工作和生活中。

2. 多一些明智与豁达

与人相处时,难免会遇上磕磕碰碰的事情。此时,我们不能用狭隘的心胸去斤斤计较,更不能失去理智,做出损人又害己的事情。学会从容,

就是拥有一份宽容的心，除却私心杂念，便会体会到愉悦与轻松，享受到亲情与友情的温暖。

3. 心胸开阔，豁达大度

不要因为外界的一些不利因素的影响而闷闷不乐。庄子就曾经一边坦然地卖着草鞋，一边在脑海里酝酿着他的学说。诗人李白一生坎坷，却能以诗为伴，以乐释忧。正是因为他们能在逆境中享有从容自若的心态，才成就了他们的千古美名！

4. 用大度、超然的观念去看待问题

当工作上遇到阻力，感情上碰到迷惘，心境上受到困扰时，只有从容面对，才能泰然处之，才能保持好一颗平常心，才会让自己沉浸在一种无忧无虑的宁静里。舍弃痛苦，舍弃忧伤，舍弃眼泪，保持从容，才能轻松生活。

心理专家话幸福

路有升沉进退，人有悲欢离合。从容是一种对人生的透彻把握，不管是谁，只要能以平和心态面对一切，闲看天边云卷云舒，笑看庭前的花开花落，必能摆脱是是非非、纷纷扰扰。也只有这样，才能善待自己，善待生活，善待人生，善待生命，善待幸福。

八、学会忙中偷闲

> 快乐只不过是局部肉体的幸福而已。真正的、唯一的、彻底的幸福存在于全部灵魂的平衡之中。
> ——【法】巴斯加尔
>
> 幸福不在万物之中,它存在于看待万物的自身态度之中。如果你接受幸福的态度不正确,即使你置身于幸福的环境中,你也会离幸福越来越遥远。
> ——【美】本杰明·富兰克林

忙里偷闲不是偷懒,而是应学会的一种生活艺术。在工作忙碌的间歇休息一下,享受生活,为的是提高工作效率。忙里偷闲,随时随地都可以做到,只要允许自己偶尔可以不做事,就有意识地坐下来,停止手中的工作就可以了。

在这样一个追求高效率、高速度的时代,一个人真要放下工作,去慢悠悠地吃饭、品茶、旅游,又有点不现实。因为工作不等人,而且要求必须做好,否则就被炒鱿鱼。自己和家人也要生存,挣不来钱何谈生活?所以,最好的办法便是忙里偷闲,这样既不至于占用大量时间而影响工作,也不会使自己太累。

美国一位铁路局长贾维罗先生的办公室里,总有60只以铜和瓷制作的小象,散乱地摆放在桌子上,他每天工作到疲乏的时候,就起身将这些小象排列成这样或那样的"象兵大阵",自得其乐。还有一位大公司的总裁,经常在紧张工作的间隙把房门紧锁,在办公室内跳椅子,且美其名曰"室内跨栏",用于自我调节。爱迪生在枯燥的重复试验中,常常用两三句诙谐的话语将大家逗得开怀大笑,而笑过之后,试验进展得会更顺利。

　　事实上,许多取得成就的人,都是忙里偷闲的高手。他们每天至少抽出十几分钟的时间沉思冥想,或者亲近一下大自然,或者干脆躲进茶馆坐上几十分钟,以便使紧张工作的大脑放松一下,以积聚更多的精力,产生更多的灵感。

　　作为普通的上班族,我们还普遍缺乏自身的定力,还不习惯松弛大脑,总是在考虑着"下一步该怎么办":吃午饭时想着下午的工作,快下班时又想着晚上要做什么,晚上躺在床上又要思索未来的路怎么走。总之,神经总是绷得紧紧的。这样的日子久了,就会觉得生活索然无味,并且容易产生心理、生理方面的疾病。

　　一个人应当每天都安排好自我放松的时间。让身心得到休息,不用太长时间,一般20分钟即可,如心情过度紧张,可酌情延长。工作未完之前,不要给自己再加码,因为工作超出自己所能承受的限度后,最容易使人疲劳,而适度的放松后,工作起来才会更轻松,更有成效。

幸福处方:忙里偷闲,寻找幸福

　　忙中偷闲并不是叫人怠慢工作,懒散生活,而是既要努力工作,也要善于休息和娱乐。只有调整好心态,才有更充沛的精力来面对生活的紧张和匆忙。当然,因为工作时间或者工作性质的原因,可能会没有大量的时间供自己去旅游、休假,那么最好的调整方法就是见缝插针、忙里偷闲,学会享受生活,在平淡的日子里过出不平淡的感觉来。

1. 工作之余,适当休息

　　俗话说,"磨刀不误砍柴工"。人在工作了一段时间之后就会感到疲劳,这时要适当休息一下,等精力恢复了之后再工作,这样往往能收到事半功倍的效果。比如望望窗外的景致、盯着桌子上的一朵小花看、听听音乐等,一切顺其自然、不加控制,都有助于恢复精力。

2. 让自己偶尔不做事

终于忙完了手头的一件工作，如果下面还有许多工作等着你，那么也不要急，就当作已没有什么工作了，然后什么事也不做，就那么静静地坐着。沉思、冥想，随你便，或者干脆什么也不想，发一会儿呆。

3. 学会放松

了解自己身体的压力反应，如心跳、头痛、出风疹等，一旦出现这些反应，就要尽量松弛，放松自己。如果不顾疲劳而继续工作，人体就会吃不消，久而久之，便会引发疾病。因此，生活中必须学会放松，如下班后洗一个舒服的热水澡，听一曲轻柔美妙的音乐等。

4. 周末和全家人去郊游

现代上班族几乎没有大量时间用于休假，那么就在周末带上全家人去郊游吧。感受大自然的清新，体验"农家乐"的趣味，对于整日待在写字楼里的上班族，这也许会带来别样的感受和感动，新鲜而有趣。更重要的是，回到一种原始状态之后，就如同儿童眼中的世界，一切又变得有趣起来，在不知不觉中清理了自己的内心，回去后以更饱满的精神投入到工作中去。

心理专家话幸福

一个英国诗人曾说过，"当我脱下外套的时候，我的全部重担也就一起卸下来了"。在紧张的工作之余，在急促的人生旅程的间隙，不妨暂时忘掉工作、忘掉使命，将自己的心放慢。忙里偷闲，哪怕几分钟，什么事都不做，或只做些想做的事，你会发现你的心情会奇迹般地变好，你的精力也会恢复到最好。

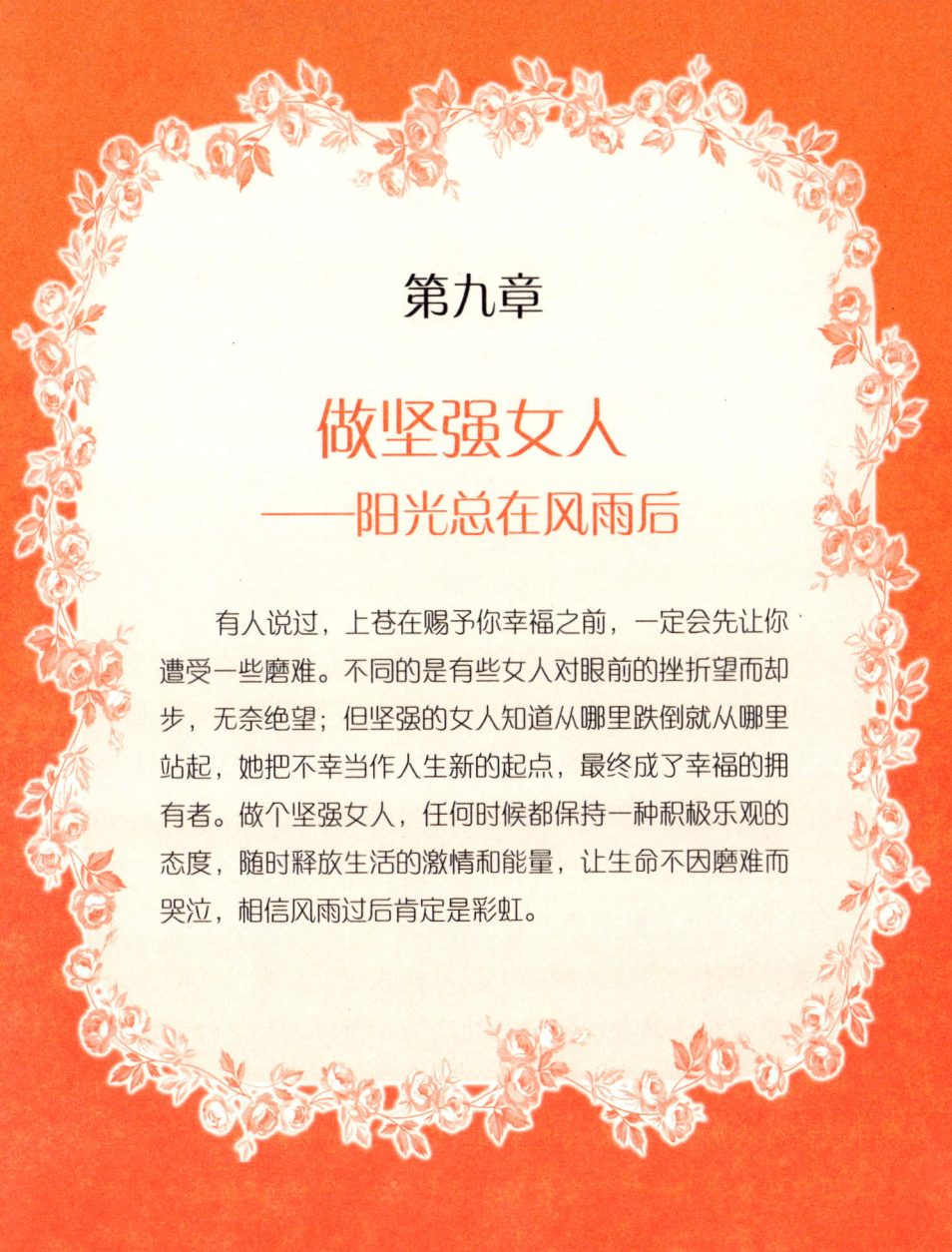

第九章

做坚强女人
——阳光总在风雨后

有人说过，上苍在赐予你幸福之前，一定会先让你遭受一些磨难。不同的是有些女人对眼前的挫折望而却步，无奈绝望；但坚强的女人知道从哪里跌倒就从哪里站起，她把不幸当作人生新的起点，最终成了幸福的拥有者。做个坚强女人，任何时候都保持一种积极乐观的态度，随时释放生活的激情和能量，让生命不因磨难而哭泣，相信风雨过后肯定是彩虹。

一、把不幸当作新的起点

> 因为有黑暗,所以有光明。而且,从黑暗里走出来的人,才真正懂得光明的可贵。社会上不只充满了幸福,因为有不幸,所以才会有幸福。
>
> ——【日】小林多喜二
>
> 不就范于不幸就是最大的幸福。
>
> ——【德】谢伐

人生在世,不如意之事十有八九,遭遇不幸可能是每个女人都经历过的事情。但不同的是,有的女性在遭遇不幸后,能够笑着坦然面对,然后把不幸当作新的起点;但有的女性则变得十分消沉,终日以泪洗面,结果于事无补。前者能以坦然的姿态对待自己生活中的不幸,是因为她明白,不幸只是上天考验自己的一次机会,只有拥有不怕输的勇气,才能坚强面对,等到跨过这道坎,抬头便会是一片艳阳天。

孟子曾经说过:"故天将降大任于斯人也,必先苦其心志,劳其筋骨,饿其体肤,空乏其身,行拂乱其所为,所以动心忍性,增益其所不能。"的确,上天在垂青你的时候,一定会先让你遭受一些困难,而那些从哪里跌倒就从哪里站起的人便往往会成为人生的胜利者。

美国曾经有一个年轻的电台播音员刚刚在这一领域崭露头角的时候,突然被电台解雇了。他不知道其中的原因,也为此懊恼万分。但是当他回到家里时,他依然笑着对自己的妻子说:"亲爱的,这次我终于有时间和机会来开创自己的事业了。"

接下来的日子里，他积极地调整自己的心态，对什么事情都抱有一种锲而不舍的态度，因为他要为开创自己的事业做准备。

后来，他抓住机会自己做了一个节目，事实证明这个节目是他人生的一个转折点。从此以后，他更加发奋努力，最终成为美国家喻户晓的电视明星。他就是亚特·林克特勒。

生活中，我们如果能够像亚特一样把每一次的失败当作人生新的起点，如失业了把它当作新事业的开始、失恋了把它当作新感情的开始，我们还可以想一下，每一路公交车的终点也都是它的起点，何况我们的人生呢！

很多时候，所谓的不幸和挫折可能只是我们人生的垫脚石而已。

有一天，一头驴子不小心掉进一口枯井里，农夫绞尽脑汁都没有办法救出驴子。最后，这位农夫决定放弃，于是农夫便请来左邻右舍帮忙一起将井中的驴子埋了，以免除它的痛苦。农夫的邻居们人手一把铲子，开始将泥土铲进枯井中。当这头驴子了解到自己的处境时，刚开始哭得很凄惨。但出人意料的是，一会儿之后这头驴子就安静下来了。农夫好奇地探头往井底一看，出现在眼前的景象令他大吃一惊：当铲进井里的泥土落在驴子的背部时，驴子的反应令人称奇——它将泥土抖落在一旁，然后站到铲进的泥土堆上面！就这样，驴子将大家铲到它身上的泥土全数抖落在井底，然后再站上去。很快地，这只驴子便得意地上升到井口，然后在众人惊讶的表情中快步地跑开了！

的确，生命的历程中我们也难免会陷入"枯井"里面，会被各种各样的"泥沙"倾倒在我们身上，但是要想从这些困境中走出，就应该"勇于"抖掉身上的泥沙，然后站上去。

幸福处方：不幸或许是幸福的起点

所谓不幸，是你把它视为不幸的时候，它才是不幸，让你痛苦，让你消沉；艰难困苦，挫折打击，伤残失恋，都不足以打垮一个人，只有你认输了，你胆怯了，你放弃了，你就被自己打垮了。但如果你换一个角度，把不幸当作一种经历，一种过程，一种感受，一种体验的时候，不幸也就变成了一种力量，一种精神，一种财富。不幸，对于弱者而言，它是痛苦、是不幸、是毁灭。而苦难对于强者而言，却是熔炉，能把你百炼成钢。

1. 有一颗坚强的心

成功者之所以会取得成功，是因为他们在遭遇了一次又一次的不幸之后，依然保持一颗坚强的心，百折不挠、坚持不懈，最终走上一条成功之路。在追求幸福的道路上也是如此，如果遭遇到不幸和挫折就放弃对幸福的追求，最终只能是看着幸福离自己越来越远。

2. 保持快乐心境

人的一生中，不可能春风得意，事事顺心。面对不幸如果能够虚怀若谷，大智若愚，保持一种恬淡平和的心境，是彻悟人生的大度。一个人要想保持快乐的心境，就需要升华精神，修炼道德，积蓄能量，风趣乐观。正如马克思所言："一种美好的心情，比十副良药更能解除生理上的疲惫和痛楚。"

3. 用笑脸来迎接不幸

种子深埋在泥土中，泥土既是它发芽的障碍，更是它生长的基础和源泉；瀑布在悬崖峭壁前毫不退缩，是因为山崖的碰撞造就了它生命的辉煌。同样，不幸是幸福的前奏，也是幸福的磨刀石。因不幸而一蹶不振的人，是生活的弱者；唯有把不幸当作人生的财富，才能获得幸福的生活。

第九章 做坚强女人——阳光总在风雨后

心理专家话幸福

上帝并不偏爱任何人，即使是柔弱如水的女子，也会在自己的生命中遭遇各种各样的不幸。而生活就如同是一面镜子，你对着它哭，它就对你哭；你对着它笑，它就对你笑。同样，唯有坦然面对，时刻保持良好的心态，才能随时享用自己所拥有的幸福。

二、有压力不一定是坏事

生活就像海洋，只有意志坚强的人，才能到达彼岸。
——【德】马克思

快乐纯粹是内在的，它不是由于客体，而是由于观念、思想和态度产生的。不论环境如何，个人都能够发展和指导这些观念、思想和态度。
——【英】贝　尔

现代社会，生活节奏越来越快，工作负担越来越重，而家庭、情感等问题也在困扰着越来越多的女性，如今世界上有70%的人处于亚健康状态。毫无疑问，沉重的压力是其中最主要的诱因。因为很多女性面对压力都是欲罢不能，休息和解脱是一种奢望，为工作，为加薪，为升职，为家庭，为面子……可是，如果能够换一种角度来看待这些压力，你会发现有压力并不一定是一件坏事。

　　林小姐在一家外企上班，是销售部经理。作为一个白领，她衣着光鲜，工作体面，收入不菲，并且有一个幸福温馨的家庭。

　　在单位里，尽管林小姐一呼百应，但她心里明白，看似风光的表面背后隐藏的是非常有限的发展空间。她看着自己亲手招进来的那些新人，他们那种蓬勃，那种干劲，确实让人感觉"后生可畏"——他们的学历很高，英语流利，甚至有很多青年人同时都能够掌握好几门外语，因为年轻，他们有革命的本钱——一副健康的体魄，于是他们工作积极，加班加点舍得"拼命"。

　　在家里，丈夫也是一名公司的管理层干部，工作也非常繁忙。因此，家里大大小小的事她都必须上心，例如孩子的教育问题，父母的养老问题，房子的装修问题等看似琐碎的事情，常常搞得她身心疲惫。

　　但是，林小姐从来没有因为压力如此之大而抱怨，相反她觉得有压力并不一定是一件坏事。因为如果在单位没有压力，她就不懂得提高自己、升华自己；如果家庭中没有生活的压力，她就不能够感觉到琐碎生活中原来也隐藏着这么多的幸福。

　　诚如林小姐所言，"有压力并不一定是一件坏事"。生活中，唯有存在压力，我们才不至于整天"吃喝玩乐"，才不至于成为"死于安乐"的应验者；也唯有存在压力，才会有向前奋进的欲望。尤其是现代女性，如果只想着躲在父母或者丈夫的庇护下生活，残酷的生活必将会给予残酷的惩罚。

　　人的一辈子总会遭到各种各样压力的侵袭，学生时代有学习的压力，随后有工作的压力，家庭的压力，可以说没有压力的人是不存在的。但生活中有很多人总是在面对压力时怨天尤人，自己把压力编织成网，然后将自己套牢。事实上，压力对于每个人都是一种磨砺，正所谓"木受绳则直，金就砺则利"，只要我们将压力看作"绳"与"砺"，那么我们的一只脚就已经迈出了压力。

幸福处方：正视压力，幸福前行

人生的道路不可能一帆风顺，什么事情都有可能碰到，很多时候我们都在负重而行，同事之间的摩擦、工作上的麻烦、生活中的种种不如意等都会让我们感到压力，这个时候，我们需要提高自己的心理承受能力，如果我们不够坚强，不够豁达，不会自我调节，压力就会变成强大的敌人，然后把我们打垮。但如果能够及时排解生活中所遭遇到的压力，自己就不但可以成为生活的主宰者，还能够变压力为动力，成就生命中的每一个辉煌。

1. 制定切实可行的目标

只要我们心中的目标非常明确，我们就不会在行动上动摇，人常常需要精神支柱，这个精神支柱是我们自己树立的。如果我们心理上有了这个强大的动力，那么任何压力带来的痛苦和疲惫都是可以克服的。

2. 量力而行

在生活中，要认清自己，清楚自己的能力，清楚自己想要什么，能做到什么。无望的追求都是毫无意义的，只有脚踏实地、一步一步地追求自己的理想才有可能成功。就像吃惯了素菜的人非要去享受山珍海味，那油汪汪的东西虽然诱人，可是，要是真吃到肚里，可能你的胃还消化不了。

3. 自己寻找幸福

成功学专家卡耐基说："能接受最坏的情况就能在心理上让你发挥新的能力。"人生低潮时你可以转念一想：我都到了低潮了还能坏到哪里去？按发展逻辑，低处就是向高处回转之时，这样的心境一定会很鼓舞士气。而幸福并不是我们可遇不可求的东西，快乐完全取决于你自己的意念。比如你手头有一堆如山的公务，你可以想象成这是你最喜欢的事，压力减轻，情绪高涨自然效率倍增，怨声载道只能让事情向相反方向发展。

4. 心理咨询

压力比较严重的时候，可以求助心理医生的帮助，他会告诉你压力来自哪些方面，如何调整。尤其是一些完美主义者，他们往往活得比较累，由于指定太高的工作目标，极易导致失败，结果容易心灰意冷，所以很有必要求助心理医生的帮助。

心理专家话幸福

生活中，很多女人对压力望而却步，但是现实生活中的很多事情往往是因为压力的存在才得以实现的。试想：没有压力，雄鹰怎么展翅，飞机怎么航行？没有压力，轮机怎么推动螺旋桨，帆船怎能破浪前行？没有压力，我们也将会一事无成。所以，不要把压力当成敌人，它的存在也可能是一件好事。

三、风雨过后才能见彩虹

> 雾气弥漫的清晨,并不意味着是一个阴霾的白天。
>
> ——【法】罗曼·罗兰
>
> 天空虽有乌云,但乌云的上面,永远会有太阳在照耀。
>
> ——【日】三浦绫子

有人说不曾经历过风雨的人生就不是真正的人生,因为风雨是人生的原色。而且人类就是在一个又一个的挫折中成长的。在生活中,如果你不曾被风雨所吓倒,反而选择以坚强乐观的态度面对,把它们想象成理所当然,那么你定会在风雨过后看到人生的彩虹。

玫琳凯在美国乃至世界都是家喻户晓的,然而在创业初期,她也一样经历了无数次的挫折和失败,不同的是,每一次失败之后,她都能够吸取经验,再接再厉。最终她成了一名大器晚成的化妆品行业的"皇后"。

20世纪60年代初期,玫琳凯退休回家。可是过分寂寞的退休生活让她感觉十分无聊,于是她决定冒险进军化妆品行业。深思熟虑之后,她用自己一生的积蓄创办了玫琳凯化妆品公司。

为了支持母亲实现"狂热"的理想,两个儿子也纷纷放弃自己稳定的工作和丰厚的待遇,加入到母亲创办的公司中来。玫琳凯知道,这无疑是背水一战,弄不好,自己一辈子辛辛苦苦的积蓄将血本无归,而且还可能会葬送两个儿子的美好前程。

事情果真不如她想象的那么顺利，公司举办的第一次展销会上，只卖出去1.5美元的护肤品。

　　意想不到的残酷失败，使玫琳凯忍不住失声痛哭。但是哭过之后，她经过认真分析，终于悟出了一点：在展销会上，她的公司从来没有主动请别人来订货，她没有向外发订单，而是希望女人们自己上门来买东西……展销会搞成这个样子，也不足为奇。

　　商场就是战场，它从来不相信眼泪，而成功也不是哭出来的。

　　玫琳凯擦干眼泪，从第一次失败中站了起来，在重视生产管理的同时，加强了销售队伍的建设。

　　经过20年的苦心经营，玫琳凯化妆品公司由初创时的雇员9人发展到现在的5000多人；由一个家庭公司发展成一个国际性的公司，拥有一支20万人的推销队伍，年销售额超过3亿美元。

　　阳光总在风雨后，玫琳凯最终实现了自己的梦想。

　　一位普普通通的退休女工，在经历了人生中的无数次失败和挫折之后尚且执著于自己的梦想和追求，尚且相信"阳光总在风雨后"，何况正年轻的我们呢？

　　人生的道路上，不要害怕失败，也不要害怕挫折和不幸，因为这些都是人格的试金石，在一个人输得只剩下生命时，潜在心灵的力量还有多少？如果没有拼搏的精神，没有"站"起来的勇气，只是自认失败，那么他的答案是零。只有无所畏惧、一往无前、坚持不懈的人，才能够在风雨之后看到亮丽的彩虹。

幸福处方：自娱自乐中品味幸福

　　诗人纪伯伦曾经说过："当你背对太阳时，你只会看到自己的阴影。"同样，面对人生中的风雨和困境，如果你只看到风雨中阴霾的天空而看不到风雨过后的阳光和彩虹，那么你一定会生活在痛苦和烦恼之中。反之，不管遇到什么难关，你总是不遗余力地去找其中的光明面，那么一切的阴霾终将过去，一切的光明、成功、快乐和幸福也终将到来。

1. 敢于承认失败

失败和挫折是每个人都可能面临的一个问题。我们应该相信方法总比问题多。即使对于那些具有丰功伟绩的人来说，他们的人生也肯定遭遇过挫折，关键是要知道如何面对失败，如何解决困难。正因为有过多次的失败，才会得到多次的教训；然后逐渐成熟起来。要相信阳光总在风雨后，只有经历过暴风雨的洗涤，才会让自己变得更加坚强。

2. 自娱自乐

如果生活中遇到什么不如意的事情或者忧愁困扰你的时候，你应该学会调节自己的心情。可以想象一下暴风雨过后天空中出现彩虹的情景，你可能就会相信眼前的困惑只是暂时的，等到阴霾过后，阳光便会普照大地。

3. 树立自信心

遭遇不幸的时候，一定要树立自信心，自己给自己打气，相信自己一定能够闯过生命中的难关。这个时候，一定不要放弃，要相信坚持和信心的力量，它会让你看到黎明的曙光，给你最大的支持和鼓励。

心理专家话幸福

在人生的道路上，我们难免有跌倒和受伤的时候，不要因为一点挫折就总是逃避，只有经历风雨才会变得更加坚强。所以，勇敢地抬起你的头，迎着困难努力前行，风雨中那点磨难不算什么，乌云过后就是灿烂的天空，坚强地面对生活，踏平坎坷成大道，才会让生命更加富有色彩。

四、不要把工作当成苦役

> 人们最出色的工作往往在处于逆境的情况下做出的。思想上的压力,甚至肉体上的痛苦都可能成为精神上的兴奋剂。
> ——【英】贝弗里奇
>
> 我把这样的人当成是幸福的:当别人问他是否取得成功时,他总是在自己的工作中寻找答案。
> ——【美】爱默生

也许,很多人都有这样的体会,当做自己喜欢做或者感兴趣的事情时,往往能够集中精力,精神抖擞;但是一旦遇到自己不喜欢做的事情,就如同是霜打了的茄子一样,打不起任何精神。

现在这个时代,很多女性为了生存,为了提高自己的生活水平往往不得不去工作,她们很少是凭着自己的兴趣和爱好去工作的。实际上,在很多女性的意识里,她们认为自己天生就是应该来享受的,例如没事的时候逛逛商场、去一下美容院和健身房等,至于工作挣钱那是男人的事情。很多时候她们认为工作简直就是一种苦役。

因为把工作当作一种苦役,很多女性也往往对自己的工作讨厌至极,以至于她们不工作的时候生龙活虎,上班时却无精打采,甚至感到极度疲倦。产生这种疲倦的原因其实是对某项工作的厌倦。这种心理上的疲倦往往比体力上的消耗更让人难以承受。

如果你对目前的工作厌烦至极,也没有换一个工作的可能,那么不妨试着把工作转换成你的兴趣所在,把它当成你喜爱的娱乐活动,你会发现原本枯燥乏味的工作也会别有洞天，甚至充满了乐趣。

郑艳是一家外贸公司的报表员，因为工作需要，她每天都要处理大量的表格和数据。一向活泼开朗的郑艳在日复一日的枯燥、单调、乏味工作中脾气变得越来越暴躁，经常动不动就拿工作撒气，因此工作中也常常会出现这样那样的错误。尽管郑艳常常喊着要调换工作，但因为学历、年龄等各方面的原因，一时找不到其他工作，所以一直没有机会调换。

突然有一天，干完一天工作之后的郑艳突然冷静了下来，她觉得自己应该好好思考一下应该怎么来看待自己的工作。她想：我这是何苦啊，明明知道上班是必须的，人家上班都高高兴兴的，为什么我却整天愁眉苦脸的呢？难道我对工作真的毫无兴趣吗？也许，用心好好做上一段时间我会喜欢上自己的工作呢！

从此，她开始留心怎样才能让自己喜欢上这份工作。在以后的工作中她发现，制作表格倒很像画图，而填写数据又像是在描眉，这样一来她开始对工作产生了兴趣。为了更好地督促自己，不至于耽误工作，她又把每天的工作量都记录下来，并鞭策自己一天要比一天进步。一段时间后，在兴趣加责任的影响下，郑艳不仅认为工作不是一种苦役，还是一种乐趣，而且渐渐喜欢上了这个工作，业绩也很突出。

很多时候，并非工作本身是一种苦役，而是因为工作中的乏味、焦虑和挫折所引起的心理作用造成的，它消磨了人们工作的活力和干劲。因此，只要能从思想上改变对工作的看法，想方设法使工作变得有趣起来，那么工作中的诸多恼人问题也会一扫而光。

一位诗人曾说，人之所以不安，不是因为发生的事情，而是因为他们对发生的事情产生的想法。这就是说，兴趣的获得是个人的心理体验，而不是发生事情的本身。很多时候，人们对一件事情产生兴趣并不在于事情本身的给予，而在于你调整角度去发现，任何事情都会有它独特、吸引人的一面。

心理学家加贝尔说："快乐纯粹是内在的，它不是由于客体，而是由于观念、思想和态度产生的。不论环境如何，个人都能够发展和指导这些观念、思想和态度。"只要你培养起了寻找乐趣的心态，那么任何枯燥、乏味的工作都可以鲜活起来。

幸福处方：工作着，幸福着

我们所提倡追求的幸福不仅仅是要享受生活，也需懂得享受工作。生活中，我们不能因为工作单调、难度大、专业不对口就失去了工作的兴趣，生活的乐趣。面对问题，要积极调整自己的心态，从容地去寻找乐趣、享受人生。如果认为工作是一种苦役，不妨学会改变自己的心态，试着把工作看成一种娱乐。

1. 把工作看作创造力的表现

每一项工作都可以成为创造性的活动。比如，一位教师上好一节课，不亚于编排出一出精彩的剧目；一个运动员的完美优雅的动作，从创造的角度看，可以与一首十四行诗相媲美。所以，把工作看成在表现你的创造力，在呈现你独特精彩的创意，那么你会更加珍惜和做好你手里的工作。

2. 把工作看作自我满足

为了求得自我满足而从事某种行业，是一种乐趣。一位移动大厅的营业员也许是快乐的，因为她刚接待了她的第10000位顾客，而且保持了零投诉；一位建筑工人也许是快乐的，因为他和工友们建造的大厦获得了鲁班大奖，尽管他的力量微不足道，但他又会为建造另一座大厦而兴高采烈地踏上艰辛的打工旅程。

3. 把工作看作艺术创作

曾有一位作家指着正在挖排水沟的工人赞赏地说："那是一位真正的艺人。看着那些污泥竟能以铁锹的形状飞过空中，恰好落在他想让它落的地方。"假如每个人都把自己的工作当作艺术创作，比如把枯燥的打字看成是在弹奏优美的钢琴曲，那么你就是在享受艺术的赋予和灵性了。

4. 把工作看作娱乐

把工作看成是娱乐活动，就可以视工作为消遣，那么工作起来也会兴趣盎然。比如，一位职业篮球运动员，如果他把注意力放在娱乐上，那么他就会像业余球员那样在比赛中更加投入。这里并不是说比赛、工作本身不重要，而是说不要过分关注结果，要知道比赛和工作的过程也是充满乐趣的。

心理专家话幸福

每一件事，每一个人，从一定意义上来说都是珍奇独特的，只要你能用平和的心态来去体味、挖掘，这一切都能成为无穷无尽的快乐源泉，只要你用快乐的心情去感受，你就能感到你目前的工作和生活也有很多的快乐和感动。

五、学会苦中作乐

> 故天将降大任于斯人也,必先苦其心志,劳其筋骨,饿其体肤,空乏其身,行拂乱其所为,所以动心忍性,增益其所不能。
>
> ——【中】孟 子
>
> 在所有的日常琐事中感受着下地狱的痛苦。
>
> ——【日】芥川龙之介

金庸先生在一次讲学中曾经说过人生有七苦:生、老、病、死、求不得、怨憎会、爱别离。老、病、死自不必说,但为何生也是苦的呢?金庸先生解释说,一个人如果想要努力、认真地生活,就会遇到很多麻烦和苦恼,所以生也是一种痛苦。至于另外三苦,他说的更是意味深长:一是求不得,金钱、荣誉、地位可能是大多数人一心想追求的东西,尽管费心费力,始终是可望而不可即,但很多人还是孜孜以求,这可谓是一种痛苦。二是怨憎会,俗称冤家会,有些人生性凶悍奸恶,言辞刻薄,工于心计,你对这种人避之唯恐不及,偏偏他是你的同事,或不幸成为你的伴侣,怎么办?你选择的也许是忍耐,这难道不是一种极大的讽刺与痛苦吗?三是爱离别,每个人的一生中都可能会遇到一个真心相爱的人,这本是一件非常不容易的事情,但是有很多时候却又遭遇分手,这岂不叫人肝肠寸断,痛彻心扉。

可以看出,我们每个人来到世上就必须要面对许多痛苦和难题,因为生活本身就是在不断尝试痛苦的过程中前行,而且,只有品尝过痛苦,你才会知道甘甜是什么滋味。但有些女性却往往意识不到这个道理，在她们看来，苦占据了生命中最重要的位置。但如果能够换个角度，意识到苦是人生必不可少的一段经历，学会苦中作乐，可能发现生活中的很多乐趣。

考夫曼是美国著名的剧作家，他二十多岁的时候就挣到了人生中的第一个一万多美元，这对当时的他来说的确是一笔巨款。但是如何让这一万美元增值呢？他一筹莫展，最后他的朋友，著名的悲剧演员马克兄弟劝其把一万美元全部投资在股票上面，他愉快地接受了这一建议。不幸的是，在1929年的经济大萧条中，这一万美元全部变成了废纸。朋友和家人都觉得他实在是不幸。但是考夫曼却向所有人开玩笑似的说："马克兄弟专演悲剧，任何人听他的话把钱拿去投资，都活该泡汤！"

本来，考夫曼股票投资的失败主要是因为美国经济危机造成的，但是乐观的考夫曼却发挥了他剧作家的想象力，把原因归结到他股票投资的建议者马克兄弟身上，荒谬地说是因为马克兄弟专演悲剧才造成了他投资失败的悲剧。面对这么一大笔损失，考夫曼并没有像很多人一样怨天尤人，而是运用了假托埋怨、苦中作乐的方法面对这种财产损失的痛苦和困境。这种做法很值得我们借鉴。

生活中，难免会遇到种种不如意的事情，与其愤世嫉俗、满腹牢骚，不如苦中作乐，排解愁苦，减轻生活的重担。苦中作乐，不是简简单单的自我麻痹，更不是消极退却，它是一种积极乐观的处世方法，是使生命充满活力的最佳良药。

幸福处方：幸福来自发现

日常生活中，有些女性会因为许多事情而引起无限感触。常常是一个人默默地一言不发或者是莫名其妙地泪流满面。究竟是什么原因导致她们出现这种状况呢？原因是自己一直生活在痛苦当中，没有丝毫快乐和幸福可言。直到有一天皱纹悄悄爬上眼角，她们才幡然醒悟，原来不是快乐不曾来过，而是因为自己过去太专注于痛苦以至于把快乐忘记了。

1. 快乐来自发现与创造

著名的美国推销员巴赫曾有个有趣的建议：在心中确立一个自己喜欢的目标，然后根据自己的目标勇往直前，坚定不移。事实上，当你把自己所有的精力都专注在自己喜欢的事情上时，你会发现其他一切干扰快乐的烦恼之物很容易解脱开来，而快乐是一件很简单的事情。

2. 保持快乐心境

快乐与否并不在于一个人有多少物质财富。生活中，有很多拥有巨大物质财富的人，有的常常可以笑口常开，有的则整天忧心忡忡，苦不堪言，原因是他们的心境不同。例如一个时常想着追求快乐的人往往可以从生活中发掘出很多意想不到的快乐，而一个从来不去想快乐是何物的人则往往不会用心来发掘日常生活细节中的幸福。

3. 强迫自己快乐起来

著名哈佛心理学家威廉斯教授曾经说过："情感似乎指引着行动，但事实上，行动与情感是可以互相指引，同时并作的。因此，当你不快乐的时候，你可以挺起胸膛，强迫自己快乐起来。快乐并非来自外力，而是来自于内心的心境。要学会'控制自己的情绪'。"

心理专家话幸福

老子曾经说过："祸兮福之所倚，福兮祸之所伏。"人生就是这样，不会事事如意，有苦有乐，有顺境也有逆境。关键是要调整好自己的心态，保持乐观向上的情绪，特别是学会苦中作乐。这样，就会感到人生总是美好的。

六、生活中没有绝境

> 山重水复疑无路，柳暗花明又一村。
> ——【中】陆 游
> 伟大的胸怀应该表现出这样的气概——用笑脸来迎接悲惨的命运，用百倍的勇气来应付一切的不幸。
> ——【中】鲁 迅

诗人雪莱曾经说过："冬天来了，春天还会远吗？"这是一种乐观的人生态度。具有这种人生态度的人常常能够意识到生命中没有绝境，即便现在身陷绝境，四面楚歌，到最后也能够柳暗花明，找到希望的出口。

乐观，它是一种态度、一种精神、一种品格、一种境界，它可以让你抛弃许多烦恼，可以在人生的低谷带给你希望，也可以给你带来许多精神愉悦……而聪明的女人都往往拥有这份富可敌国的财富——乐观，正是拥有这种财富，她在困境中往往能够逆流而上，并时时显示乐观者的本色，笑到最后，笑得最好。

著名足球运动员孙雯在我们的眼里并不陌生，我们经常可以通过电视或者网络欣赏到她在足球场上的飒爽英姿。她曾获得"20世纪最佳足球运动员"的荣誉称号，但是这一荣誉的背后却有着很多辛酸的回忆。

孙雯曾经说过："一个人在人生低谷中徘徊，感觉自己坚持不下去的时候，其实就是黎明的前夜。只要你坚持一下，再坚持一下，前面肯定是一道明媚的阳光。"

当初，当父母把年幼的孙雯送到体校学习踢足球时，因为没有受到过正规的训练，孙雯的表现并不是特别出色。为此，她一直生活在暗淡的情绪当中。

在每个足球队员的生涯中，她们无疑都希望自己能够进职业队担当主力，当然，孙雯也不例外。当时，她的队友已经有不少人进了职业队，但她依旧是在被挑剩下的那一队里。每每这个时候，一直对她赞赏有加的教练就会委婉地告诉她说："名额实在是不够，下一次一定是你。"

这句话让孙雯看到了希望，于是，她又开始为下一次的选拔刻苦训练。

可是一年之后，孙雯依旧没有被选上，她不仅怀疑自己是不是真的不适合那片绿茵茵的足球场，而且有了离开体校的打算。

教练看到去意已决的孙雯，他无能为力，只能默默地看着她，什么话也没有说。然而，意想不到的是孙雯在第二天却收到了职业队的录取通知书。这个消息让孙雯喜极而泣，于是第二天她就去职业队进行报到。不可否认的是，孙雯在骨子里仍旧是喜欢足球的。她高兴地去告诉教练这个令人振奋的消息，她发现教练竟然和她一样喜悦。

和以往不同的是，这次教练开口说话了。他说："以前我总是说下一次就是你，其实这句话是我在安慰你，是想要留给你希望。因为我不想打击你说你现在的球艺还不精，我希望你能够一直努力下去。要相信生命中没有绝境。"

之后，通过职业队严格而系统的实战训练，孙雯对自己充满了信心，她也很快便脱颖而出。

巴尔扎克曾经说过："苦难对于天才是一块垫脚石，但对于弱者是一个万丈深渊。只有辩证地看待逆境，才能正确地面对它，通过不懈的努力，最终取得成功。"也就是说，当你乐观地度过人生最艰难的时刻，便会发现无限美景在前头。其实笑着走过苦难，坚持到底，不管成功与否，你都是一个真正的成功者。

幸福处方：幸福青睐有准备的头脑

在这个世界上，不管黑夜如何漫长，朝阳总会在第二天冉冉升起；不管风雪如何肆虐，春风总会在冬天过后缓缓吹拂。人生的日子里，当挫折接连不断，当失败如影随形，当命运之门一扇接一扇地关闭，我们永远也不应该悲观，更不应该绝望，因为总有一扇为你打开的窗。生命中，从来就没有什么真正的"绝境"。

1. 每天都激励自己

激励是自我鞭策的一种方式。善于进行自我激励的人，往往能够轻松走出人生的困境，而对一些不懂得自我激励的人来说，常常一遇到挫折就灰心丧气，失去生活的斗志。

2. 做好周全的准备

机会总是青睐有准备的头脑，只有事前做好充分的准备工作，才能够脱颖而出。因此，不管做什么事情，一定要在正式开始之前就做好充分的准备，这样可以避免在以后的过程中陷入困境。如果你什么准备都没有就匆匆"上马"，那么最后跌倒的一定是你自己。

心理专家话幸福

生活中没有绝境，绝境在于你自己的心没有打开。你把自己的心封闭起来，使它陷于一片黑暗，你的生活怎么可能有光明！封闭的心，如同没有窗户的房间，你会处在永恒的黑暗中。但实际上四周只是一层纸，一捅就破，外面就是一片光辉灿烂的天空。

七、别为逝去的流年伤感

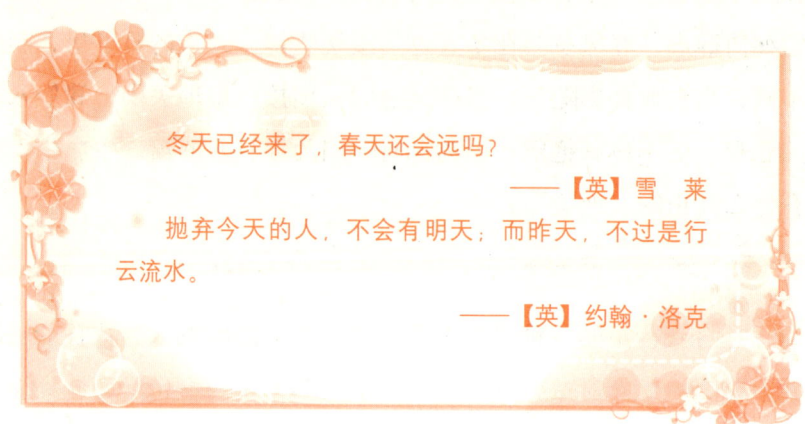

冬天已经来了,春天还会远吗?

——【英】雪 莱

抛弃今天的人,不会有明天;而昨天,不过是行云流水。

——【英】约翰·洛克

我们知道,时间并不能像金钱一样让我们随意储蓄起来,以备不时之需。而我们所拥有的也只是被给予的那一刻,也就是今日和现在。但是,有些女性却意识不到今天对于我们生命的意义,她们总是一味地为过去的流年伤感,以至于在日复一日的蹉跎中错过了一个又一个的今天。

已经是秋天了,但是小颖依旧感觉很烦躁。因为工作中的几个数据没有处理好,致使一项很重要的项目没有完成,所以她情绪十分失落。于是,趁着空闲时见,她约了自己一个很好的朋友,想要朋友帮助自己快乐起来。

朋友终于到了,她是一位很出色的心理医生。诊所就在附近,此刻,她刚刚和最后一位病人谈完话。

"宝贝,怎么了?"朋友不加寒暄就直接问道:"到底是什么事让你不痛快?"对她这种洞察心事的本领,小颖已经见怪不怪了,于是她直截了当地告诉朋友困扰自己的事情。听完后,朋友笑着说:"走吧,我们去我的诊所谈话,顺便想让你听一些东西。"

第九章 做坚强女人——阳光总在风雨后

到了诊所，朋友从一个硬纸盒里取出一卷录音带，放进录音机里。然后说："在这卷录音带上有3个人的讲话，你认真听一下，看看能不能找出支配这3个案例的共同因素，就4个字。"说完，朋友微笑了一下。

小颖开始听录音了，她发现录音带上这三个人共有的特点就是不开心。第一个是女人的声音，说她为了照顾寡母，一直都没有结婚成家，她感慨地说她错过了很多结婚的机会。第二个是一位母亲，由于她十几岁的孩子和警察有了冲突，她就一直在责备自己，认为是自己没有教育好孩子。第三个是个男人，讲述的是他所遭遇的生意上的失败和损失。在听录音的过程中，小颖共听到六次同样的四个字："如果，只要"。

"你一定感到很惊奇。"朋友说，"我每天坐在这里，听到过无数用这几个字作开头的内疚的话语。一般来讲，都是他们不停地说，直到我要求他们停下来。有时我会让他们听这本录音带，并告诉他们说，'如果，只要你不再说如果、只要，我们也许就可以把问题解决的。"过了一会儿，朋友又说："用'如果，只要'这4个字的问题，是因为这几个字不能改变既成的事实，却让我们转向错误的方向，向后退而不是向前进，而且这是在浪费时间。最后，如果你也习惯用这几个字，那么这几个字很可能成为你快乐的阻碍，成为你不再努力的借口。"

"现在就说你吧，你的计划之所以没有成功，是因为你在做这件事的过程中出现了一些失误。事实上，每个人都会犯错误的，错误能让我们从中吸取教训。但是当你犯了错误，为这儿感到遗憾、为那儿感到后悔时，你并未从这些错误中学到什么。"

"你怎么知道的？"小颖努力为自己辩护道。

"因为"，朋友说，"你没有走出过去，你的话里没有一句提到未来。从某种角度说，你很诚实，你内心还以此为乐。而且在叙述过去的挫折与灾难的时候，你是主要角色，是整个事情的中心……"

在朋友的开导下，小颖终于意识到，原来是自己一直沉浸在过去错误的阴影中，并没有真正地走出自我。

对于每一个正常的人来说，回忆、怀旧往往是不可避免的，例如一本褪了色的日记，一叠泛黄了的照片，或是一捆模糊的书信等，可能都曾经带给我们无尽的喜悦和兴奋。但是，那些都毕竟属于过去，如果一味地为逝去的流年伤感，就可能没有勇气来适应今天的社会，进而跟不上现代社会的节奏，也就会远远地落在时代的背后。

幸福处方：别让幸福随着时间流逝

隆萨乐尔曾经说过："不是时间流逝，而是我们流逝。"我们需要做的是让过去一切美好和悲伤的事在岁月的流逝里逐渐沉淀。如果你因为昨天而错过今天，那么很快你就会回忆起今天的错过。这样就会形成一种恶性循环，使你永远都是一个迟到者。与其这样，还不如积极地投入生活，认真做好当下的事情，这样才能够轻松享受每一个今天。

1. 勇敢接受新生事物

现实生活中，几乎每时每刻都有新生事物的出现。所以闲暇时候应该多读书、看报，了解并接受新生事物，积极地参加实践活动，要学会站在历史的高度看问题，顺应时代潮流，不能一直站在老地方看问题。

2. 及时关掉身后的门

一位德高望重的老教授有一个众人所不解的习惯——总是随手关掉自己身后的门。一次，教授的一个得意弟子陪他在庭院里散步。每当教授走过一扇门时，总是随手关掉身后的门。弟子于是不解地问道："您有必要把这些门一扇一扇都关上吗？"教授笑着说："当然有这个必要了。简单来说，我这一生都在关我身后的门。你要知道，这是必须要做的事。因为当你关门时，也就将过去的一切留在了后面，不管是好的成就还是让人懊恼的失误，然后，你才可以重新开始。"

心理专家话幸福

一个人,如果总是为逝去的流年伤感,不肯卸下怀旧的包袱,就只会白白耗费当下的大好时光,其实就等于浪费了现在和未来。一味地懊悔过去,只能让你失掉现在;而失掉现在,也将不会有什么未来。所以,请记住:明天将是新的一天,不必为逝去的流年伤感。

八、绊倒你的也许是个金块

> 人的生命似洪水在奔流,不遇着岛屿、暗礁,难以激起美丽的浪花。
> ——【俄】奥斯特洛加斯基
>
> 不因幸运而故步自封,不因厄运而一蹶不振。真正的强者,善于从顺境中找到阴影,从逆境中找到光亮,时时校准自己前进的目标。
> ——【挪威】易卜生

人生的道路,并不都是平平坦坦的,其中也有很多坎坷与曲折,在这些坎坷与曲折面前,有时候难免会跌倒,但是让你跌倒的这个坎儿或许并没有你想象得那么糟糕,它可能是你一直孜孜以求的事物呢!所以,不要一直抱怨让你跌倒的那个坎儿,因为在连续的抱怨中,你可能就失去了生命中那个闪闪发光的东西。

故事发生在19世纪中叶的美国,有一年,人们意外地发现科罗拉峡谷藏有丰富的金矿。于是,淘金者纷纷从美国的四面八方赶来,霎时,一向幽静的峡谷人声鼎沸。众多的淘金者当中也包括年轻而清贫的坎普森,此前,他在一家农场工作,但因怀揣发财梦,他毅然加入了淘金者的行列。

不幸的是,在一个漆黑的雨夜,当他想要翻越一座山谷时,却被一块棱角分明的石头绊了一个重重的跟头,紧接着,他便顺着山坡滚落下去,一直滚到山脚下。此时,他鼻青脸肿,狼狈不堪,最严重的是他的一条腿被摔断了,这就意味着他将再也无法继续他的淘金发财梦。幸运的是,一个和蔼的老人发现了重伤的他,便让他在自己山脚下的家疗养,直到半年之后,他才能稍微做一些简单的运动。

伤好之后的坎普森拖着一条残腿,他再也无法继续他的淘金梦,也不可能回到他原先工作的农场。于是,他觉得人生可能会就此结束,对于那块绊倒他的石头,他憎恨至极。一天,他跟着老人来到当初跌倒的那个山谷,老人指着旁边一块淤泥堆积的土地说:"孩子,这可能是上帝送给你的最好的礼物呢!因为这块土地非常肥沃,甚至插根筷子都会发芽的。"

在农场工作的时候,坎普森已经掌握了全套的农场活儿,但是却没有属于自己的一块土地,如今,踩在这块松软的土地上面,他意识到自己所要淘的金子就在脚下。于是,他立刻向老人借来种子和农具,在这个被人遗忘的山谷里开采属于自己的"金矿"。

转眼间,秋天就到来了。这块曾经被很多人不屑一顾的滩地,如今已经硕果累累,变成了老人预言中的神奇的聚宝盆,丰硕的果实让勤劳的坎普森尝到了丰收的甜头。接着,他又在这块土地的周围断断续续地开垦了一些土地,并接手了老人经营了几十年的一大片果园,同时雇佣了许多菜农、果农和种植工,几年的工夫,他就已经是远近闻名的庄园主了。

金矿总有开尽的时候，何况藏金量并不多的科罗拉峡谷。几年后，那些当年的淘金者把整个峡谷开采得满目疮痍，不幸的是却只有很少人发了财，他们中的大部分仍旧和当年去的时候一样，一无所有，甚至还不如刚去的时候，因为他们没有了工作，荒芜了田园，而且本钱也几乎被花完了，甚至有人还把自己的生命扔在了荒山野外。

但此时的坎普森正指着以前曾经绊倒过自己的那块石头说："绊倒我的这块石头不是石头，而是金块，是他让我知道从哪里才能掘到属于自己的金子。"

的确，我们应该相信上帝在给我们关上一扇门的同时，也一定会给我们打开另外一扇窗。任何时候，他都不会把我们逼入绝境，而所谓的跌倒，关键是你如何看待，如何从中吸取教训，发现新的希望和出发点。如果能够意识到这一点，你可能就会明白绊倒你的也许是个金块。

幸福处方：幸福总在跌倒后

有人曾问一个孩子："你是怎么学会溜冰的？"孩子骄傲地回答说："很简单啊！就是跌倒了爬起来，爬起来再跌倒，然后再爬起来，就这样学会了。"就是这一次又一次的跌倒才使得这个孩子学会了溜冰，对他来说，跌倒并不是一件坏事。其实，我们的人生之路也一样，每一次的跌倒看似对你有所伤害，但实际上可能会从另外一个方向给你开启幸福之路。

1. 换个角度看问题

爱迪生在发明电灯的时候，曾先后实验了七千六百多种材料，失败了八千多次。曾有人讥讽他说："你失败了八千多次，真了不起！"而爱迪生却坦然地说："先生，你错了！我只不过是证明了七千六百多种材料不适合做灯丝而已。"一个世界级伟大的发明家是这样坚毅地对待挫折和失败的！是这样对待人们的讥笑和讽刺的！因为他清楚地知道"不经一番彻骨寒，哪得梅花扑鼻香"的真理。经过八千多次失败后，爱迪生终于找到了适合用作灯丝的材料——钨丝,取得了成功,成为举世瞩目的人。

2. 吃一堑长一智

有一些人,往往在遇到一点儿挫折之后就丧失生活下去的勇气,而一些敢于面对坎坷和挫折的人则往往能够从中受益匪浅,因为他们懂得"吃一堑长一智"的教训,能够在挫折面前跳得更高,更远。

> **心理专家话幸福**
>
> 有的时候,外在的一些刺激并不是一件糟糕的事情,关键是你能否从这些刺激中寻找到你需要改变的东西,并最大限度地发挥你的潜能。可能你会发现,置之死地而后生原来能带给你如此强大的生命动力。

第十章

做魅力女人
——打造一个幸福的自我

魅力是从心底深处自然而然地涌动、喷发、流露出来的一种气韵。虽然岁月会不断流逝，但魅力女人的心永远不老，甚至越来越年轻。因为有魅力的女性知道"腹有诗书气自华"，也明白智慧是一种永不褪色的美丽，更晓得如何提高自己的品味，打造一个幸福的自我……同时，她们自有一种风骨，并由此洋溢出一种近乎浑然天成的风致、风韵和风姿。

一、气质是女性的魅力之源

> 美丽的相貌和优雅的风度是一封长效的推荐信。
> ——【法】伊莎贝拉
> 气质之美与其说是来自内心的修养，不如说它是来自一种对美好事物的欣赏能力。这份欣赏力就使一个人的言谈举止不同流俗。
> ——【中】罗 兰

女人的相貌是上帝赐予的，有的天生丽质，有的相貌平平，这是无法改变的事实。漂亮的女性是幸运的，她们得到上天的眷顾，有着得天独厚的优势，遗憾的是很多这样的美女和花瓶联系在一起，她们缺乏内涵，言语粗俗，耐看不耐读，时间长了让你觉得索然无味。还有一种女性，她们没有如花的容貌，或者没有妖娆的身材，但她们会通过很多的途径让自己散发出迷人的气质，即使她们站在如花似锦的女人群中，也充满自信，毫不逊色。这种女人，征服你的便是她的气质。

刘若英就是这么一位值得我们用心来品味的气质女人。在当代的娱乐圈里，她并不能算一个美女，而且打扮向来不夸张，总是一条简单的牛仔裤，一件素气的无袖衫，平和恬静的表情与性感和惊艳没有丝毫的联系。

但是，她用气质征服了亿万观众。因为在她的眼神里，总是充满着一种忧郁，抹也抹不去，即使在她笑得很灿烂的时候也能够感觉得出来。但就是这么一种淡淡的忧郁为她略显平淡的脸孔添上了一种独特的味道，让她与众不同，有了一种独特的气质。

第十章 做魅力女人——打造一个幸福的自我

对于一个女人来说，说她不好看，就等于给她判了死刑，这是人世间最险恶的一个阴谋——杀人不见血，而这种阴谋对于娱乐圈里的女人来说是可以致命的。

曾几何时，刘若英也遭受了这样的待遇。但是，在她非常沮丧的时候，著名电影人张艾嘉来了。她很坚定地对刘若英说："你不漂亮，但是你可以去演电影。"刘若英简直不相信她说的话，但还是欣喜地去了。

于是刘若英出演了《少女小渔》里的小渔，电影中的刘若英，一幅淡淡的笑容，她嘴角柔柔地向上翘着，很羞涩的样子，专注的时候，眼睛睁得圆圆的，两颗漆黑的眸子，好像一下子就可以把人给看穿了。

这部朴实无华的电影显示了华语电影的独特魅力，而剧中的刘若英更是以她清淡的表演，彰显了华人含蓄内敛而又丰富从容的民族个性。如果说巩俐的激情表演是一幅浓艳的民俗风情画，那么刘若英的表演就是一幅水墨风景。也正是因为这一点，奠定了刘若英永远不会大红大紫，但是将会有悠远而深长的星路历程。

至此，刘若英的气质征服了很多观众，她红了，红得是那么自然而然，顺理成章，水到渠成，而且她还被冠以"气质美女"的称号，相比有的影星的冷漠，刘若英是真诚的，在没有化妆的时候，你若是想要和她纪念留影，她会毫无顾忌地说等一等，然后拿扑粉和唇膏，就好像是在拍片的现场，而她给你的感觉是真诚的、善良的，也是纯粹的。

有气质的女人是沉稳的，刘若英做到了这一点，她从来没有因为自己的一点点儿成功而沾沾自喜，甚至是得意忘形，而是坚定执著地走着自己的路，她也知道自己的路在哪里。

对于任何一个女人来说，外表的包装都是非常重要的，但是如果心灵干枯了，美貌也将会随之消失。而对于气质美女来说，她们懂得外貌的美丽会随着时间的流逝而改变，化妆美容都只是一时的手段，给人外在的表现；而内在的气质是永恒的，是怎样也消磨不掉的，是深入到骨子里的，是更加动人的旋律。想必，刘若英便是如此想法。

幸福处方：自己才是幸福的主宰

我们都知道，漂亮是天生的，但是气质不同，它是可以通过后天培养和打造的。可能你并非天生就知道自己属于什么气质类型的人，但是后天的生活中，通过慢慢学习，你将会发现什么样的气质于你比较合适，再加上自己某些先天条件，你就会打造出属于自己的独特气质。

1. 保持自信

在这个处处充满竞争的社会，那种自怨自艾、柔弱无助的女人已日渐失去市场。女人学会自我拯救和自我完善永远是最重要的。渴盼男人赐予你幸福永远是被动而不安全的。

2. 学会高贵

女人的高贵并非指一定要出身豪门或者本身所处的地位如何显赫，这里的高贵是指心态上的高贵。男人最反感放荡轻浮、心态猥琐的女人。生活中男人可以是女人的护花使者，但女人本身要给男人提供一种信心——这种信心就是让男人放心，而且乐意为你托付爱。

心理专家话幸福

有人说过，要对一个女人做评价，如果她不算漂亮，但还算知书达理，可称之为"有气质的女人"。不过，气质在某些方面真的可以和美丽相媲美，因为女人不是因为漂亮而美丽，而是因为美丽才漂亮。这种美是外在的形美与内在的秀美的结合。而具有气质的女人是最具魅力的，即便是美人迟暮，那种韵味依然犹存，让人一眼就能看出那份恬淡的气质和舒卷的宁静安然。

二、内涵是女性的魅力之本

> 没有德行的美貌,转眼即逝,可是在你的美貌中,有一颗美好的灵魂,所以你的美常在。
> ——【英】莎士比亚
>
> 人要想得到幸福,就必须使自己所有的才能、力量和志趣按照自己的本性得到很好的发展,并在一生各个相应的阶段得到适当的应用。
> ——【英】欧文

女人如花,花如女人。不可否认,上天赐给了女性美丽的容貌,妖娆的体态,但是决定女人是平和、善良、温柔、自信还是丑恶、自私、凶狠、愚昧的,是其文化思想和内涵品质。美丽的女人是一道优美的风景,令人赏心悦目,但是如果她出言不逊,举止不雅,便只会令其光鲜的外表顿时黯然失色,因为一个女人若没有深刻的内涵,再美的外表也只是昙花一现。唯有具有内涵的女子,才能美得持久,美得脱俗。

相信大家对《简·爱》都十分熟悉,书中塑造了一个自尊自爱的知性女子,她一直在追求生命中的爱情、光明、圣洁、美好,虽然出生于贫苦人家,但她是一个颇具内涵的女子。

襁褓中父母双亡的简·爱被舅舅收养,舅舅死后,她受到了舅舅家人的百般虐待,如表姐的蔑视,表哥的侮辱等,但也许正是因为这种寄人篱下的生活环境,造就了简·爱坚强不屈的精神和自立自强的信心,以及一种不可轻视和战胜的内在人格力量。

在罗彻斯特面前,她从来不因为自己出身卑贱,是一个地位低下的家庭教师而感到自卑,她坚信人在精神上都是平等的。所以她敢坦坦荡荡去爱，虽然这段爱情会遭受嘲笑或侮辱，但敢爱敢恨的简·爱从来不把这一切看在心上。也正是因为她的正直、高尚、纯洁，使得罗彻斯特为之震撼和倾倒，并深深地爱上了她，把她看作一个可以和自己在精神上进行平等交流的人。尽管他们彼此相爱，可当结婚那天，简·爱知道他有妻子的事实后，她还是要坚持离开。她说："我要遵从上帝颁发给世人认可的法律，我要坚守住我在清醒时而不是像现在这样疯狂时所接受的原则，我要牢牢守住这个立场。"

简单来说，这是简·爱必须离开的理由，但是从深层次来讲，是简·爱意识到自己受到了欺骗，她认为自己的人格受到了侮辱，自尊心受到了伤害，而且这个伤害她的人恰恰是她深爱的人。痛苦中的简·爱选择了理性地离开。即便前面有美好、富裕生活的诱惑，即便爱情带来的力量非常强大，简·爱依然选择坚持自己的尊严。这也许就是她最具魅力的地方所在。

所以说，女人可以没有华丽的外表，但不能没有丰富的内涵，因为只有内涵才能赋予美丽以灵魂，才能使美丽更加深刻。简·爱本不是一个漂亮的女子，但是她却能魅力四射，因为她的内心如此高贵，内涵如此丰富，即便是时光流转，她的魅力也能经久不衰。

幸福处方：善待自己，善待幸福

一个女人的外在美会随着时间的流逝而褪色，甚至会消失得无影无踪，而内在的美却是经久不衰魅力永存的。明眸皓齿、花容月貌的美女，如果没有思想、没有内涵，这种漂亮有时会使人感到俗不可耐；而许多的女性，因为拥有智慧和才华，举止优雅得体，因其内在的品质弥补了外表上的欠缺而顿然生辉，这样的女性往往具有一种从心灵深处源源溢出的摄人心魄的魅力。内在的高尚修养和高雅气质足以弥补其外在的不足。女人只有深层次地挖掘这些内涵特质，才能更好地展示自己的魅力。

1. 善待自己

具有内涵的女子懂得任何时候都应该善待自己，她不会伤害自己，例如情场的失意、事业的受阻常常会带给她短暂的情绪低落，但她绝对不会因此而放纵自己，更不会让自己堕落。另外，她还知道良好的健康状况对现代人来讲是非常重要的，所以她常常会积极地参与各种体育运动以保持自己良好的身材，也不会吝惜花在保养自己容貌和身体上的金钱和时间。

2. 培养自己的业余爱好

有内涵的女人应该培养一种或者多种业余爱好，不管是练瑜伽，还是跳芭蕾，抑或是唱卡拉OK，只要是有益身心的事情，都可能在潜移默化中对你内涵的养成产生重要影响。

3. 改掉各种不良习惯

日常生活中，一定要注意改掉自己的一些不好的习惯，例如要按时完成今天该做的事情，避免运用一些不雅的词语，也不要整天泡在一些庸俗的电视剧当中。

4. 修养心性

有内涵的女人一定要注意修养自己的心性。例如，可以每天花上一个小时的时间来阅读本行业的专业杂志，或者是阅读一些古今中外的文学名著，此外还应该抽出一些时间静坐等。

心理专家话幸福

具有内涵的女人就如同一行行的文字，朴素而高贵，和表面那种视觉之美有着本质的差别。只有细细品味，才能够读得出她的丰富和深刻。而且，不管岁月如何流逝，不管纸张怎么古旧，都不会降低她内在的魅力，都不会影响她的幸福指数。

三、温柔是魅力女性的本色

> 不承认自己幸福的人，不可能幸福。
> ——【西班牙】西拉斯
> 不要忘记被蒙蔽的幸福，不是真正的幸福。不要忘记就是瞬间沉浸在高贵的自豪中，自己亲身体验的幸福，比起在含混不清的盲信中长年醉生梦死的幸福也好得多。
> ——【德】海 涅

说到温柔，人们便会不自觉地想到温柔如水、温情四溢的女性。想起她们温柔的双眸，温情的微笑，温存的声音，温文尔雅的举止……如此柔情妩媚的女性，如同画家笔下的水彩画，散发出简简单单、朴朴素素的婉约之美。

上帝创造女人最大的成功，不是赋予她们外表的天生丽质，而是一份女性特有的温柔。对于女性来说，这种温柔，是一种智慧，是一种境界，是女性独具的气质，是女性似水柔情的展现。温柔是美德，也是一种力量。它像春风一样吹散人们心头的忧愁和烦恼，给人们带来幸福和快乐；它又像清澈的溪水，浇灌着亲情之树和爱情之花，使一切变得美好和谐。

魏小姐在一所著名的高级中学任教，一直以来，在学生和同事的眼中她都是一个非常严厉的人。因为每当学生出错的时候，她责备的目光令人望而生畏。在学生看来，严肃是她一贯的表情，微笑几乎和她无缘。

一次期末考试，因为少写了一个声调的炎炎看着卷子上那个鲜红的叉号，心里十分不满，于是在课余时间找到魏老师想请她把失掉的这一分给加上，因为唯有这样她的成绩才能够刚刚及格。

但是魏小姐看了炎炎一眼说:"这不是分不分的问题,做学问讲究的就是严谨,一点儿都不能马虎。"炎炎不甘心,又向她求助。魏小姐这次发火了,说:"小小年纪怎么就把分数看得这么重要,不知道你爸妈是怎么教育你的。"

炎炎哭着离开了办公室,放学之后,魏小姐把炎炎叫到办公室。她用少有的温柔的语调微笑着对炎炎说:"刚才老师的脾气太大了,在这里向你道歉。但是及格分还是不能给你,因为要靠自己的努力才能争取得到。其实分数并没有任何意义,关键是看你怎么对待这次考试,能从中收获什么。"她语重心长的一席话让炎炎非常感动。

炎炎突然想到:每次下雨的时候,班里总会出现几把备用的伞;每次晚自习下课,她总是等同学们休息之后才放心回家……原来,一直以来她严厉的外表下都藏有一颗温柔并充满爱心的心。想到这里,炎炎突然感动得眼泪掉了下来,而此时她看到了魏老师那温柔的笑容,这个笑容足以让她铭记一生一世。

几乎所有的人都知道春风是温柔的,但是它却能在厚厚的湖面上划出一道道裂痕;缓缓流淌的水是温柔的,但是它却能够在日复一日中让棱角分明的石头变得圆润。很多时候,温柔不是都表现在外表的,同样,温柔的外表下也可能孕育着坚强。而作为一个女人,不管你外表表现得多么坚强,内心都应该流淌着温柔的血液。

幸福处方:温柔是幸福最大的资本

在日常生活中,同样是女性,温柔的女性却要比一般的女性更容易获取人生的快乐。在平平常常的日子里,性格温柔的女性,日子会过得有滋有味。她的一言一行,一颦一笑,一举手一投足……尽显女性温柔本色。如果你想更快地收获事业的成功,想收获甜蜜的爱情,想享受幸福的婚姻,想拥有充实的人生,那么,从现在开始,学着做一位温柔女性吧!

1. 保持纯真

不可否认，这是一个暴露的年代，很多女性为了吸引男人的目光，变得越来越性感和狂野；但是那些文静、长发柔柔的乖乖女也不乏魅力。特别是在追求爱情的过程中，对于那些心中有归属感的男人来说，这类温柔女性所散发的纯真更能够吸引人。

2. 不要刻意伪装温柔

女人的温柔是不需要刻意伪装的。娇声娇气的小女孩腔、矫揉造作的行为举止与温柔没有关系，这些只能够吸引一些肤浅的男子，在大多数人看来纯粹是惺惺作态。真正温柔的女性，不只是表现在语言和动作上，它是女性时时散发出来的一种魅力，一腔柔情。

心理专家话幸福

温柔如风，可以拂去心绪的烦恼与忧愁；温柔似雨，可滋润心田的干渴与浮尘；温柔像虹，能映照自暴自弃之人重新扬帆的锦绣前程；温柔似利剑，剽悍粗犷的人会在这利剑下垂下高傲的头颅……对于女性来说，有了温柔，便有了一种独特的美，有了一种自尊的人格，有了一种做人的智慧。

四、优雅是女性最好的化妆品

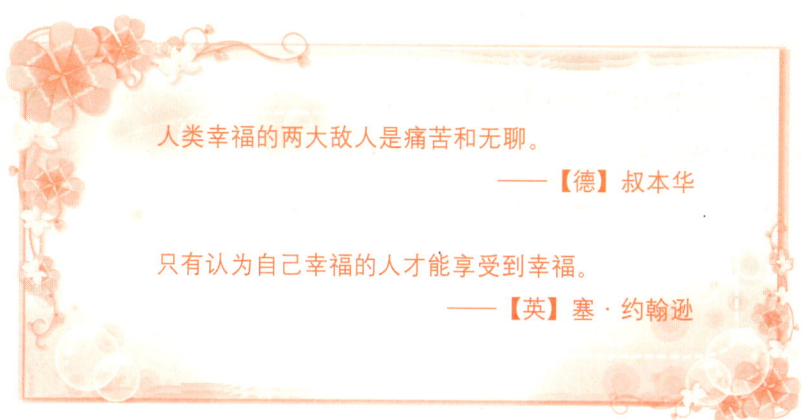

人类幸福的两大敌人是痛苦和无聊。
——【德】叔本华

只有认为自己幸福的人才能享受到幸福。
——【英】塞·约翰逊

曾经听到过这么一句话："女人可以老去，但要优雅。"十分赞同这样的观点，因为优雅的女人，她或许不漂亮，也不年轻，但是她的一举一投足，她的一颦一笑，或许只是她的一个背影，就会使你感觉阳光猛然明媚了许多，空气突然清新了许多，天地间也生动了许多。

因为优雅就如同是盛开在女人身上永不凋谢的花朵，散发出恒久的芳香；它又如同是雕塑家手中的刻刀，从内心到外表雕刻着女人；确切地说，它更是一种永久的时尚，不会因为岁月的消逝而消失，也不会因为时空的转变而淡泊。而优雅的女人自有一种风骨，并由此而洋溢出一种近乎浑然天成的风致、风韵和风姿。

英国女外交大臣玛格丽特·贝克特就是一个极为优雅的女人。2006年中、美、英、法、俄、德六个世界主要强国，在英国驻奥地利大使馆内，就伊朗核问题举行会晤时，玛格丽特·贝克特是会议的主持人。

那时，她已经年过六旬，颈部已经明显可见身体衰老形成的皮肤皱纹。但是处在富丽堂皇的会议大厅内的她，虽然身边是清一色的老练的男性外交官，即便是被一片黑色的西服包围，她依旧如同一位古典欧洲的女贵族一样，高昂着头，充满了自信，就连眼神里也充满着骄傲，表情则是胸有成竹的微笑。主持会议的过程中，她右手手腕配合发言，轻轻地、以最合适的速度在胸前划着小圆，做出一个又一个非常优美的手势。 整个会议过程中，她的表情、神态、动作、衣着、发饰等一切都恰到好处，表现出来的是优雅而完美的气质。不可否认，她已经老了，但是因为她的优雅，岁月从她这里走过时，只带走了外在的光华，那份漫长时光里已经渗入灵魂的智慧、自信和高贵，却在每一个毫不令人感到刻意的细小举动与表情中，像一首古典诗词一般，散发着来自精神的永恒魅力。

同样，夏奈尔也是一位优雅女性的代表，由她亲自设计的夏奈尔服装和夏奈尔香水具有开创性的历史意义。夏奈尔的品牌典雅、简约的美感几十年来征服了全球数亿妇女的身心，值得一提的是，夏奈尔是一个极优雅的女性。见过她的一幅照片，画面中的她，浅黄色的头发温柔地盘在脑后，颀长的脖子好像天鹅的脖子，一件宽松的针织罩衣，仪态万方，优雅绝伦。生活中的她在对待工作一事上，一丝不苟，甚至达到了严厉、苛刻的地步。这样的优雅，让人觉得可爱也可敬。正是因为夏奈尔的出现，让女人们的身体和心灵同时从沉睡中和桎梏中醒来，懂得了自尊与自爱，更懂得了幸福与独立的价值。

优雅的女人如同玛格丽特·贝克特和夏奈尔一样动人。她们懂得如何表现自己的成熟、优秀、文雅、娴静，更能够使得各种气质在举手投足间得到最好的体现，哪怕是她们并无沉鱼落雁之容，也无闭月羞花之貌，甚至是韶华已逝、青春不在。

幸福处方：优雅着，美丽着，幸福着

其实，女人的优雅并不是天生的，也不是简简单单靠金钱和外表就可以换来的，它建立在一种深厚的文化底蕴、艺术修养、高雅审美的基础之上。优雅的背后,是长年认真细致并有计划的训练与陶冶,绝非朝夕之功。同时,优雅是极难被模仿的,因为它可以说是一门艺术,有些人可以突击学到它的表面,而它深层的厚重积淀,是很难轻易就能获得的。脱离了它的精神,也就丧失了优雅的灵魂。

1. 保持本色的自己

往往有一些女人为了追求外在的美丽去丰胸,去垫鼻子,去削下巴等。这样盲目地追赶性感、美丽,后果只是在某种程度上成了庸俗、浅薄和愚笨的同义词。这样的女人是不优雅的,因为她没有真正理解让女人大放异彩的是女人的才干与修养。这些是化妆品与后天雕琢所不能替代的。

2. 要具有自己的风格

优雅的女人懂得在任何时候都应该保持自己的风格,她会让自己的表情自然丰富,不故作冷漠或者矫揉造作,永远保持适当的微笑;同时在着装方面也力求简约,因为多重穿衣会令原本苗条的身材徒增许多累赘,而且复杂的领端袖口会降低品位;最重要的是她有自己的主见,任何时候都不会盲从大流;举手投足间都尽显优雅。

心理专家话幸福

优雅是一种感觉,这感觉更多地来源于丰富的内心,它是智慧、博爱、理想和感性的完美融合;同时优雅更是一种气质,是你举手投足间不经意地流露出来的一种风度;它也是一种味道,是由内到外弥漫出的醉人的芳香……

五、品位是时间打不败的魅力

> 幸福是最珍贵的葡萄美酒,但对低级趣味的人来说,就味同嚼蜡了。
>
> ——【英】洛·史密斯
>
> 不必羡慕他人的才能,也不必悲叹自己的平庸;各人都有他的个性魅力。最重要的,就是认识自己的个性,而加以发展。
>
> ——【日】松下幸之助

有人说过,漂亮的女人不如可爱的女人,可爱的女人不如有品位的女人。因为有品位的女人往往具有一种特殊的味道:永远得体的装扮,永远脱俗的气质,微笑着聆听别人的谈话,说话风趣幽默,从不张扬,穿着不会五彩斑斓、浓妆艳抹,不会紧跟时尚,不流行但修饰得体。这样的女人,常常会给人带来清风徐来的感觉,她乐观向上、真诚而不虚伪、狂妄而不自大、温柔而不软弱、平和而不浮躁、从容而不轻薄……并且,她有着自己的独立思想和人格,绝不会人云亦云,随波逐流。

凌菲菲便是这么一个颇有品位的女人。她是一家知名房产集团的副总裁,同时也是一个拥有绝佳品位的女人,这不仅体现在她的言谈举止和穿着打扮上,更体现在她的处世风度和能力上。

几年前,她曾到一家破产拍卖的机械厂考察。进入厂区的时候她大为震惊:这哪里是充满钢铁味道的机械厂,简直就是大都市中的一片森林,因为这里到处都是树木,且高高低低,参差不齐,别有一番景致。她在心头突然涌动出一种感觉,因为这个地方迎合了她一直以来在追求的一种东西。

大学的时候，凌菲菲虽然学的是"电气自动化"专业，但一直对艺术和文化情有独钟，最后她将这种爱好转移到了建筑上，她试着在建筑中体现一种美学元素，包括对自然和环境和谐的要求。

所以，当凌菲菲第一眼看到这一片葱茏时，在内心涌动的是一种渴望创造的冲动和激情。她决定把这个破旧的花园式工厂改造成一座低密度、高品质、50%原生态绿化覆盖率的大型艺术生态居住小区。而这个小区的点睛之笔就是那些破旧的厂房和毫无用途的机器。她请了12名国内外知名艺术家以工厂原有的机器设备、生产的产品零部件为原料开始创作，尽量使之成为园林独特的一部分。

此外，她又吸收了国外的先进楼盘设计理念，在新建的森林都市社区中，每四层就辟出一个公共平台，面积有200平方米左右，放一些桌椅，可以使住户在这里下棋，聊天，品茶，娱乐等，很是惬意。她还别出心裁地把阳台的一半做成伸展出去的菱形，视野也变得更加开阔。

造房挖出的土，她也宝贝一样地保存了起来，而且还专门安排了两个人每天进行浇水。因为土里有很多珍贵的树种和草籽，如果想要小区充满自然情趣，就必须好好地加以保管。如今，在破旧的篮球场南侧，小山一样的土堆上已经长满了一些不知名的小草和野花，狗尾巴草到处都是，引来了不少孩子和老人。

同时，在建造楼房的过程当中，为了保护散在性生长的树木，她特意邀请了美国一位非常知名的景观设计专家进行技术指导，同时又请来了一些园林工人，将这些大树进行全冠移植。大树保住了，森林都市也名副其实。

这就是凌菲菲的品位，她没有盲目地去追随"欧式风格"、"小镇系列"等楼盘概念，而是在复杂细节中融合了古今中外的文化和理念，使自己的楼盘既有极高的品质，又在众多楼房中别具一格，脱颖而出。

其实，做人也一样，不管什么时候，都应该做出自己的特色，使自己纯真的气质洋溢着女性深邃的内涵，使自己高雅的风采闪烁着与众不同的亮光，使自己独特的观念迸发出思想的火花……这就是"女人的品位"！

幸福处方：幸福也需要品位

如果说性感魅力是女人外在的美丽，独立自信是女人内在的气质，那么品位格调则是女人价值的终极展现。现实生活中，一个女人拥有了品位，就等于开始享受增值的自我。而品位，是需要自己用心来提升的。

1. 为自己渲染出艺术氛围

想要做个有品位的女人，不妨在床头放本自己喜欢的画册、美文集等，晚上拧亮台灯在若有若无的轻音乐中翻阅，既可以让人平和宁静，又可以让深感贫乏的知识教养有所提高。假日里，去美术馆、音乐厅感觉艺术气质，拉近自己和艺术的距离，试着让自己成为一个充满艺术气质的女人。

2. 捕捉流行品位

作为一个有品位的女人，正在流行的不能不懂，否则很容易就会落伍，但也不能盲目跟风。应该注意从流行因素里找到个人的品位，再添加自己新的特色，争取成为新潮流的带动者。

3. 学会享受孤独

孤独或者适度的冷漠是一种令人倾心并惹人痛惜的气质。烦恼或是不顺心的时候，不用急着找家人或朋友发泄，让自己孤独起来，营造一个纯粹的个人空间，有书、有红酒或咖啡、有音乐。这时候女人总是最迷人的。

4. 保持质朴个性

做个有品位的女人，靠的是质朴、真诚、善良、知识和智慧。因为唯有这样的女人，才能恰到好处地选择表达自身风情韵致的外在形态，让人对其产生信赖。不要试图借助他人的影子来炫耀自己，美化自己；对人对事不虚伪，不狡诈，又肯于别人以诚信。有品位的女性，对自己的风度之美既不掩饰也不虚伪，对他人美的风度既不嫉妒也不贬斥，而是坦然处之，使人感受到一种真正的潇洒之美。

心理专家话幸福

有品位的女人往往具有恬静的心灵和清淡的情怀。她们不在乎人生的功利，更注重幸福的内涵。她们随遇而安，不强求身外之物，不愤世嫉俗，面对物质的诱惑、世俗的刺激处之泰然。在人生崎岖的旅途中，懂得自我安慰，自我松绑，自我释放，自我陶冶。她们在缓缓散步时，会时而静立池边，时而低头漫想，时而凝神远望，让内心回归自我，让心灵更趋完美。这样的女人，岂有不幸福之理？

六、简单是女性幸福的归宿

> 凡事只要看得淡些,就没有什么可忧虑的了;只要不因愤怒而夸大事态,就没有什么事情值得生气的了。
> ——【俄】屠格涅夫
>
> 谁在平日节衣缩食,在穷困时就容易渡过难关;谁在富足时豪华奢侈,在穷困时就会死于饥寒。
> ——【意大利】萨 迪

爱美之心,人皆有之,尤其是女性,她们都想拥有一副鲜亮的外表,都想让众人看见自己觉得眼前一亮。其实,自然美,才是最美的。你在修饰打扮上花费多少时间,就往往说明你有多少缺点需要掩饰。如果一个人天生丽质,即使她不怎么打扮,也会让人赏心悦目;而一个长着斗鸡眼、塌鼻梁、阔耳朵的人,即便是她努力掩饰,也还是能够让人看出其真正面目的。所以,在生活中,我们不但要注意追求外表美,也应该具有美的内在精神,努力达到内在美与外在美的统一,这才是美的最高境界。

故事发生在19世纪的英国。一次,已经年过六旬的伯爵夫人受到朋友的邀请,准备前去参加一个只有上流社会阶层才能参加的宴会。宴会开始的那天,天还没亮的时候,伯爵夫人便早早起床,吩咐女佣为自己化妆。

因为年龄的原因,伯爵夫人的头发已经灰白,在她看来,这实在是有辱她的形象。于是她准备戴上假发,为了不让别人看出这个破绽,她要女佣千方百计地掩饰得天衣无缝。结果反反复复带了很多次,用了差不多一个小时的时间,伯爵夫人才觉得满意。

接下来，伯爵夫人便开始让女仆为自己进行脸部化妆。她想要通过化妆把自己脸上的皱纹和雀斑以及大小不等的"坑"给掩饰起来，结果女仆不得不在她的整张脸上涂了厚厚的一层粉。等到公爵夫人满意的时候，一个小时又过去了。

公爵夫人的眉毛稀疏，而且颜色不一，按照她的要求，女仆拿着眉笔，左描右画，但是公爵夫人一会儿觉得她画得太粗，一会儿又太细，一会儿觉得两边高低不一，一会儿又认为长短不齐。就这样反反复复折腾了一个小时，她才同意女仆放下手中的眉笔。

三个多小时过去了，马夫已经备好马准备启程了，因为参加宴会的地点离这边还有很远。但是公爵夫人一点儿也不着急，她正兴致勃勃地站在宽大的穿衣镜前面试穿那件新买的礼服。这时她已经感觉饥饿难忍了，为了穿这件礼服，她已经两天没有吃饭了，因为只有这样才能够让她已经高高隆起的腹部变得稍微平坦一点儿。

一旁的女仆看出来她的身体已经在颤抖了，于是轻声说道："夫人，要不您先少吃点儿东西，您还有一天的应酬呢？"

"我说过我饿了吗？快去把我那条水晶项链拿过来，我看一下适不适合这件礼服……"伯爵夫人严厉地说。

接下来，女仆又紧张地帮她试鞋子，选手提包……

终于可以出发了。

可是等到了朋友家里的时候，宴会已经接近了尾声。但是当伯爵夫人出现在宴会上的时候，还是招来了很多宾客的目光。大家纷纷上前赞叹道：

"上帝啊，您怎么看起来越来越年轻了！"

"我从来没有见过这么气质高贵的女人！"

……

听着她们一声声的赞叹，看着她们羡慕的目光，伯爵夫人得意地说："我知道自己最具魅力了，因为这个妆花费了6个小时还要多呢！"

"天哪！难道你身上有那么多需要掩饰的缺点吗？"一位向来率直的女宾客惊叫道。

"哈哈……"满屋子的宾客大笑起来。

在一片笑声当中，大家注意到伯爵夫人突然晕倒在了地上，众人惊恐不已。

"没事的，夫人只是太饿了，为了保持苗条的身材，她已经两天没有吃什么东西了。"女仆小声地告诉伯爵夫人的朋友说。

尽管她的声音很小，周围的人还是听到了，笑声又一次充满了整个房间。

读完故事，相信你也会为伯爵夫人的愚蠢感到可笑，笑她为了掩盖自己身上的缺点竟在镜子前花费了那么长的时间，结果偷鸡不成反蚀米。其实，每个人的外表都有这样那样的缺点，适当的掩饰对于爱美的女人来说是非常正常的事情，但如果仅仅是为了追求外在的浮华，而在镜子前花费大量的时间来装扮"完美"，倒不如用智慧和内涵来充实自己，这样更能提升自己的魅力，赢得别人的掌声。

幸福处方：真正的幸福源于心灵之美

生活中，女人的外表占有十分重要的地位，我们知道，如果说某一个女人不漂亮，几乎就是给她最大的否定。固然，美丽的外表十分重要，但是更重要的是她的品质。一般情况下，一个人总是很难做到内外俱全。很多人总是为了追求外在的浮华而忽略了自身素质的提高。外在的美，是天生的，大多时候无法选择，但是内在的美，则可以通过自身修炼而提高。

1. 降低虚荣之心

很多时候，贪图外表的美丽往往会给人带来意想不到的伤害，尤其对于一些经常整容的人来说，不但要遭受巨大的痛苦，最后还可能会导致面目全非。而如果能够放下这份虚荣,将会获得一份平安。一味地在意外表的美丽与荣耀,不能放下架子,那么就有可能落得可悲的下场。

2. 提升自身内涵

生活中,与其装扮外表,不如充实心灵,提升自身的内涵。因为鲜亮的外表会随着时间的流逝渐渐消逝,但充实的心灵则会变得愈加醇厚,而且能够影响一个人一辈子。

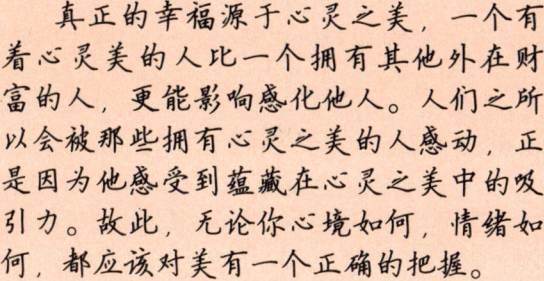

心理专家话幸福

真正的幸福源于心灵之美,一个有着心灵美的人比一个拥有其他外在财富的人,更能影响感化他人。人们之所以会被那些拥有心灵之美的人感动,正是因为他感受到蕴藏在心灵之美中的吸引力。故此,无论你心境如何,情绪如何,都应该对美有一个正确的把握。

七、自信是女性幸福的源泉

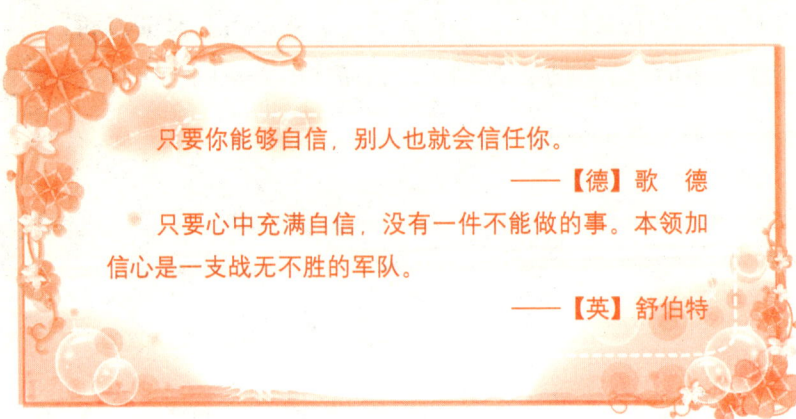

只要你能够自信,别人也就会信任你。

——【德】歌 德

只要心中充满自信,没有一件不能做的事。本领加信心是一支战无不胜的军队。

——【英】舒伯特

在这个充满物欲和浮躁气息的社会里,自信在不经意间成了一种奢侈品,尤其是对于女人而言。作为女人,你一定要学会自信,因为它是阴暗角落里的一丝阳光,代表着希望;它是阳光下一棵茁壮的幼苗,代表着生命……而女人拥有自信,便多了一分魅力,一分成熟,一分坚韧,一分优雅。要相信,拥有自信,你才是最美丽的女人!

我们都知道,著名作家三毛的自杀给读者留下了深深的痛苦,也留下了很大的疑问。有人说是《滚滚红尘》的失败使她自杀?其实不是,《滚滚红尘》充其量只是一个导火线,在她的心中,因自卑而萌发的自杀念头早已存在。

三毛在少年时代就非常喜欢一些"闲书",初二的第一次月考,她有四门科目不及格,数学是零分。等到第二学期,她决心跟每位老师合作。上课好好听课,课下按时完成作业,凡书就背,结果数学竟也得了好几次满分,这引起了数学老师的怀疑,就拿上学期的题来考她,而她当然不会做,数学老师就恶作剧地将她的两只眼睛画成两个鸡蛋,并令她绕操场转一圈，并且还罚站。他不知道，这些对一个小女孩的自尊心是一种巨大的羞辱。回家后她蒙头大哭。随后因害怕被嘲笑再也不敢去上学。

从此，三毛就开始逃学，但是她不想让父母知道，每天饭后还是背着她的书包，但不是去学校，而是去六犁公墓，因为在这里，她可以静静地读自己喜欢读的书，甚至在这个世界上她感觉最为安全的就是这些长眠于公墓里的死人。

善良的父母很是理解女儿，他们随即给她办了退学手续。从此，她"锁进都是书的墙壁……没年没月没有儿童节"，甚至不与成绩优秀的姐弟说话，哪怕是在一起吃饭。她曾因自卑而割腕自杀，幸亏被父母发现。

身为作家，她同许多人一样想要超越自己，但是不管她怎样地努力，也很难再造撒哈拉时期的轰动。以后的生活，无论是教书，还是讲演、座谈，都是平平淡淡。最后她抱病创作《滚滚红尘》。遗憾的是，《滚滚红尘》在台湾电影金马奖评选中获得12项提名中偏偏没有最佳编剧奖，这让盛装赴会的她当场落泪。

青少年时期的遭遇，就已经使她产生了很强的自卑感，而在以后的日子里她希望得到别人对她价值的肯定。《滚滚红尘》的创作，使她超越自己的希望落空，甚至还受到报刊"草包编剧"、"外行编剧"的猛烈抨击。身心疲惫的她对自己感到怀疑，还能够超越自己吗？自杀的念头由此而生。埋藏多年的自卑就这样将一个年轻的作家送到了另一个世界。

可见，一个女人就算事业上再成功，可是如果她缺乏自信，灿烂的生命也会夭折。而一个充满自信的女人，总能够坦然地面对生活赋予她的一切，成功也好、失败也罢；幸福也好，苦难也罢；她总有勇气去承受，即使面对挫折和逆境，依然有追求幸福的动力。

幸福处方：自信是幸福的驱动力

无可否认，自信是幸福生活的驱动力，尤其是对于女人来说，拥有自信就拥有了一种积极的态度和奋发向上的激情。但是千百年来的世俗观念让一部分女性失去了应有的自信,尽管她们有追求成功和幸福的冲动,但却缺少走出世俗的信心和勇气。不过,要想让自己的生活过得有声有色,就一定要冲破"女人是弱者"的思维定势,相信自己"我能行"。

1. 发挥自己的长处

人是在战胜自卑、建立自信的过程中成长的。天之生人,千差万别,但比较而言,人各有所长,各有所短。在做事的时候,一定要注意发挥自己的长处,避免自己的短处。如果总是做自己不适应的事情,拿自己的短处与别人的长处相比,那你就很容易产生自卑感。

2. 不要轻易放弃

信心是在不断的努力、不断的进步中逐步建立的,中途放弃、半途而废,是造成我们缺乏自信的重要原因。所以,凡是我们认为应该做而且已经着手做了的事情,就不要轻言放弃。

3. 丰富业余爱好

缺乏自信的女性绝大多数兴趣爱好比较少,她们总是把自己封闭起来,缺乏建立正常人际关系的信心,觉得生活没有意思。如果尽可能放松自己,培养多方面的兴趣爱好,例如听音乐、游泳等,同时多参加一些集体活动,注意力就不会过于集中在自己的不足方面,进而感受到生活的美好。

心理专家话幸福

如果一个人总是笼罩在自卑的阴影下,就如同给自己的心灵套上了枷锁,沉重不堪,让自己的心灵负重前行。但是,如果能够认清自己的处境,相信自己能行,搬掉心底的巨石,换个角度看待问题和困境,那么,再多的苦难也终会无影无踪。

八、智慧是一种永不褪色的美丽

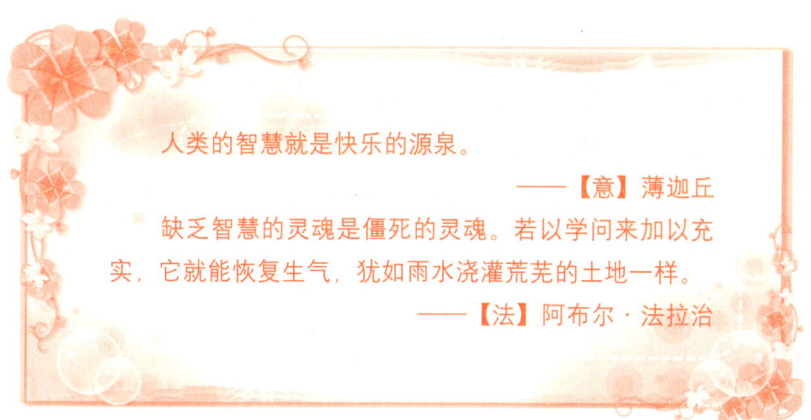

人类的智慧就是快乐的源泉。
——【意】薄伽丘
缺乏智慧的灵魂是僵死的灵魂。若以学问来加以充实，它就能恢复生气，犹如雨水浇灌荒芜的土地一样。
——【法】阿布尔·法拉治

台湾作家曹又方曾经说过："女人可以不美丽，但不能缺乏智慧。"因为"唯有智慧可以重赋美丽，唯有智慧可以使美丽长驻，唯有智慧可以使美丽有质的内涵。"对于一个女人来说，有的时候智慧要胜过容颜，它可以超越青春，超越年龄，因为心智不衰，智慧之美也将永驻。而一个拥有智慧的女人是温柔的、超脱的、聪明的、自信的、从容的、睿智的、与众不同的……"石韫玉而山晖，水怀珠而川媚"，这就是智慧赋予女性的魅力。

2007年的中国美女评选活动中，杨澜位居榜首。然而她的美丽不仅仅是因为她的漂亮，更多的是因为她的智慧，她的自信，她的出色……

从刚出校门的大学生到央视最红的节目主持人，然后到凤凰卫视的"杨澜工作室"，最后到阳光文化主席，幸运的杨澜拥有了成功者所拥有的一切。

然而在杨澜现代版的成功神话中，最经典的两个字就是"智慧"，因为一路走来，杨澜一直都很清楚自己需要的到底是什么？她也知道自己下一步该做什么？正如杨澜所说："一个人要想成功的话，最重要的就是先要明白自己到底要干什么。"这一点不仅体现了杨澜优秀的主持人素质，更体现在她对人生机遇的把握上。

杨澜的智慧在于她懂得放弃。对于一般人来说，很难在事业辉煌的时候放弃自己所拥有的鲜花、掌声和荣耀，但是杨澜舍得。她在事业如日中天之际，放弃了正大综艺主持人的位置，毅然决然地选择了出国留学，又在归国后事业刚起步时，放弃工作，生儿育女。她说："如果你需要家庭的话，那它就成为你生命的一部分了。要家庭还是要事业，就好像问你要左腿还是右腿，我觉得这是没有意义的。当两者有矛盾时，要看轻重缓急来取舍。"对于杨澜来说，她深知一个温馨而健全的家庭对一个女人来说有多么重要，因为家在任何的时候都会是自己最坚实的依靠。

杨澜的智慧还在于她的乖巧。她不像一些聪明女性那么锋芒毕露，让人退避三舍，她几乎与精明强干、女强人一类的字眼无缘。这位在大学时代即已成为男生眼里"最可爱的女生"的女性更懂得如何做人。她说："女人具体做什么是次要的。她要能让周围的人感到一种温暖、温情和力量。在这其中她也体现出自己独立的人格、尊严和价值。"也正是杨澜让周围的人感觉到了温暖、温情和力量，她才能够获得他人的尊重、信任和支持，才能生活得更有价值。

杨澜的智慧还在于她的幸运。她幸运地走进了央视，幸运地拥有了一个极佳的舞台，又幸运地得到了正大集团谢国民的援助，从而能够出国留学；继而有"杨澜工作室"，直至今天。但是她幸运的背后，是一种胆识，一种魄力，一种其他女性所不具有智慧。

杨澜，智慧女人的典型代表。虽然她不是十分漂亮，但是她依然可以凭借她的智慧成为中国乃至世界最美的女人。一个女人除了美貌之外，要想青春永驻，她必须得具备气质、内涵、灵魂和智慧，否则亮丽只能是一时，而智慧则能让美丽更圆润，更持久。因为只会穿衣打扮或者是逛街看戏的女人，生活的内涵往往是苍白的，人生的底蕴也是单薄的，但如果加上"智慧"两个字，生命便会精彩纷呈。

幸福处方：丰富智慧，积累幸福

智慧是人生体验到极致的感悟，是人生感悟极致的平静。它是一种简单纯净的心态，一种睿智深邃的思想，一种宽广博爱的仁心，一种充满自信的干练，一种情感丰盈的独立。而一个充满智慧的女人，她可以不必过于在意美丽的容颜，漂亮的装扮，婀娜的体态，然而不可以缺少的是思想、学识、自信和良好的修养。因为真正让一个女人光彩一生的正是这些。

1. 挖掘自身潜在的智慧因子

生活中，每个女人都能够成为一个有智慧的女人，或者说每个女人都有自己潜在的智慧，关键是要敢于挖掘自身潜在的智慧因子。即便你只是一个平凡普通的女人，这也不影响你的智慧。假如你梦想成为一个智慧女人，用智慧开创自己的非凡人生，你就要相信自己，用自己的行动和能力告诉人们你行。

2. 积累经验丰富你的智慧

一个人的生活经验越丰富，智慧就会越深刻，判断和推测能力就会越准确，人也就会显得越来越成熟老到。因此，对于一个想要拥有智慧的女性来说，就应该时时注意去观察生活和事业中的多种现象，并勤于开动自己的脑筋去判断它们的本质和结局，并在实践中加以检验。随着经验的增长，你的智慧会变得越来越深刻。

3. 注意日常生活细节

想要做个智慧的女人，就需要让智慧飘荡在每一个生活的角落，卧室、客厅、厨房、书房、办公室……其实，你不必刻意地去修饰，顺手拈来的几个小细节，就足以显示，你可以把卧室布置得温馨一些，用上粉红色窗帘，让浪漫洒满整个房间；可以把客厅打扫得一尘不染，让家人感受到你的勤劳；还可以在厨房尽显你的厨艺，拴住男人的胃就容易拴住男人的心；可以在书房尽情驰骋于知识的海洋，做一个喜欢读书的女子；可以在办公室里保持自己最优雅的微笑，让笑容传递你的真诚和谦虚……

心理专家话幸福

真正幸福的女人是有着极大智慧的。有位作家曾说过：智慧是优秀女人贴身的黄金软甲，是女人纤纤素手中的利斧，可斩征途上的荆棘，可斩身边的烦恼。智慧是阅历、经验、胆量三者的统一，它能够让世界更精彩，让自身更完美，让生活更幸福。

第十一章

做精彩女人
——自己去烙幸福的馅儿饼

没有哪个女人不渴望自己的人生充满精彩，因为精彩本身就是一种幸福，无疑，做精彩女人，就等于是在享受幸福生活。但是，生活中的精彩绝非不请自到，正如天上不会掉馅儿饼一样，幸福和精彩是需要自己追求的。一味地蹉跎、犹豫和徘徊，只会让幸福距离你更远。

一、永不放弃对幸福的追求

> 只要你稳住航舵，即使暴风雨也不会使你偏离航向。
> ——【加拿大】威廉逊
>
> 幸福并不在于享有幸福，而是在于争取幸福，追求幸福。
> ——【苏联】A·安德烈耶夫

人生的道路短暂而漫长，在这个短暂而漫长的旅途中，我们往往会遇到一些意想不到的、巨大的打击和灾难，由此在心底留下难以磨灭的创伤，甚至让我们丧失了追求幸福的信心和勇气。尤其是天生脆弱的女人，当追求幸福受阻之后，可能就不会开始下一段追求幸福的旅程了。

鲁迅先生说过："地上本没有路，走的人多了，也便成了路。"的确，路就在我们自己的脚下，其实幸福也一样，它们都如同是美妙的馅儿饼，绝不会从天上掉下来。因此，要想走出一条自己的路，要想得到属于自己的幸福，要想拿到美味的馅儿饼，就需要自己不断努力，锲而不舍、永不放弃。

知道查理·斯坦梅兹的人都说，他是一个不幸的孩子，因为他的左腿天生弯曲，更加不可思议的是，他的脊柱拱起，呈现出怪异的驼峰状。当时，医生看了看这个可怜的生命，望着查理父母满是期待的眼神，无奈地摇了摇头说："我们无能为力，他的缺陷实在没有办法弥补。"更加不幸的是，查理1岁那年，母亲去世，从此以后，他和父亲相依为命。

当稍稍长大，同龄的小伙伴们都不与他玩耍的时候，他开始意识到自己与他人的不同。但是，上帝似乎很眷顾这个与众不同的孩子，虽然给了他畸形的身体，但却给了他非凡的智慧和乐观的性格。

5岁那年，查理就已经能做拉丁语动词变位；7岁的时候他开始接触希腊语，同时也懂得了一些希伯来语；8岁那年，他就精通了几何和代数。后来，他考入大学，大学期间，他的每门功课都遥遥领先，胜人一筹。但是，因为身体原因，不管他怎么努力，不管他的成绩有多优秀，他始终难以得到同学和学校的认可。此时，乐观的查理并没有放弃，他在心底对自己说："只要努力，我相信我一定能够得到社会的认可。"

后来，为了实现自己的梦想，查理克服一切困难来到了美国。同样因为身体原因，他找工作受到了很多限制。多次被拒绝之后，他在通用电气公司找到一份绘图员的工作，虽然周薪只有12美元，他依然很高兴地接受了。

枯燥无味的工作中，查理除了做好自己的本职工作之外，把剩余的时间都花在了研究电器上面。功夫不负苦心人，他的一生获得了2000多种电气发明的专利权，而且写出了很多关于电气理论和工程方面的书籍。

无疑，查理是成功的，也是幸福的，因为很多人梦想取得的成就和荣誉，他都拥有了。但是，巨大成就和荣誉的背后，却也包含着他坚持不懈的努力和追求。生活中遇到坎坷和困难不要紧，只要不放弃追求幸福的勇气，幸福就会永远与你相随。

的确，幸福的馅儿饼是需要自己来烙的，因为命运就掌握在我们自己的手里。试问凡是幸福者，他们之所以幸福，是因为他们一直坚持自己的追求，不管人生遭遇多么大的磨难，他们也不选择放弃。因为他们知道，幸福就在不断地追求当中。

很小的时候，达尔文就对动植物产生了浓厚的兴趣，他经常趴在地上观察动物的爬行、饮食、睡眠等，一看就是半天，有时甚至到了废寝忘食的地步。终于有一天，希望他学习宗教的父亲忍无可忍，大声斥责他说：

"你放着正经事情不做,整天就知道打猎、撵狗、捉耗子,成何体统?"但是达尔文依然没有听从父亲的安排,继续从事他的科学研究。后来,在他的辛苦努力下,终于出版了震惊世界的《物种起源》一书,并由此开创了科学研究新的时代。

的确,只要你永不放弃自己追求的目标,即便历尽千辛万苦,也终会品味到幸福的滋味。因此,千万不要放弃对幸福的追求,唯有如此,才会成为一个幸福的人。永不放弃,专心追求,不要顾虑太多,这不是浮躁,也不是鲁莽,而是成熟,是明智,因为只有永不放弃追求,才能让我们最终看到希望。

幸福处方:追求幸福,不能停止

俗话说:"自助者天助。"只有敢于向命运挑战的人,才能真正把握自己的命运,也只有敢于追求幸福的人,才能得到真正想要的幸福。不要期望上帝会给你幸福,也不要期望他人会给你幸福,想要得到幸福,就去努力追求幸福,做到永不放弃,永不停止。

1. 幸福一定会到来

追求幸福的时候,一定要坚持这么一个信念,即坚信幸福一定会到来。也只有相信幸福会到来,它才会到来。同时,这个信念会让你看得到希望,给你坚持下去的信心和勇气。

2. 不幸是暂时的

也许你现在正处于人生的低谷,但不要丧气,不要气馁,因为一切的不幸都只是暂时的,只有幸福才是最终的归宿。可以说,艰难困苦、坎坷挫折只是追求成功道路中的调味品,它们会让你的生活多几分情趣。

3. 追求也是一种幸福

幸福没有具体的定义，它只是一种感觉，很多时候，明确自己努力的方向，这就是一种幸福。所以说，追求幸福本身就是一种幸福，因为你清楚自己前行的方向，知道自己真正想要得到的是什么。

心理专家话幸福

幸福不是天上掉下来的馅儿饼，也不是通过幻想就可以得到的，它需要一个人付出艰辛的努力、辛苦的耕耘才能够获得。因此，不管你的志向是什么，不管你从事什么行业，要想幸福，就不要放弃追求！

二、快乐过好人生三天

> 若是爱千古，应该爱现在；昨日不能唤回来，明天还是不实在，能确有把握的，只有今日的现在。
> ——【美】爱默生
>
> 整个生命是日子的问题，梦想家才会使自己置身虚无飘渺之中，而不去抓住眼前一纵即逝的光阴。
> ——【法】罗曼·罗兰

人生一世，看似长久，其实只有"三天"——昨天、今天和明天。昨天，过去的，不再烦；今天，正在过，不用烦；明天，还没到，烦不着。由此可见，你的人生并没有什么值得烦恼的。如果，此刻的你正在忧虑，那么怎么能够得到幸福呢？幸福的女人知道，忧虑中难寻幸福的踪影，所以她懂得甩掉忧虑的包袱，快乐地过好人生三天。

在一个小乡村里，住着一对清贫的老夫妇。有一天，他们商量着要把家中唯一值钱的一头猪牵到集市上换点儿东西，好补贴家用。第二天，老头牵着猪去赶集了，他先和别人换了一头母牛，又用母牛换了一只羊，后又用羊换来一只肥鹅，然后又用肥鹅换来几尺布，总之，他换来换去，结果最后换来的是一大筐烂苹果。

其实，在每一次的交换过程中，他都想给老伴一个惊喜。

中午时，他来到一个小饭馆内歇息，碰到两个英国人，闲谈中他讲述了自己交换的经历。两个英国人听完后哈哈大笑，他们一致认为老头回家肯定会挨老伴一顿臭骂。老头却十分肯定地说不会。最后，英国人用一袋金币作赌注,于是三个人一起回到老头家中。

老伴看到老头回来了,十分高兴,并且兴奋而专注地听着老头子讲述每一次交换的经过。每当听到老头用一种东西换了另外一种东西时,她的眼神中都充满了欣喜的表情。

她嘴里还不停地、激动地说:"太好了,我们这下有牛奶喝了。"

"听说羊奶味道也不错的哦!"

"哦,听说鹅蛋特别好吃的!"

"又可以做新衣服了!"

最后,当他听说老头子换回来的是一大筐烂苹果时,她依旧很兴奋地说:"太好了,我前几天刚学会做苹果馅儿饼,今晚可以尝试一下了!"

无疑,最后两个英国人输掉了一袋金币。

漫漫人生之路,一些无法改变但总又令我们遗憾的事情总是不可避免地发生,我们可以做的就是接受它,适应它,而不是为无法改变它而忧虑。否则,忧虑不但令我们的精神崩溃,还会毁掉我们的幸福。

故事中老头换掉的东西就如同我们经历过的一个又一个的昨天,既然已经无法挽回了,他的老伴就采取了坦然接受一筐烂苹果的现实,其实也就相当于坦然接受今天。的确,不管今天如何,唯有它才是我们能够把握住的,而且,把握住了今天,也就等于把握住了昨天和明天,也就相当于走好了整整一生的路程。

幸福处方:过好每一天,幸福自然来

曾经听到过这么一句话:生命之所以珍贵,不在于它的短暂性,而在于它的一次性,在于它的不可逆转性。的确,生命之于我们只有一次,人生就是一个与生命同步的几十年的过程,在这过程中过好每一天,无论是快乐还是忧伤,只要我们自己满意,那就是一种幸福。

1. 保持一份好心情

好心情只有靠自己寻找才能够得到。其实保持一份好心情并不是一件困难的事情。每天起床的时候对着镜子笑一下，看一看窗外的蓝天，呼吸一下新鲜的空气……就可以让你的情绪保持一整天。

2. 不要留恋于过去

过去的都已经过去了，不管你怎么苦苦哀求，它也不可能重新来过，所以不妨坦然接受，然后把目光投向现在。当你专注于此时时，也许会把过去的遗憾弥补过来，重新获得快乐和幸福。

3. 不要太过于期待未来

明天发生的事情只有明天才会知道，它不会理会你的期待。所以，还是把伸长的脖子收回，安心过好现在，把握好每一个今天吧！

心理专家话幸福

人生三天：昨天、今天、明天。昨天已经成为历史，所以我们不能回头看；明天还没到，所以不能设想太多；因此只要用心过好每一个今天就等于过好了人生中的每一个日子。如果能够懂得这句话的深意，也就懂得了如何让自己幸福快乐地过好人生每一天。

三、先斟满自己的杯子

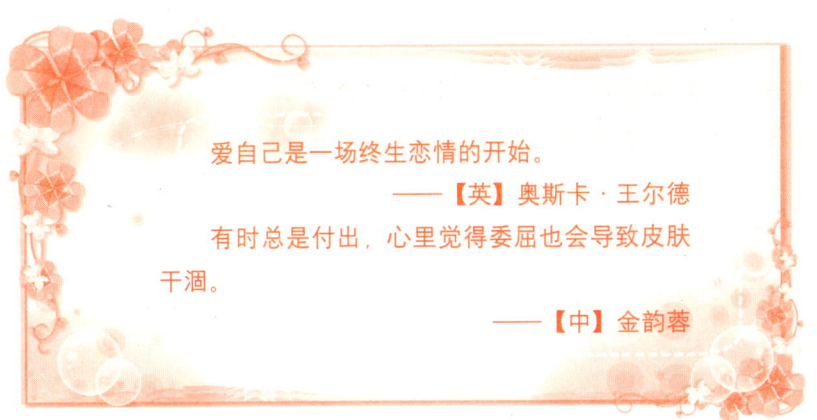

爱自己是一场终生恋情的开始。
——【英】奥斯卡·王尔德
有时总是付出，心里觉得委屈也会导致皮肤干涸。
——【中】金韵蓉

心理专家金韵蓉女士曾经讲过这么一个故事：一个事业成功的女士，在听了她的心理演讲课之后，向她求助。那位女士穿着入时，装扮得体，气宇轩昂，但是眉宇间却缺少一份神态自若的安静闲适。在她的倾诉中金韵蓉女士得知，来自心底的寂寞和挥之不去的委屈让她难以承受，即使她已经拥有了让人羡慕的事业和地位，但依然没有成就感和幸福感。

可以说，现代社会的女性，承担着更多的责任和重担。很多时候，她们身兼数职，这些负担远远在她们的承受之外，而且女人是感性的动物，她们惯用莫名其妙的情绪来打击自己，也常常用感觉好不好来画地自限。很多时候，事情本事并不糟糕，遗憾的是女性本身让事情变得糟糕，而且，伴随而来的消极情绪足以击垮女性所有的幸福。

为此，作为心理专家的金韵蓉女士也专门提出了女性获得幸福的办法，即"宝贝自己"，所谓宝贝自己是指先斟满自己的杯子，学着对自己好一点儿。事实也是如此，只有先学会宝贝自己，让自己变得坚强起来，才有能力去面对世间的风风雨雨，让自己从繁琐的事件中体味出幸福和快乐。

曾经认识这么一个女人，她已经38岁了，但是给你的感觉不过是20出头，因为你很难想象到她的笑容、她的健康、她的乐观是发自一位38岁的女人。

38岁生日那天，她告诉我说，她要结婚了，未婚夫是她的网友，两个人也只见过一次面。告诉我这些消息的时候，她的脸上满是幸福的喜悦。我有点儿不敢相信地问道："互联网上认识的，你确定要嫁给他？"她依然幸福地笑着说："我都已经38岁了，知道自己在做什么？"

35岁之前，这名女子的家人和朋友常常为她的婚姻大事发愁，她的母亲甚至对她进行逼婚，但结果并不如所愿。大学毕业之后，考虑到自己是家里的老大，下面还有两个弟弟在读书。于是她告诉自己说等弟弟们都大学毕业了、成家了，再说吧。后来，弟弟们都相继独立起来，她又告诉自己说，把父母用来养老的钱挣够了再说吧……

其实，没有谁要求她这么做，是她自己认为这是自己的责任。35岁那年，无意中听到父母的谈话得知，父母其实不希望她这么做，只希望她能够对自己好一点儿，过得快乐一点儿，他们就心满意足了。

后来，她告诉我说，她是35岁之后才开始学着享受生活的，才开始懂得对自己好的。这3年里，她不再为没完没了的责任诚惶诚恐，也不再自怜自艾地期待爱情的出现，她开始懂得欣赏良辰美景，学着快乐地与自己相处，坚持每周去美容院保养皮肤，去健身房锻炼肌肉，去小饭馆吃各种各样的特色小吃……

后来，她的未婚夫见了她一面之后，便不可救药地喜欢上了她，被她那"阳光般的脸庞"迷得一塌糊涂。理所当然，她也追逐到了自己的幸福。

其实，我们都清楚这么一个道理，当需求得到满足时，便是幸福时。那么，如何才能让自己的需求得到满足呢？最重要的一点就是"宝贝自己"，尤其是女人，不应该对自己太苛刻了。试想一下，如果自己看自己都赏心悦目，就会从内心充满自信，更会在别人面前展示一个精彩的自己。何乐而不为呢？

当然，爱自己并不仅仅只是舍得花钱买东西，或是满足需求这么表象的意义，更不是任性地以自我为中心，不理会旁人的感受。它指的是让自己处于一种"宽心惬意"的生活状态，懂得人生更应该为自己活着。

幸福处方：幸福，就是对自己好一点

生活中，不要一味地期待别人会帮你斟满杯子，也不要一味地无私奉献。如果你懂得先把自己的杯子斟满，懂得"宝贝自己"，自然而然地就会感觉到快乐了。那么，怎么来"宝贝自己"呢？

1. 学会夸奖自己

生活中，不光要学会夸奖别人，也应该懂得夸奖自己。因为偶尔地夸奖自己会让自己拥有不符合实际年龄的天真快乐，而且有益于自己的身心健康，最重要的是能够为自己的下一次前行积蓄信心和能量。

2. 不要对自己要求太过苛刻

任何人都不是完美的，都有自己做不到、做不好的事情。因此，当事情出现失误的时候，不要求全责备。做到宽容别人的同时，也学会宽容自己，这样才会让自己放下很多生活的负担。

3. 学会给自己放假

生活的忙碌，工作的紧张，家务的琐碎，让假期离女人越来越远。其实，女人可以自己给自己放假，忙碌的时候不妨抽出一点儿时间做一些自己喜欢的事情。记住，千万不能让生活束缚了追求幸福的权利。

心理专家话幸福

先斟满自己的杯子，学着对自己好一点儿，因为生活是一种享受，而不是一种负担，而且，当你第一次决定把自己放在优先位置时，你将发现，幸福也在向你靠近，而且周围和你一起分享快乐幸福的人变得越来越多。

四、书香，让女人的幸福深刻

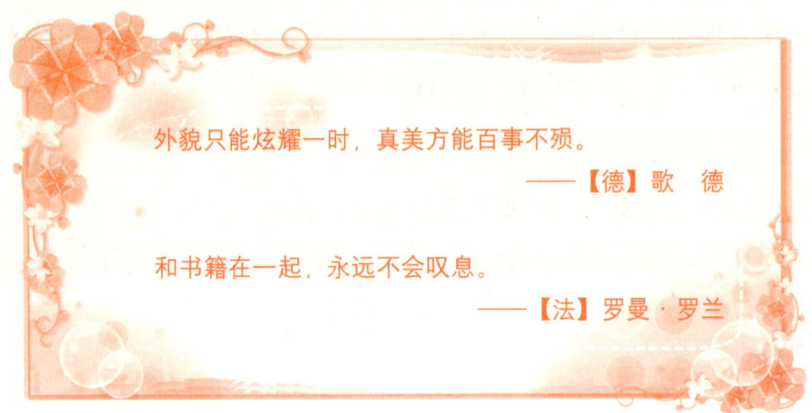

外貌只能炫耀一时，真美方能百事不殒。
——【德】歌　德

和书籍在一起，永远不会叹息。
——【法】罗曼·罗兰

有人认为，所谓幸福，都是比较出来的。当周围的人都在不幸中苦苦挣扎，做一个旁观者，很容易产生幸福的感觉。这样的说法也许有其道理，不过，也有人认为，比较是在现实和可能之间进行的，当现实超出可能时，幸福感才是真实的。即便别人的不幸能反衬出自己的幸福，这样的幸福其实是没有根基的。幸福也好，不幸也罢，都是一种心理状态。但是，如何让自己保持一种幸福的心理状态呢？读书，这是一种最有效的方法。

可能大家都很熟悉好莱坞著名影星琼·克劳馥，她正是一个不断学习的女人，也正是因为她的不断学习，不断"充电"，才让她的人生与众不同，异彩纷呈。

很早之前，还叫露西尔的琼·克劳馥因为贫穷，不得不在斯蒂芬女子学校的食堂里做侍者，以此维持生计。她从来不敢参加任何晚会，因为她连一件像样的衣服也没有。可是谁也不曾料想，后来的琼·克劳馥衣着是那么漂亮和时尚，世界各地的女人们都热烈地追随着她，服装设计师们请求她在公共场合穿上他们设计的服装，因为这样那些服装立马就会畅销。

谁也不知道琼·克劳馥对贫困的体会是多么的深刻。她知道从贫困中挣扎出来的艰辛，也知道身无分文时受冻挨饿的痛苦，更体会过沦落异乡、孤苦无助的滋味……但是一切的困难都没有抑制她对知识的向往，稍大一点儿的时候，她决心接受更多的教育，于是就来到了密苏里州的斯蒂芬女子学校读书，在读书期间，她穿的都是别人不要的旧衣服，在学校食堂里做侍者更是可以免掉食宿的费用。

从小到大的艰辛没有能够摧毁她走上舞台的激情。她用向别人借的钱买了回堪萨斯城的车票，然后不辞劳苦地工作、攒钱，目的是为了锲而不舍地学习。多少年来，她努力学习各方面的知识，为了练习好各国的歌曲，她还学习法文、英文等。

对于自己的经历，连琼·克劳馥自己都觉得具有传奇的色彩。她虽然出身贫寒，但是她现在可以买得起世上最昂贵的东西；虽然她曾在马棚的木箱舞台上练习演唱，但现在无论她走到哪里，都有自己忠实的崇拜者；虽然她从来没有认为自己美丽，但是，她成了好莱坞荧幕上最靓丽的明星之一。

究其原因，是因为琼·克劳馥能够在闲暇时间不断地用知识来充实自己。她知道空有一幅美丽的外表可能会红极一时，但是不会长久。只有用知识包装起来的头脑才会散发出经久不息的魅力。

的确，女人最高的风韵，是由内而外散发的文化气质。喜欢读书，才能"每临大事有静气"；喜欢读书，才能增长知识，陶冶性情，使人的情感更细腻，兴致更优雅，气质更深沉，淡泊以明志，宁静以致远……读书，不仅可以塑造女性的气质，还会为人生带来最美妙的时光，因为只有当一个人沉浸在文学世界中时，她可以称得上是人生最幸福的人。

幸福处方：享受知识，是一种幸福

社会是一个五光十色、变幻多姿的大舞台，生动活泼的角色很多，而每一种角色的背后都是一种知识，一种涵养，你应该学着记录下来，让它成为一种经验，一种智慧。因为在女人的命运里，知识是一种不可或缺的养分，美容改变的是外表，但是知识塑造的是内涵。所以让知识使你的改变由外及里，焕发于神，以赋予心，使女性的魅力放射出恒久的光芒，让人生也因此与众不同。

1. 读自己喜欢的书

做个读书的女人，闲暇时间里，挑几本自己喜欢的书，慵懒地坐在午后的阳台上，品上一杯清茶，一页页地翻阅，随着字里行间的喜悦而喜悦，悲伤而悲伤，让自己融入书中的世界，会收获一种别样的幸福。

2. 不要为了读书而读书

"读书足以怡情；读书足以博彩；读书足以长才。其怡情也，最见于独处幽居之时；其博彩也，最见于高谈阔论之中；其长才也，最见于处世判事之际。"而"读史使人明智，读诗使人灵秀，数学使人周密，科学使人深刻，伦理学使人庄重，逻辑修辞学使人善变。"但如果为了读书而读书，这些目的都不能够达到。

心理专家话幸福

做个读书的女人，可以与心仪已久的智者交流，与贤人私语，在不知不觉间，涤荡心灵的尘埃，感悟人生的真谛，享受世间的真情，也会明白前进的小溪虽然弯弯曲曲，但终会流向无边无际的大海，这是一种无语的宁静，一种智者的归宿，一种幸福的体会。

五、幽默，让女人的幸福延长

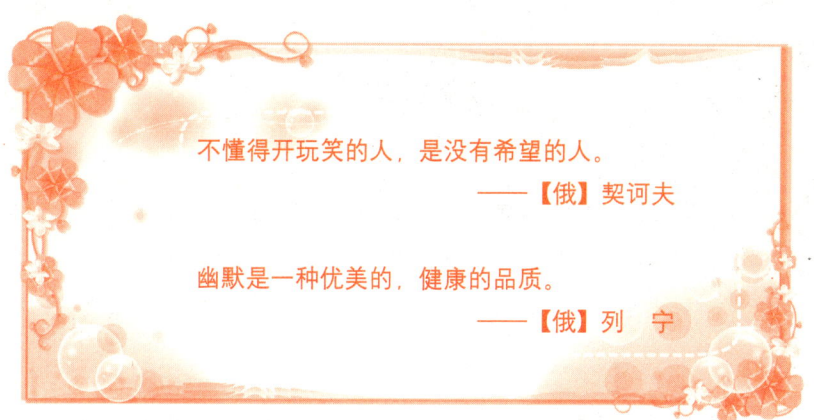

不懂得开玩笑的人，是没有希望的人。
——【俄】契诃夫

幽默是一种优美的，健康的品质。
——【俄】列 宁

有人说，幽默是一种心灵状态，也是一种健康、优美的品质。的确，幽默能够让人愉快，并从中品味到幸福的感觉。其实，幽默是上天赐予每个人的法宝，只是有的人总也找不到使用的正确方法，让这件法宝变得一无是处，但是一个聪明的女人，是知道如何运用这一法宝的。因为她知道自己很温柔，很妩媚，并且善于交际，也很有智慧，但是如果缺少了幽默，也就缺少了一分魅力，一个吸引别人注意自己的机会。

幽默的女人是充满智慧的，并且到处受人欢迎，她们可以化解许多人际间的尴尬和冲突，更可以带给人欢乐，甚至可以化腐朽为神奇。聪明的女人知道，在追求幸福的过程中，幽默是必不可少的，因为它是催化剂，能够让幸福来得更快一些，来得更早一些，甚至更多一点儿。

一个刚毕业的女大学生，经历了多次求职失败之后，她到一家文化公司应聘文秘职位。在网上把简历发出去以后，对方很快将未能录用她的通知用电子邮件发给了她。可能是系统出现了什么错误，对方接连发了两封E-mail给她。她于是就幽默了一把，根本没有想到这把幽默还能够给她带来什么好运。她这样回信说:"既然您对没有录用我表示如此的遗憾和内疚,那么为什么就不能给我一次面试的机会呢?"她万万没有想到,正是由于那封信的原因,对方给了她一个更好职位的面试机会,并且她顺利通过。

尝到了幽默的甜头,在后来与外国经理的相处过程中,她也总能够抓住机会幽默一下,使得本来尴尬的气氛变得缓和,而且,结局永远是快乐的。

例如有一次,外国经理不小心把一杯可乐打翻在了办公室里的地毯上,他很不好意思地对这个女孩说:"一会儿螳螂部队肯定会大规模的袭击我的办公室。"这个女孩想了想,微笑着看着经理说:"绝对不会,因为中国的螳螂只喜欢吃中餐。"经理很愉快地看着她,放声大笑,以后的日子里,经理对她非常器重,而她的工作也变得越来越顺手,很快就升职了。

有人说,女人如果只有外表的鲜艳,让人感觉那只是一个空壳,只有具有幽默感的女人才能形神兼备,因为她们知道用自己的方式来调节大家的心情,来彰显自己的可爱之处。

一位年轻的女教师,和同学们一起在校园的路上聊天,一个男生可能是因为谈话太过于激动,一不小心踩到了女老师的脚,他脸涨得通红,"对不起啊,老师,踩到您脚了。"老师却风趣地说道:"是我把脚放错地方了。"这样的女人,这样的老师,能不被学生喜爱?被学生喜爱的同时,怎么能够不幸福呢?

很多时候,幽默就是人际关系的润滑剂,因为它能够创造和谐快乐的气氛,所以很容易就把周围的人吸引过来了。当朋友变得越来越多,你的生活也就会充满越来越多的情趣。而且当自己烦闷的时候,它能够将烦恼转化为快乐,将尴尬转化为平和。如此,怎会不觉得自己幸福?

幸福处方：懂得幽默，幸福相随

一个女人，如果她很温柔，贤淑，妩媚，善于交际，但如果她同时也具有幽默感，那么无疑是非常具有吸引力的，而且因为她的幽默会让她的魅力锦上添花。再者，幽默能够淡化一个人的消极情绪，消除沮丧与痛苦，取而代之的是轻松与快乐。因此，如果想要在生活中找到幸福感，就不应该让幽默缺席。其实我们每个人都可变得幽默一些，它并不是天才、高智商、喜剧演员的专利品。只要你学习让嘴角往上翘，换个新鲜角度欣赏事物，即可学会幽默，让幸福久久相随。

1. 注意幽默的分寸

在运用幽默的过程当中，一定要注意运用的场合以及所适用的对象，而且必须是健康的，友善的，这样让人在听的过程中，便能感受到你惊人的才华以及睿智的思想。"开黄腔"，低级趣味只会令人厌恶。

2. 领悟幽默的内涵

幽默不是油腔滑调，也非嘲笑或讽刺。我们要机智而又敏捷地指出别人的缺点或优点，在微笑中加以肯定或否定。正如有位名人所言：浮躁难以幽默，装腔作势难以幽默，钻牛角尖难以幽默，捉襟见肘难以幽默，迟钝笨拙难以幽默，只有从容，平等待人，超脱，游刃有余，聪明透彻才能幽默。

3. 培养幽默的感觉

幽默感是需要慢慢培养的，例如常常可以和一些幽默的朋友谈话聊天，也可以经常看一下娱乐性的节目，还可以读一些笑话书……接触得多了，感觉自然会变得越来越强烈。

心理专家话幸福

在女人的精神世界里,幽默是一种丰富的调味品,她能丰富女人的生活,让枯燥平淡的日子变得令人回味无穷。更为重要的是,幽默是一种健康的品质,一种优美的心灵处方,它能使女人变得豁达开朗,即使在生活中遇到再大的挫折,也一样可以迎刃而解。

六、选择幸福,你就会幸福

> 命运不是机遇,而是选择。
> ——【英】J·E·丁格
> 在任何不幸中都隐藏着幸福,我们只是不知道哪儿有好事,哪儿有坏事。
> ——【俄】葛奥尔吉乌

很多人相信人的命运是天生注定的,幸福与不幸福,从自己出生的那一刻起,就已经被上帝决定了。其实,除了出生我们没有办法选择之外,很多事情我们都是可以选择的,包括幸福。生活中,谁都希望幸福能够降临到自己的头上,但是仔细观察生活中那些不幸的女人,很轻易就会发现是她们自己选择了不幸。

大三的时候，静美爱上了比她低一届的师弟，那个男生是一个很浪漫的男孩子，能歌善舞，还写得一手好文章。或许是因为他不够爱静美，对她一点也不诚实，尽管两个人已经相处了很长时间，但是男孩子对静美的态度忽冷忽热，不仅如此，他还会背着静美与别的女孩子约会。静美身边的朋友都劝静美尽快与这个男孩子分手，但是静美总是很无奈地说自己放不下。最后，那个男孩子向她提出了分手。

毕业之后，静美到一所学校当老师，一直以来，她对自己的工作都十分不满，但是当家人和朋友劝她重新找一份工作时，她却以"竞争激烈"为由，不敢去争取自己喜欢的职位。

没有了爱情，工作又不喜欢，静美觉得自己是这个世界上最不幸的人了。于是，一见到朋友，静美就向他们感叹命运对自己的不公，既没男人缘也没有事业缘。久而久之，朋友们都害怕听她的唠叨了，也渐渐疏远她。于是，静美又开始感叹自己连朋友也失去了，心态变得越来越悲观，人也真的成了一个不幸的人了。

其实，静美的不幸不是上帝决定的，而是她自己选择的结果。试想：已经发现了自己的恋爱对象是一个很差劲的家伙，为什么不及早退出再做新的选择呢？再者，工作不合胃口，就不应该再恋恋不舍，而应该把激情投入到下一份工作当中，或者就是改变想法，学着喜欢自己的工作。上面的选择不管做哪一种，都可以让她的生活变得愉悦起来。但是她偏偏选择了最糟糕的一种，并由此把自己带进了不幸的深渊。

不幸的女人，总是把不幸归结于命运和他人，她很少会考虑到自己的原因，即使想到，也会表现出一种无可奈何的姿态。殊不知，不幸和幸福是可以选择的，当你选择了幸福的时候，不幸就会离你越来越远。

一位经常愁苦的少妇问自己快乐的邻居："你为什么这么幸福呢？你不是也和我一样坐公交车上班，也是'房奴'一族吗？你一定有关于创造幸福的不可思议的秘诀吧？"

"不，不，我只是选择幸福而已。"邻居乐呵呵地说。

贫困的山区有这样一位农民，他常年住在漆黑的窑洞里面，家里一贫如洗，最值钱的东西就是一个盛面的柜子。可是，他整天乐呵呵的，早上会唱着山歌去地里干活，晚上又会唱着歌走回那个漆黑的窑洞。很多人见到他之后，往往会被他的乐观感染，但同时也非常疑惑，生活这么贫困，为什么他还会那么快乐？

农民笑着回答说："我渴了有水喝，饿了有饭吃。夏天住在窑洞里不用电扇，冬天热乎乎的炕头胜过暖气，日子过得美极了！难道这还不够幸福吗？"

事实上，我们绝大多数人都比这个农民要富有，但是为什么却感受不到这个农民感受到的幸福呢？原因在于在幸福与不幸两种选择之间，我们选择了不幸。其实，选择幸福是一件很简单的事情，只要你不埋怨命运对你的不公，只要你不责怪周围的环境，只要你对得失不再计较，幸福也一样会青睐你的。

但是在幸福与不幸两个选择面前，很多人还是误入了不幸的漩涡。在他们的意识里，乌云来了，就永远不会再有阳光；失败来了，成功也就遥遥无望；不幸来了，幸福就变得可望而不可即……殊不知，万事万物都有轮回，如同春夏秋冬一样，都不会一直停留，这是规律。幸福和不幸也是一样，会交替来到你身边的，关键是你能否让不幸转化为幸福。

幸福处方：幸福是一种选择

人生当中，痛苦是无法避免的，但我们可以选择是否有必要为它受苦。奥尔德斯·赫胥黎曾经说过这样的一句话："经历不是在一个人身上发生了什么，而是如何对待发生在自己身上的一切。"的确，每个人都可能会遇到各种各样的事情，如果能够正确对待发生在自己身上的一切，幸福便会多了一层。

1. 用另一种方式看问题

幸福与不幸是相对的，如果你能够用另外一种方式看问题，便会体味出不幸中的幸福。例如，父母身体不好，可以想到这是他们给你照顾他们的机会，如果能够抓住，便会感受到浓浓的亲情，也能够让幸福留在身边。

2. 选择忘记

人们在不开心的时候，总是觉得自己是不幸福的，例如工作出错被老板批了一顿，同事之间因为一点儿小事发生了误会等。其实像这种不开心的事情，都已经过去，既然已经过去，就应该选择忘记，这样才不至于影响你的心情。

心理专家话幸福

幸福本来就是一种选择，是一个决定。你决定选择幸福，你就可以找到幸福的理由；快乐同样也是一种选择，如果你想选择快乐，你一定可以找到让你快乐的地方。因为即使事情再糟糕，你也可以从中找到值得幸福的理由，然后去享受它。

七、保持一颗年轻的心

> 青春不是人生的一段时期,而是心灵的一种状况。
> ——【古罗马】塞涅卡
> 如果你的心灵很年轻,你常常会保持许多梦想。在浓重的乌云里,你依然会抓住金黄色的阳光。
> ——【美】斯沃伦

在年复一年,日复一日的时间流逝中,我们渐渐老去,老去的不仅仅是身体,还有我们的心灵。然而,更加不幸的是,似乎就在这一日一日老去的岁月中,我们也渐渐失去了享受幸福的权利,享受幸福,那似乎是无忧无虑的孩子们所特有的权利。的确,相比老年人来说,孩子们真的是享受幸福的天才,原因何在?原因在于孩子们有一颗年轻的心。其实,你一样拥有享受幸福的权利,只要你试着不让自己的精神变老,时时刻刻保持一颗年轻的心。

马德祖·博雷尔是瑞士人,96岁那年,她无意中在电视上看到三角滑行器、现代热气球、斜坡降落伞,自此之后,她就有了尝试的欲望。开始的时候,所有的人都以为她在开玩笑,谁也没有理会,不过后来家人发现,她是铁了心想做这些事情的。拗不过她多次的软磨硬泡,孩子们决定,在她96岁生日那天,让她尝试乘一次斜坡降落伞,就当送给她的生日礼物。

96岁生日那天,在家人和医生的陪同下,马德祖·博雷尔像个孩子似的高兴地出发了。到达现场的时候,她的医生十分担心,因为起飞点海拔高达1450米，对一般老年人而言，他们所能承受的最高海拔也不过是1200米。但是一路前行，马德祖·博雷尔却没有丝毫不适反应，而且还兴致勃勃地走了一段汽车没法行驶的山路。

要起飞了，96岁高龄的她戴上头盔，穿上夹衣，脸上没有半点儿恐惧。陪同她的两位助手在跑道上助跑了10多米后，降落伞就顺利起飞了……20分钟之后，马德祖·博雷尔顺利降落在日内瓦湖畔的小城维尔纳夫。面对家人和医生担心的目光，她兴奋地告诉家人说："这种感觉太棒了，它是我一生中所享受的最美妙的感觉。我觉得自己就是一只自由的小鸟，可以在空中无拘无束地飞翔，而且还可以看到下面熟悉的城市……只是很遗憾，时间似乎有点儿短。"

诚然，岁月可以在皮肤上留下皱纹，在头发上刻下烙印，但只要你保持一颗年轻的心，它就无法为你的灵魂刻下一丝痕迹。只有甘愿衰老的人，才能更快地佝偻于时光的尘埃之中。无论是80岁还是18岁，如果我们都为未来所吸引，都对人生竞争中的快乐怀着孩子般无穷无尽的渴望，在心灵的深处不断地从人群中、从无限的时空中感觉美好、希望、乐观、勇气和力量，我们就永远年轻。因此，如果永远保持一种年轻的心态，捕捉人生中乐观向上的精神乐趣，我们便有希望时时享受幸福的时光。

幸福处方：年轻着，幸福着

孩子们之所以无忧无虑，天真烂漫，在于他们有一颗快乐的童心。而许多成年女性面对繁琐的家务，面对紧张的工作，面对没完没了的生活压力，常常凸现出未老先衰的疲惫心理。如此一来，几乎没有幸福可言。以下途径有助于你保持一颗年轻的心，寻找幸福之源。

1. 保持笑容

仔细观察一下自己，看看脸上的笑容是不是少了，如果少了，就问一下自己是否对某些事情过于认真。其实，每个人可能都会有这样的经历，即有时候难免会回忆起痛苦的往事,其实这些往事并没有给你的生命造成太大影响。所以,对于一些痛苦的往事,还是一笑了之比较好。

2. 让过去的成为过去

每个人都会有冲动的时候,既然是冲动,就可能会造成某种不良后果。其实,不必为这些事情耿耿于怀,因为这恰恰证明你是一个率真的人,是一个质朴的人。凡事顺其自然,过去的都已经过去了,既然造成的后果已经无法挽回,不如期待下一次会有好的表现。

3. 精神愉快

要想让自己保持一颗年轻的心,就意味着要让自己的心理年龄保持年轻,这就要求你保持愉快的精神状态,同时保持一个本色、自然、纯真的自我。如果能够做到这一点,幸福会自己来敲门的。

心理专家话幸福

谁也挡不住岁月的流逝,谁也挡不住皱纹的产生,其实皱纹爬上面额并不可怕,可怕的是长在心里。生活中难免会遇到不顺心的人与事,只要保持一颗年轻的心,坦然接受生命中的种种,就会聆听到幸福敲门的声音。

八、用激情点燃幸福之火

> 激情,这是鼓满船帆的风。风有时会把船帆吹断;但没有风,帆船就不能航行。
> ——【印度】泰戈尔
>
> 激情和表情就是美。一张不带激情、不善表情的脸就是缺陷;任它涂脂抹粉,你吹我捧,只有傻瓜才会爱慕。
> ——【美】布莱克

很多女人不明白,为什么同样是女人,有些女人就比其他女人更成功,赚更多的钱,拥有一份更好的工作,以及更健康的身体。其实,人与人之间并没有太大的差别,如果说有那就是看你是否对生活充满激情。如果缺少生活的热情,将会错过人生的许多精彩。因为一个对生活充满热情的女人最懂得生活的情趣,而且感情丰富细腻,体贴入微,纯真大胆,喜欢迎接挑战,尽情探索人生,大胆追逐幸福。

有人说,人生岁月就像一道长河,有的人像长江,波澜壮阔;有的人像黄河,浩浩荡荡;有的人像小河,奔腾不息;有的像小溪,虽浅,但清澈透明一路唱欢歌;最难堪的是像阴沟里的水,死气沉沉,了无声色。人之所以会不同,是因为对生活抱有的态度不同。投入一种什么样的感情,就决定着你的人生是一条什么样的河。

多丽·帕顿小姐的生活为我们提供了一个很好的例证,而这一例证会让我们懂得如何利用激情来促使自己行动,更进一步地迈向自己的目标,直到完全能够驾驭自己的生活,成为自己生活的统治者。

多丽·帕顿出生于田纳西州赛维县一个只有两间房的木棚里,她的父母生了12个孩子,她排行老四。一个庞大的家庭全靠她父亲在一块山地上辛勤劳作收获的一点儿粗粮维持着生活,她生来并不比别人强,而且贫困的家庭使她与同龄的孩子相比,显得逊色很多。然而,多丽不愿意成为日出而作,日落而息,拖儿带女的山里妇人,她赋予了自己对生活的巨大激情。

从孩提时代开始,多丽就开始学习唱歌,在她5岁的时候,她已经能够谱出歌词,她的母亲在闲暇之余就帮她记录了下来。7岁的时候,多丽用旧乐器的残件制作了自己的吉他。第二年,一位叔叔送给了她一把真正的吉他,由此她开始了自己的音乐生涯。

读高中的时候,她虽然没有其他女孩子的漂亮衣服,但是她有其他女孩子所没有的对生活的激情和梦想。她的一位妹妹后来回忆说:"多丽向别人讲述自己的梦想时,一点儿也不害羞。在我们生活的山区,没有一个人这样想过,孩子们当然会笑话她。"然而他们不知道,没有梦想,没有激情,一辈子也只能待在那么一个小山村。

多丽·帕顿后来一辈子都在唱歌,并且成了第一位唱片销售百万以上的明星。

不可否认,正是因为多丽对生活、对梦想、对未来充满激情,才让她有更大的信心和勇气来追逐自己想要的生活,最终也得到了自己想要的生活。人人都有一本难念的经,没有任何人的人生是一帆风顺的,面对人生的风雨天,一些缺乏激情的生活者往往会看破红尘,万念俱灰,但是真正富有激情的人相信,只要激情还在,只要意念不变,只要心中的圣火不灭,幸福也就终究会到来。

幸福处方:有激情才有追逐幸福的力量

人生在世,道路曲折,酸甜苦辣咸五味俱全。但如果缺乏对生活的激情,即使道路平坦,也是百无聊赖,感受不到真正的幸福和快乐。对于那些对生活充满激情的人来说，即便身处艰难困苦之中，也能够学会苦中作乐，寻找其中隐藏的幸福。因为只有对生活充满激情，才能让自己充满活力，感受这个世界的美好，品味平常生活中蕴藏着的幸福。

1. 激情点燃梦想

一个人如果充满激情，那么奋斗之中就会蕴藏极大的力量，而力量的背后，就是成功的奇迹。所以说，激情常常可以帮助你成就自己的事业，因为有了激情，你就会克服自身潜在的惰性，而且长期不懈的奋斗激情，会让你的梦想一步步地靠近。

2. 激情让你的责任感更加强烈

人生活在一定的社会群体之中，想要摆脱对别人的依赖是不可能生存下去的。我们每个人都要激发自己对生活、对社会、对自己、对他人的义务感和责任感，在生活中学会关心他人，帮助他人，尽自己应尽的责任和义务。这样，你就会对生活充满激情，而且乐于付出，乐于奉献，并把这当作一种幸福。

心理专家话幸福

每个人的手中都攥着不幸的种子，也有着追逐幸福的潜能。我们每个人都有权利选择幸福，也有权利选择不幸，没有任何人任何事会逼迫你做出任何选择。但是对生活缺乏激情的人总会在自觉不自觉间滑入不幸的轨道，而充满激情的人总是会与幸福为邻。